寒区水稻增氧浸种催芽方法及生产装置研究

刘少东　李衣菲　著

哈爾濱工業大學出版社

内 容 简 介

浸种催芽方法是寒区大规模水稻生产全程机械化研究的重要内容，是解决寒区水稻生长期短、积温不足的重要手段。本书梳理了气液氧传质理论，基于稻种浸种过程中耗氧和吸水规律构建了浸种水曝气增氧的氧气通量方程，由此对稻种曝气增氧浸种催芽机理开展了试验分析，创新设计了寒区稻种曝气增氧浸种催芽装置。本书共分为7章，第1章为绪论；第2章为稻种曝气增氧浸种催芽机理分析；第3章为稻种曝气增氧浸种催芽性能试验分析；第4章为浸种箱内温度场及微气泡分布仿真分析；第5章为稻种曝气增氧浸种催芽装置设计；第6章为稻种曝气增氧浸种催芽装置性能试验；第7章为结论与展望。

本书可供从事寒区水稻生产研究和实践的学者、研究人员及农技人员阅读参考。

图书在版编目(CIP)数据

寒区水稻增氧浸种催芽方法及生产装置研究/刘少东，李衣菲著.—哈尔滨：哈尔滨工业大学出版社，2025.1.—ISBN 978-7-5767-1821-8

Ⅰ.S511

中国国家版本馆CIP数据核字第2025WH9677号

策划编辑　杨秀华
责任编辑　孙　晶
封面设计　刘　乐
出版发行　哈尔滨工业大学出版社
社　　址　哈尔滨市南岗区复华四道街10号　邮编150006
传　　真　0451-86414749
网　　址　http://hitpress.hit.edu.cn
印　　刷　哈尔滨市石桥印务有限公司
开　　本　787 mm×1 092 mm　1/16　印张12　字数285千字
版　　次　2025年1月第1版　2025年1月第1次印刷
书　　号　ISBN 978-7-5767-1821-8
定　　价　68.00元

前　言

水稻是我国三大主粮之一，其稳定生产对保障我国粮食安全和农业可持续发展的意义重大。黑龙江省位于我国东北寒区，是优质粳稻种植区，由于其特殊的地理位置和气候特点，水稻生产过程中遇到了浸种催芽时供氧不足、受热不均和芽种生产周期长等问题。黑龙江八一农垦大学水稻生态育秧装置及全程机械化工程技术研究团队以黑龙江省水稻生态育秧装置及全程机械化工程技术研究中心为依托，梳理并应用气液氧传质理论，基于稻种浸种过程中耗氧和吸水规律构建了浸种水曝气增氧的氧气通量方程，由此对稻种曝气增氧浸种催芽机理开展了试验分析，创新设计了寒区稻种曝气增氧浸种催芽装置。

浸种催芽方法是寒区水稻生产全程机械化研究的重要内容，增氧浸种催芽方法及生产装置研究是寒区水稻浸种催芽技术的最新发展，可进一步完善寒地水稻种植技术与装置体系，为提升黑龙江省水稻生产机械化水平提供技术支持。本书主要开展了以下几方面的研究工作：

(1)提出了寒区稻种浸种催芽过程中的曝气增氧机理；

(2)构建了稻种曝气增氧浸种催芽方法；

(3)仿真分析了浸种箱内温度场和微气泡分布规律；

(4)设计了稻种曝气增氧浸种催芽装置；

(5)验证了稻种曝气增氧浸种催芽装置性能。

本书由以下章节组成：第 1 章为绪论；第 2 章为稻种曝气增氧浸种催芽机理分析；第 3 章为稻种曝气增氧浸种催芽性能试验分析；第 4 章为浸种箱内温度场及微气泡分布仿真分析；第 5 章为稻种曝气增氧浸种催芽装置设计；第 6 章为稻种曝气增氧浸种催芽装置性能试验；第 7 章为结论与展望。

本书由刘少东和李衣菲共同撰写完成。其中，第 3 章、第 5 章、第 7 章和参考文献由刘少东撰写，约 14.8 万字；第 1 章、第 2 章、第 4 章、第 6 章由李衣菲撰写，约 13.7 万字。

黑龙江八一农垦大学水稻生态育秧装置及全程机械化工程技术研究中心、黑龙江八一农垦大学土木水利学院对本书内容研究工作的开展及撰写提供了大力支持。本书撰写还得到了黑龙江八一农垦大学引进人才、定向培养科研启动基金项目(XDB202212)、黑龙江八一农垦大学“三纵”科研支持计划项目(ZRCPY202226)和黑龙江省重点研发计划重大项目(2022ZX05B02－02)的支持,以及黑龙江八一农垦大学衣淑娟教授、解恒燕教授、张欣悦副教授及黑龙江农垦前哨农场领导和农技人员的大力支持,在此深表谢意。

受作者水平所限,书中难免存在疏漏和不足之处,敬请读者批评指正。

作　者

黑龙江八一农垦大学水稻生态育秧装置及

全程机械化工程技术研究中心

2024 年 10 月 1 日

目　录

第1章 绪　　论

1.1 研究目的及意义

1.1.1 研究目的

水稻是世界三大主粮之一，全世界近半数人口以大米为主食。水稻产地主要位于亚洲，亚洲水稻产量占世界水稻总产量的90%以上。稻米营养价值高、粗纤维含量少，稻米富含的各种营养成分可满足人体需要，极易消化和吸收，水稻除了可以食用外，还可以酿酒，制糖作为工业原料，稻壳、稻秆富含氮、磷、钾、钙、镁和有机质，是一种可再生的生物资源，稻壳、秸秆还可代替粮食作为粗饲料。我国水稻种植面积居世界第二位，产量居世界第一位，是名副其实的水稻生产大国[1]。我国粮食作物生产中，水稻种植面积和产量居于首位，在我国粮食生产中处于主导地位，在农业生产格局及国家安全战略中具有重要地位[2]。从产区地理位置来看，我国水稻种植区从南到北都有分布，几乎各个省份均有种植，地域跨度非常大。黑龙江省位于我国北方寒区，是优质粳稻种植区[3-4]。据2020年统计年鉴，黑龙江省水稻种植面积为381.3万hm^2，占我国水稻总面积的12.8%，水稻产量2 663万t，占我国水稻总产量的12.7%[5]，在我国粮食生产中具有重要地位。

近年来，由于政府不断加大对农业的投入力度，实施一系列惠农政策，充分调动地方和农民的积极性，使得黑龙江省的粮食总产量连续多年增产。水稻已成为稳定和提高黑龙江省粮食生产乃至国家粮食安全的重要粮食品种。为了巩固和提高黑龙江省的千亿斤粮食产能工程的成果，运用水稻标准化栽培模式和发展水稻生产全程机械化是稳产、高产的关键。提升水稻生产技术、提高种植效率和增加水稻产量，在改善人民生活和促进国民经济发展等方面都有十分重要的意义。

相比于小麦和玉米等作物的生产，水稻生产具有生产环节多、耕作栽培制度烦琐，生长环境要求高、种植方式复杂、外部因素影响大、劳动力需求量多和季节性强等特点。一般而言，水稻种植分为选种、播种、育秧、插秧、田间管理和收获等环节。秧苗素质对水稻产量和品质有重要影响，前述环节中数项与秧苗有关，可见秧苗的重要性。秧苗阶段对水分、温度及氧气等生长环境要求较高，通常采用集中育苗的方式进行统一选种、浸种、播种和秧棚管理。

我国辽宁、吉林、黑龙江、内蒙古4个省区均属于冬季冻土层厚度达1 m以上的寒地，特别是黑龙江省，水稻生长期短、积温不足，人工催芽和集中育秧是延长水稻生长期的重要手段[6]。水稻芽种质量直接影响秧苗素质，进而影响水稻产量和品质。芽种质量主要由浸种催芽环节决定。

黑龙江垦区建三江分公司下辖多个农场，是我国水稻种植规模化、机械化、现代化和科技化水平最高的农业生产区。建三江分公司的水稻种植方法和经验也代表着我国寒地粳稻种植的最高水平。按照《建三江分公司寒地优质高产水稻生产技术规程》，该分公司水稻种植在芽种生产环节采用集中浸种和集中催芽的方式。

(1)集中浸种。

集中浸种是将种子装入纱网袋，整齐码入浸种箱并距侧壁 15 cm，种袋没入水面以下 15～20 cm。浸种温度 11～12 ℃，时间 9～10 d，浸种积温 100 ℃以上。集中浸种方式为每天进行 1～2 次浸种液循环调温增氧(常规浸种方式须上下翻动浸种袋)。

(2)集中催芽。

将浸好的种子整齐码放在催芽箱内，用 35～38 ℃的温水提高种子温度达到 30～32 ℃后，抽出浸种水，浸种箱盖好篷布防止顶部温度散失过快。温度过低时，重新注水使种子升温。种子破胸时会发热，温度上升很快，当温度超过 32 ℃时，立即用 25～26 ℃的温水进行降温。反复操作，确保种子在 25～28 ℃室温条件下催芽，共计持续 20～24 h。当种子芽长达到 1.5～1.6 mm 时，再注入 18～20 ℃温水一次，以降低种子表面温度，减缓芽种生长速度。芽长达到 1.8 mm 时，种子即可出箱晾芽。

黑龙江垦区现行的水稻浸种催芽方法采用浸种和催芽分阶段施行的方式：浸种阶段主要为种子萌发提供所需水分，使种子具备萌发的含水量条件；催芽阶段主要为种子萌发提供温度和氧气条件，促使芽和根生长。浸种采用长时间低温浸种方式，通过低温抑制种子萌发，长时间浸种确保种子萌发前充分吸收水分，使种袋内所有稻种在萌发前均达到萌发所需的含水量条件。催芽阶段采用高温快速催芽方式，用 35～38 ℃的温水快速提高稻种温度，此后不断进行"浸露"循环，浸水升温，排水透气，在短时间内促进吸水充分的稻种萌发和破胸出芽。从种子萌发的实际情形来看，现有浸种方式在提高种子含水量的浸种环节耗时过长，对稻种吸水期间的耗氧需求尚未采取有效解决措施，使得稻种易出现发酵、发霉、发臭和腐烂等现象，整体发芽率大幅度下降。从生产操作的角度来看，浸种催芽过程生产工序多，操作频繁且复杂，人员劳动强度大。

综上所述，以黑龙江垦区为代表的寒区水稻传统浸种催芽方法及设备多采用"先浸种、后催芽"的生产流程：稻种在 11～12 ℃低水温条件下浸种 9～10 d，待稻种吸水充分后在 25～28 ℃适温条件下催芽，促其破胸发芽。该方式存在两方面弊端：一方面是浸种期过长且对浸种箱内供氧考虑不足，易使稻种出现缺氧腐烂的情况；另一方面是催芽期内的热量散失导致浸种箱内温度场不均衡，易使稻种出芽不齐整。

针对寒区水稻浸种催芽过程中氧气不足和受热不均的问题，本书拟分析水体氧传质理论，结合浸种过程中的稻种消耗氧气规律，建立曝气增氧条件下的浸种水通量模型，获得浸种水曝气增氧过程中增氧量的主要影响因素，由此开展曝气增氧浸种催芽机理试验获得稻种萌发最佳控制参数，从而设计研制寒区稻种曝气增氧浸种催芽装置，并通过生产试验验证装置工作性能，以期解决传统方法浸种箱内供氧不足和水温不均的问题，提高水稻芽种生产质量和生产效率。

1.1.2 研究意义

1. 理论意义

本书将气液氧传质浅渗理论应用于水稻浸种催芽过程中，构建浸种水曝气增氧的氧气通量方程，为开展稻种曝气增氧浸种催芽机理试验奠定理论基础。同时，利用曝气微气泡羽流的扰动作用，促使浸种水不断翻滚，探索“以气调温”的均衡浸种箱内水温解决方案。因此，本书可为解决寒区稻种浸种催芽过程中的供氧不足和受热不均问题提供一种新型技术方案。

2. 实践意义

本书探索了稻种曝气增氧浸种催芽方法，是对寒区传统稻种浸种催芽方法的“低温浸种、适温催芽”浸种催芽思路和“先浸种、后催芽”工作流程的革新，可进一步完善寒地水稻全程机械化技术与装置体系，为提升黑龙江省水稻生产水平提供技术支持。

1.2 国内外研究现状

1.2.1 国内研究现状

我国是水稻种植历史最悠久的国家之一。劳动人民在长期的水稻种植实践中，积累了丰富的浸种催芽技术经验。明代农学家邝璠在《便民图纂·耕获类·浸稻种》中记录：“早稻清明前，晚稻谷雨前，将种包投入河水内，昼浸夜收，其芽易出。”从中可以看出，选定适宜温度的时节，通过“昼浸夜收”的方式为稻种提供水分和氧气，有利于提升稻种发芽效果。

20世纪50年代，国内学者及行业专家就进行了水稻浸种方法改进的探讨和实践[7]。此后陆续出现多种改进水稻浸种方法的科研尝试，梳理这些方法如下：

1. 药剂浸种方法

(1)防治水稻病害的药剂浸种方法。

20世纪50年代，基于增加粮食产量的目的，我国各地效仿保加利亚和苏联学者开展药剂浸种实践，中国科学院上海生命科学研究院植物生态研究所(原中国科学院植物生理研究所)对水稻和小麦进行了溴化钾、小苏打、维生素C及谷胱甘肽浸种试验，结果表明这几种药剂浸种效果并不明显[8]。20世纪90年代，苗昌泽[9]研究发现，药剂浸种可有效防治某些水稻种传病害。在浸种过程中去除病菌、阻断传染通道是防止这类种传疾病的可选路径。因此，药剂浸种成为水稻浸种科研的一个重要方向，不同成分的浸种剂被广泛用于水稻种传病的防治，如采用石灰水[10]、咪鲜胺[11]等药剂浸种防治水稻恶苗病，采用二硫氰基甲烷浸种防治干尖线虫病[12]。后来此类研究扩展到其他病害防治，如采用三环唑、强氯精浸种防治稻瘟病[13]，采用铁和钾浸种防治热带、亚热带地区的水稻铁毒病害[14]等。为追求产量而喷施除草剂等农药，对农业生产环境产生了危害，土壤残留物也会对稻种萌发产生不利影响。有学者开展了消除农药危害的浸种方法研究[15]。考虑到药剂浸种本身具有一定的污染性质，近年来，研究者采用无污染、不易产生抗药性的芽孢杆菌防治稻瘟病的浸种方法[16]。

(2)促进秧苗生长的药剂浸种方法。

培育高质量的秧苗是水稻浸种的主要目标，某些药剂浸种可改善幼苗生长机能，促进秧苗生长。硫酸锌溶液浸种可促进水稻秧苗生长和干物质积累，提高水稻秧苗中的叶绿素含量，进而促进水稻幼苗的生长[17]。黄腐殖酸浸种可改善水稻秧苗营养生长期的生理功能和光能转换效率，提高产量[18]。亚精胺能够调节植物的生长，其浸种处理的水稻种子出苗早、生长快、秧苗壮实且根系发达[19]。用植物生长促进剂 CAU9901 浸种，可提高水稻光合速率、叶绿素荧光动力学[20]。用植物生长促进剂 DA－6 浸种，可增强秧苗叶片和根系的酶活性，促进秧苗生长[21]。

(3)增强稻种及秧苗抗逆性的药剂浸种方法。

不同地区的水稻在生长过程中可能会遇到不同的逆境条件，通过适当的药剂浸种可提高水稻的抗逆能力。水稻喜硅，硅浸种可恢复和活化种内受伤的膜系统，提高稻种内各种酶活性，增强种子抗逆性[22]。高效液肥浸种可为秧苗生长提供多元肥料，提高秧苗素质，对秧苗后期生长产生促进作用[23]。水杨酸浸种可缓解因温度胁迫而造成的膜伤害，提高稻种抗低温萌发能力[24]。钙赤合剂浸种可促进水稻种子萌发，提高秧苗抗旱性[25]。脱落酸 (ABA)能调节秧苗气孔开闭、水分利用及同化物运输。脱落酸浸种可增加植物的抗冷性、抗涝性和抗盐性[26]。壳寡糖浸种可缓解低温条件下植物组织内叶绿素的降低，维持一定水平的光合作用，显著提高水稻幼苗的抗冷性[27]。氯化钙浸种的水稻幼苗在盐胁迫下的叶绿素含量、叶片净光合速率、根系活力得以提高[28]。熊远福等[29]以杀虫剂、杀菌剂、生长调节剂和微量元素为活性成分自制种衣剂，能起到杀菌防虫的作用，促进稻种萌发和秧苗生长，并能提高种子的抗逆能力。各种种衣剂的研制、作用机理及效果分析已成为水稻浸种方法研究的一个重要方向[30－31]。

(4)促进稻种萌发生理代谢过程的药剂浸种方法。

水稻种子萌发过程包括一系列生理活动，如物质转化和呼吸作用，稻种萌发的速度和质量与这些生理活动有密切关系。特别是，物质转化需要酶的催化作用，酶的活性对稻种的萌发效果有重要影响。对这些生理活动及相关酶施加正面影响，会对稻种的萌发产生促进作用，可提高芽种生产质量。已经开展的相关研究有：硝酸镧浸种提高水稻种内淀粉酶、过氧化物酶、脂肪酶的活性，促使稻种发芽[32]；尿素浸种增强稻种萌发期的氮代谢和生理活动，从而提高发芽率[33]；萘乙酸浸种提高稻种内过氧化氢酶的活性，改善细胞膜的完整性，提高水稻种子的萌发率[34]。二甲亚砜是细胞分化的诱导剂，可提高细胞膜的稳定性并增强细胞膜的渗透性，进而影响蛋白激酶活性，低浓度二甲亚砜可提高水稻种子的发芽率和发芽势[35]。

通过上述分析和整理可知，药剂浸种旨在防治水稻病虫害，增强抗逆性，促进秧苗生长、稻种萌发。在促进稻种萌发方面，从强化种子萌发内因影响着手，主要通过促进物质代谢、提高酶活性的机理来实现提高发芽率。然而，这些药剂的使用增加了浸种成本，且可能存在污染环境的隐忧。此外，浸种过程中调整这些药剂的浓度会增加生产操作难度。因此，促进萌发的药剂浸种方法仍需不断探索，有待于在生产中进一步检验其实践效果。

2. 改善稻种萌发环境条件的浸种方法

外部环境条件会对稻种萌发产生重要影响。20 世纪 70 年代，辽宁省农业科学院稻作研究所开展了稻种萌发吸水速度的研究[36]。林正平等[37]研究表明，与浸种液中的药剂含量相比，温度是更为重要的因素。事实上，水、气、热条件是稻种萌发的决定性环境要素。因此，对稻种萌发过程中浸种时间、浸种水温及氧气条件进行分析、调节和控制，是浸种方法改进研究的重要方向。

(1)浸种时间对稻种萌发影响的研究。

王凤珍[38]对江苏省泰县早稻品种进行了30 ℃水温条件下浸种合理时长的试验讨论。郑寨生等[39]和叶杰林等[40]通过试验分析了陈种子的合理浸种时间，得出了陈种子浸种时间不宜过长的结论。药剂浸种条件下，浸种时间对稻种发芽率也有显著影响[41－42]。由此可知，浸种时间对稻种萌发效果的影响具有普遍性。刘维宝等[43]及钱春荣等[44]的浸种试验结果均表明，浸种时间存在合理范围，过长或过短均会产生不良影响。张玉屏等[45]分析了不同温度条件下浸种时间对发芽率的影响，并获得了浸种时间对稻种含水量的影响规律。

(2)浸种水温对稻种萌发影响的研究。

温度是影响稻种萌发的关键因素。低温浸种会引起稻种吸胀损伤，过高的温度会导致种芽细胞质停止流动，甚至烧灼种芽。李文雄[46]和陈忠良[47]发现了水稻种子吸水速度会随着温度提高而加快的现象。李学[48]和封星万[49]分别开展了不同水温条件下稻种的发芽率试验，结果表明较高水温可以缩短浸种时间，低水温则反之。由于浸种时间与水温对稻种萌发的影响并非独立，近些年来，关于浸种环境条件研究一般同时讨论浸种水温与浸种时间。李静[50]针对寒地水稻药剂浸种方法，讨论分析了浸种时间与温度对水稻恶苗病防治效果的影响。王玉龙等[51]对江苏省几个品种水稻进行了浸种试验，给出了这些水稻品种在不同温度条件下的适宜浸种时间，建议在不同的温度条件下按照相应的时长浸种。朱晓燕等[52]、郑安俭等[53]及陈丽等[54]的浸种试验也指出，使稻种处于最佳的温度条件，可有效提高稻种萌发质量。

(3)氧气条件对稻种萌发影响的研究。

氧气条件在稻种萌发中具有重要作用，为稻种供氧的浸种方法研究也在深入开展。古代稻农采用活水浸种的方法有效防止了稻种缺氧变质。赖天斌等[55]开展了过氧化氢浸种试验，在提高种内酶活性的同时，过氧化氢分解产生的氧气可为稻种呼吸作用提供氧气，提高了稻种发芽率。陶用力[56]对比了间歇浸种、换水连续浸种及不换水连续浸种的发芽效果，结果表明间歇浸种条件下稻种氧气和水分吸收充分，种子发芽率得到明显提高。在北方寒区，农技人员以温水浸种辅以“日浸夜露”的方法，满足稻种萌发对水、气、热的需要，以达到缩短浸种时间、提高发芽率的目的[57]。欧立军等[58]比较了连续浸种和浸晾间歇浸种两种方式下的稻种发芽率，发现间歇浸种优于连续浸种。孙小淋等[59]对比了连续浸种和不同时间间隔的浸种效果，结果表明增加间隔次数有助于提高发芽率。寒区水稻浸种期氧气消耗规律试验表明，在浸种早期氧气消耗较少，随着稻种萌发活动的开展，氧气消耗量逐渐增加[60]。

水稻浸种催芽装置与人们对农业生产力水平及稻种萌发内外部条件的认知密切相关。在农业科技水平较低的早期，种植规模也相对较小，水稻种植户一般采用“土法”浸种催芽，如火土催芽法、煤灰催芽法、土坑温床催芽法、水泥地窖催芽法等[61]。这些方法由农户手工操作，对浸种催芽环境控制较为粗线条，无固定装置或设备。随着对浸种催芽认知的提高，农户开始重视对浸种环境中温度和湿度条件的控制和管理，出现了温水浸种催芽[62]、蒸汽浸种催芽[63]等方法，采用水缸、水池或箩筐等容器盛放稻种，通过热水、蒸汽等调整浸种催芽的温度和水分，装置和工具简易。从文献调研的结果看，早期浸种催芽相关研究主要围绕浸种催芽方法和技术，浸种催芽装置的相关研究开展较少。20世纪末开始，各地研究人员对东北水稻种植区、西南水稻产区及中西部地区的水稻浸种催芽技术开展了针对性研究，并设计出了适合于不同地域的水稻浸种催芽设备[64]。

在生产机械化程度较高的东北地区，水稻的大规模种植使得浸种装置大型化、工厂化和科技化成为现实性需要。以黑龙江垦区为例，以农场为单位或种植管理区为作业单元的集中式浸种催芽中心成为大规模水稻种植不可缺少的组成部分。这些大型集中浸种催芽设备利用水作为导热储热媒介，通过对浸种箱温度的控制，实现标准化的芽种生产作业，提高了稻种发芽率及发芽质量，极大地提升了水稻浸种催芽系统智能化水平。浸种箱内参数的多元化和精准化要求为浸种催芽设备研究工作提供了丰富的内容。2009年，关义保等[65]报道了黑龙江垦区胜利农场研制的水浸式控温浸种催芽设备，该系统主要由冷水箱、锅炉、热水箱、调水箱、浸种箱和输水管道组成。冷水箱用于贮存冷水，热水箱用于贮存锅炉加热至规定温度的热水，调水箱用于贮存调兑好温度的温水，由输水管道将温水输送至浸种箱，满足浸种和催芽等阶段的水分和温度需要。目前，黑龙江垦区农场已经规范了浸种、破胸和催芽各阶段的温度要求和换水方法，并形成了与之相配套的操作规程[66]。

陶桂香等[67]研制了新一代智能控温浸种催芽设备(图1.1)，在原有浸种催芽设备基础上细化设计了智能控温系统，并开始关注稻种的耗氧需求，提出在浸种和催芽期间进行“倒袋”处理，以求实现有氧浸种。陈涛[68]尝试在集中浸种催芽设施中应用LM系列PLC，结果提升了浸种催芽设备操作系统的可操作性和友好度。毛欣等[69]采用有限元软件对浸种箱的温度场进行了模拟分析和验证，结果表明浸种箱内水温均匀，种垛边缘温度略高于种垛中央温度，催芽水温为31 ℃时可使稻种处于适宜的破胸温度。闫景凤[70]和李含锋[71]分别对黑龙江省新型智能浸种催芽生产车间进行了全面综合设计，特别是浸种设备的整体布置规划、生产装备及骨架结构，但对浸种催芽方法及设备未作明显改进。近几年，新型浸种催芽设备的研究主要集中在水温感知系统、设备控制系统的智能化[72-74]。王永生等[75]调研分析了新型智能浸种催芽设备与传统方法的浸种催芽效果，结果表明新型设备各项生产指标均优于传统浸种催芽方法，能实现节本增效，以及进一步提升水稻生产机械化和智能化水平。

黑龙江农垦机械化水平居全国前列，其在水稻浸种催芽装置方面的应用及围绕其展开的研究代表着全国水稻生产的最高水平。由上可知，黑龙江省目前推广使用的新型浸种催芽设备与现代化大规模水稻生产相适应，初步具有大型化、规范化和智能化特征。但从技术实质来看，这些设备在对浸种环节中水温的准确控制方面达到了较高水平，但是种子萌发必不可少的氧气供应仅在浸种催芽操作中通过“换水”“倒袋”等方式予以补偿，这种稻种供氧方式的时效性和准确性较差。然而，受限于全面未摸清种子萌发过程中的耗氧规律，在装置设计方面有待提出更具针对性的解决措施。

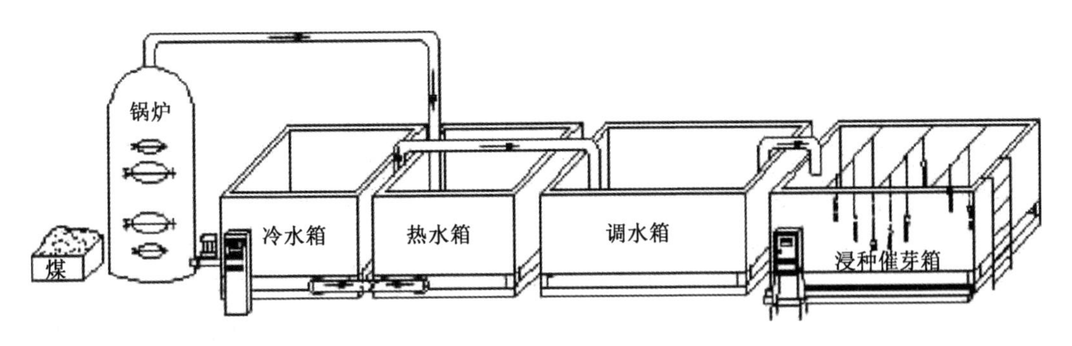

图 1.1　新一代智能控温浸种催芽设备

1.2.2　国外研究现状

世界上的水稻种植区主要分布在亚洲，与浸种催芽技术相关的研究工作也主要由亚洲国家的科研人员开展，欧美国家开展较少。

在药剂浸种方面，R. K. Webster 等[76]开展了水稻杀菌剂浸种试验，发现该处理有利于稻种腐烂和秧苗病害的防治，对水稻具有明显效益。A. W. Amin 等[77]开展了 50 ℃热水条件下硫线磷和草氨酰浸种试验，结果表明硫线磷和草氨酰对水稻线虫病具有良好的防治效果。A. Jeyabal 等[78]研究了生物消化液、硫酸锌、固氮螺菌、磷细菌和植物激素对水稻种子的浸种效果，结果表明这些药剂可提高幼苗的胚芽长度、胚根长度、生物量和幼苗活力。C. Rosa 等[79]针对缺磷土壤开展了含磷种衣剂浸种试验。与国内研究相类似，药剂浸种研究偏向于通过药剂实现水稻病害防治、促进叶芽生长及补充秧苗生长元素。

在稻种萌发环境条件研究方面，姬田正美[80]试验研究了水稻种子的低温发芽力，分析了水稻种子萌发的温度条件。M. Ashraf 等[81]对影响浸种催芽的多种因素开展了试验分析，结果表明温度变化在水稻萌发过程中起到关键作用。橋本良一[82]试验分析了水稻浸种水温、浸种天数与发芽率的关系，此后，日本开展了大量水稻浸种温度与发芽率相关方面的研究[83-85]。J. Kitano 等[86]和 A. Fukushima 等[87]分别研究了低温水浸种对冷季育秧水稻种子萌发的影响，结果表明低温水浸泡对水稻种子发芽产生了不利影响。A. K. Horigane 等[88]研究证实了浸种过程中稻种萌发受温度、空气、水等因素共同影响，各因素之间并非独立发挥作用。M. Farooq 等[89]在稻种浸种期间开展了冷、热处理试验，结果表明该处理对发芽和幼苗活力产生了显著影响。S. Chandra 等[90]通过田间试验研究了浸种时间对滚筒播种稻种发芽率及产量的影响，给出了品种为 Prabhat 水稻的最佳浸种时间、催芽时间和播种量组合。S. Itayagoshi 等[91]研究了浸种温度和浸种时间对水稻种子发芽率的影响，结果表明浸种温度高可激发稻种活力，有利于提高发芽率。在浸种催芽设备方面，日本和美国相关企业研发了芽种生产自动化设备，这些设备可实现水稻浸种催芽阶段水温自动调节和湿度平衡[92]。F. Corbineau 等[93]指出，在影响稻种萌发的因素中，环境介质中的氧气、温度和水势是最重要的因素。然而，增氧对水稻种子萌发及其后续性状影响的相关研究开展较少[94]。总体来看，适宜的浸种时间及浸种水温是国外水稻浸种环境条件研究的主要内容。

1.2.3 研究评述

目前,国内外关于水稻浸种催芽技术的研究内容较为相似。在浸种催芽方法方面,主要围绕药剂浸种性能和浸种催芽环境条件开展,浸种催芽环境条件研究一般针对水分和温度因素开展,针对氧气因素影响的相关研究开展极少;在装置研究方面,主要围绕大规模水稻浸种催芽温度控制和智能化控制系统开展,对浸种催芽装置中的氧气控制研究未见报道。

从相关研究的开展情况来看,稻种萌发环境条件研究是稻种浸种催芽技术的主要研究方向,稻种曝气增氧浸种催芽方法及装置研究是该领域的前沿方向。

运用曝气增氧方法解决浸种催芽过程中的稻种缺氧问题,建立浸种水曝气增氧的氧气通量模型,是气液氧传质原理的创新应用。以曝气微气泡羽流的扰动作用促使浸种水充分混掺,从而提高浸种水温均匀度,是解决稻种受热不均问题的有益尝试。基于曝气增氧原理进行稻种曝气增氧浸种催芽装置研制,是对传统浸种催芽装置结构和工作流程的全新改进。

综上所述,稻种曝气增氧浸种催芽方法及装置研究是解决稻种缺氧和受热不均问题的创新解决方案,有望大幅度改善寒区稻种浸种催芽效果。

1.3 主要研究内容与研究方法

1. 稻种曝气增氧浸种催芽机理

梳理分析气液氧传质理论,以浸种水温和浸种时间为因素开展全因子试验,获得浸种过程中稻种耗氧和吸水规律,由此建立曝气增氧条件下的浸种水氧气通量方程,获得浸种水曝气增氧量主要影响因素,为曝气增氧浸种催芽性能分析提供理论依据。

2. 稻种曝气增氧浸种催芽性能分析

选择黑龙江垦区代表性水稻品种,以浸种水温、曝气时距和浸种时间为试验因素开展二次回归正交旋转组合试验,分析曝气增氧条件下稻种发芽率、平均芽长及平均根长的主要影响因素和变化规律,根据生产实践要求进行参数优化后获得稻种萌发最佳控制条件,为曝气增氧浸种催芽装置设计提供控制参数。

3. 浸种箱内水温及氧气分布仿真分析

针对浸种催芽过程中浸种箱内水温和氧气分布不均的问题,运用计算机仿真方法,对曝气增氧浸种过程中浸种箱内温度场和微气泡分布规律进行分析,确定浸种箱内曝气口和注水口的最佳布设位置。

4. 稻种曝气增氧浸种催芽装置关键部件设计

结合黑龙江垦区生产实际,以实现稻种萌发最佳控制参数为目标,进行装置整体规划布置、装置工作流程设置和各系统关键部件设计。

5. 稻种曝气增氧浸种催芽装置性能试验

开展现场试验,分析实际运行状态下浸种箱内水温分布规律、氧气分布规律及浸种催芽效果，并与传统浸种催芽系统进行对比分析，验证装置的工作性能。

1.4　技术路线

技术路线如图1.2所示。

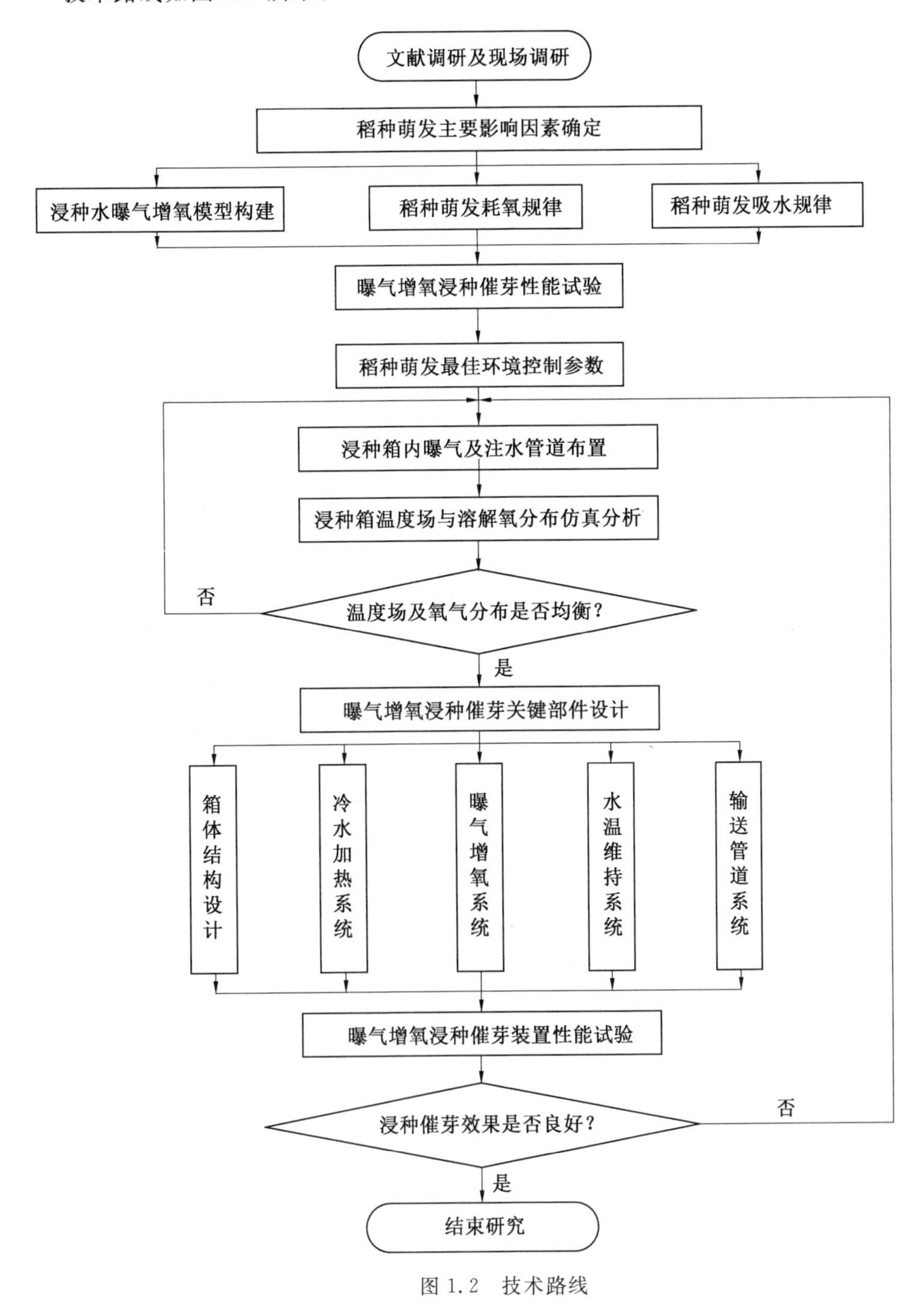

图1.2　技术路线

第2章　稻种曝气增氧浸种催芽机理分析

2.1　曝气增氧机理

溶解氧是溶解于水中的氧气，可被水生动植物和微生物吸收。对于浸泡中的稻种，水中溶解氧通过种皮渗入种子内部，可快速解除种子休眠，为稻种萌发新陈代谢和物质转化提供氧气[95-96]。

2.1.1　氧传质方程

在一个含有两种或两种以上组分的体系中，如果存在浓度梯度，则每种组分都有向低浓度方向转移的趋势。物质由高浓度向低浓度区域移动的过程称为传质。传质的本质是由于某种推动力所引起的物质分子或流体微元的运动。传质包括分子扩散，也包括由于对流现象，甚至更简单的混合作用所产生的物质迁移。传质不同于物质的输送，类似管道输送流体不能称为传质。传质包括四个方面的内容：在静止介质中的分子扩散，在层流流体中的分子扩散，在自由紊动液流中的旋涡扩散及两相间的传质。在实际的应用中，越过相界面的相间传质现象有更重要的作用。

当水中溶解的氧气浓度低于该水体的饱和溶氧量时，空气中的氧气会越过气液边界向水中传递。这种发生在空气和水之间的氧分子传递，即为气液两相间的氧传质。相间氧传质在自然界中非常常见，在工农业生产中也有广泛的应用。传质过程微观且复杂，长期以来，研究者对于相间氧传质的计算模型进行了深入的讨论[97]。

Nernst 最早提出了气液传质单膜模型(图 2.1)。气体沿水表面流过，水汽蒸发进入气流内，在气液两相的交界面处，流速应接近于零。该模型假定气液界面存在一层静止的膜，界面处气体的浓度为 C_i，膜边界处气体的浓度为 C_b，由于膜是静止的，膜内只能靠分子扩散来传递物质。膜两侧所存在的气体浓度差(C_i-C_b)就是由传质阻力形成的，膜的通过性决定了传质的难易程度。因为膜很薄，膜内部浓度变化可以视为线性的。膜内侧液体中气体的浓度是不变的，称为主体浓度。主体浓度也就是实际能够测量出来的浓度。膜内浓度变化是假设存在的，同时也是无法测量的。膜的厚度也只能通过理论公式计算得出。动量及热量在两相界面间的传递理论也都建立了类似的膜的概念，计算这些膜厚度的公式形式虽然相似，但是计算所得的数值是不等的。

该模型虽然简单，不能完全反应氧传质的复杂过程，但为膜理论的建立奠定了基础。W. K. Lewis 等[98]以单膜模型为基础提出了双膜理论，气液界面存在着两层膜，即气膜和液膜，假定气液界面两侧分别存在滞留膜层，各膜层外侧即为气相和液相。两层膜使气体分子从一相进入另一相时形成了阻力。双膜模型如图 2.2 所示。

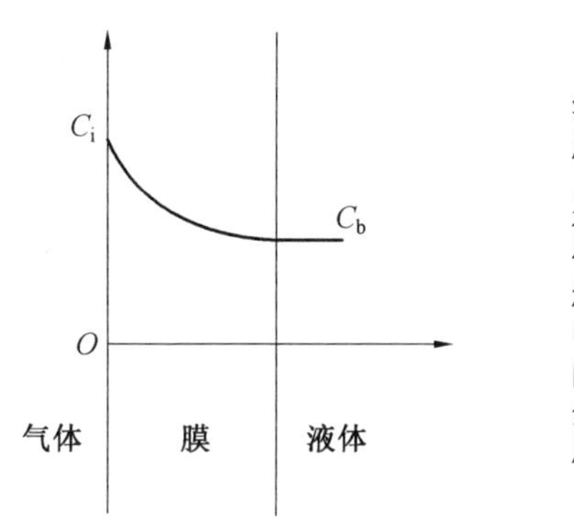

图 2.1　气液传质单膜模型

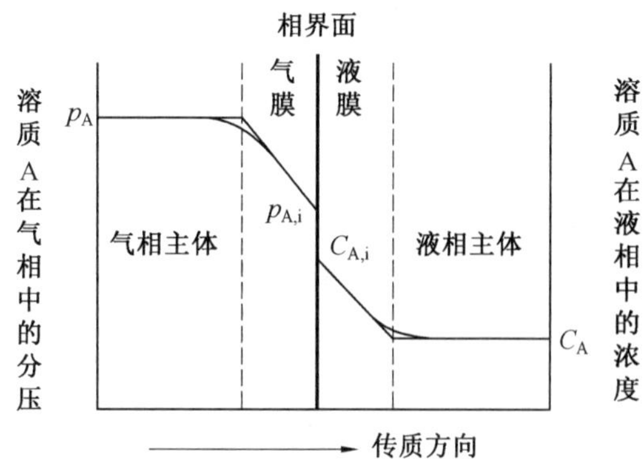

图 2.2　双膜模型

不管搅拌混合有多大程度，气膜和液膜总是存在的，但搅拌可以减小液膜的厚度。由扩散发生的转移慢于由混合发生的转移，故转移的速度受控于此停滞的膜。当液体未达到气体饱和时，气体分子从气相转移至液相。这时对于微溶的气体，阻力主要来自液膜；对于易溶的气体，主要来自气膜；对于中等程度溶解的气体，这两层膜都呈现相当的阻力。对于过饱和溶液，被溶解的气体将会释放出来。在溶质含量较多的水中，氧气是难溶的气体，它的传递速率通常正比于溶液中的饱和浓度差。

氧传质的过程是氧分子从气相主体运动到气膜面，进一步扩散运动到相界面后溶入液膜，最后扩散至液相主体。假定气膜和液膜内氧气浓度梯度为线性变化，氧气以分子扩散方式穿过两层膜，扩散过程符合菲克第一定律[99]。菲克第一定律指出：在单位时间内通过垂直于扩散方向的单位截面积的扩散通量与该截面处的浓度梯度成正比。浓度梯度越大，扩散通量越大。

氧气通量的表达式为

$$N_0=\frac{\mathrm{d}m}{A\,\mathrm{d}t}=\frac{V}{A}\cdot\frac{\mathrm{d}C}{\mathrm{d}t}=\frac{D_L}{L}(C^*-C)=K_L(C^*-C) \tag{2.1}$$

式中　N_0——氧气通量，mg/(h · m²)；

m——穿过界面膜的气态氧的质量，mg；

D_L——氧分子扩散系数，m²/h；

L——液膜厚度，m；

C^*——水中的饱和溶氧量，mg/L(质量浓度，下同)；

C——水中实际溶氧量，mg/L；

K_L——表层传递系数，m/h；

t——时间，h；

A——气液两相接触面积，m²；

V——液相主体容积，m³。

简化后可得

$$\frac{\mathrm{d}C}{\mathrm{d}t}=K_{La}(C^*-C) \tag{2.2}$$

式中　K_{La}——氧总转移系数，h^{-1}。

氧总转移系数的表达式为

$$K_{La}=\frac{K_L A}{V} \tag{2.3}$$

按照双膜理论[100]，气液相间氧传质的阻力包括气膜阻力和液膜阻力两部分。氧传质过程中的氧气通量与气膜内的氧气通量相等。

气膜内氧气通量 N_0 的表达式为

$$N_0=k_g(p_b-p_i) \tag{2.4}$$

式中　k_g——气膜内的传质系数，mg/(h · m^2 · Pa)；

p_b——空气内的氧气分压，Pa；

p_i——气液界面的氧气分压，Pa。

液膜内氧气通量 N_0 的表达式为

$$N_0=k_l(C_i-C_b) \tag{2.5}$$

式中　C_i——气液界面处溶氧量，mg/L；

C_b——水体内部溶氧量，mg/L；

k_l——液膜内的传质系数，L/(m^2 · h)。

气膜和液膜的氧气通量相等，即

$$k_g(p_b-p_i)=k_l(C_i-C_b) \tag{2.6}$$

按照亨利定律，等温等压条件下氧气在水中的溶解度与液面上空气中氧气分压成正比。水中氧气浓度的表达式为

$$C=Hp \tag{2.7}$$

式中　C——水中实际溶氧量，mg/L；

H——亨利定律常数，mg/(L · Pa)；

p——氧气分压，Pa。

将式(2.7)代入式(2.6)，方程左侧分子、分母同时乘以亨利定律常数 H，可得

$$\frac{Hk_g(p_b-p_i)}{H}=k_l(C_i-C_b) \tag{2.8}$$

将式(2.7)代入式(2.8)，并令气膜靠近空气侧的主体 $Hp_b=C^*$，可得

$$\frac{k_g(C^*-C_i)}{H}=k_l(C_i-C_b) \tag{2.9}$$

式中　C^*——相应于 p_b 溶氧量，mg/L。

解之可得

$$C_i=\frac{k_g C^*+k_l H C_b}{k_l H+k_g} \tag{2.10}$$

将式(2.10)代入式(2.5)，可得氧气通量表达式为

$$N_0=\frac{k_l k_g}{Hk_l+k_g}(C^*-C_b) \tag{2.11}$$

引入气液膜总传质系数 K_l，则其表达式为

$$K_1=\frac{k_1k_g}{Hk_1+k_g} \tag{2.12}$$

由此,式(2.11)可简化为

$$N_0=K_1(C^*-C_b) \tag{2.13}$$

可将式(2.13)改写为

$$N_0=\frac{C^*-C_b}{1/K_1} \tag{2.14}$$

根据双膜理论,可将$\frac{1}{K_1}$视为气液间氧传质的阻力,其表达式为

$$\frac{1}{K_1}=\frac{1}{k_1}+\frac{H}{k_g} \tag{2.15}$$

由式(2.15)可知,气液间氧传质的阻力受气膜内的传质系数、液膜内的传质系数和亨利定律常数影响。

双膜理论把气液相间氧传质过程简化为氧气通过气膜和液膜的分子扩散过程,但要求气膜和液膜处于相对稳定的状态,该理论不适用于湍动较强的水流。总体上说,双膜理论极大地简化了复杂的传质机理,在污水处理、化工等领域中应用较多。

2.1.2　曝气增氧过程

目前,向水体增氧的常用方法有机械增氧方法和微孔曝气增氧方法。机械增氧方法是利用增氧机械的运动使水面出现紊动,增加水体与大气的接触面,从而促使更多的氧气溶解到水中。这种方法只能在水体表面实施增氧,增氧装置体积大、效率低、能耗高且噪声大,但由于其工作原理简单,购置及维护成本较低,因此广泛应用于水产养殖领域[101−103]。

1. 机械增氧器

机械增氧器主要分为表面增氧机和射流式水下增氧机,在表面增氧机中又分为垂直提升式及水平推流型。

(1)表面增氧机。

①水平推流型增氧设备的基本原理是电机驱动后,经传动部分减速带动轴以一定速度回转,利用转刷、转盘碟的运转推动水体作水平层流,同时将空气卷入水体更新液面,进行充氧,可通过改变刷片或盘片的浸没水深、增减盘数或转数来改变充氧量。这种设备多用于氧化沟工艺中,主要特点是结构简单,维护方便,充氧动力效率较高,动力消耗少。但同时,此设备主要是针对氧化沟工艺定型设计,应用范围受限,另外相对其他增氧机,水体的湍流程度不够,进入水体的气泡体积很大,虽然污泥处于悬浮流动状态,但是微观气泡分布没有潜水增氧机好。另外,设备体积庞大,显然输入的电能中相当一部分消耗在机器自身的运动中,而且运行时与表面增氧机相似,产生较多的水雾造成二次污染。

②垂直提升式增氧设备主要分为倒伞形叶轮表面增氧机、泵型叶轮高强度表面增氧

机及 FT 浮筒式(倒伞)表面增氧机。装置主要由叶轮、电机减速机、叶轮升降装置、联轴器、电动机等装置构成,多用于氧化沟处理等各种工艺。其共同特点是动力效率高,充氧量也较高,提升率高,径向推流能力强,机构简单,转动平稳,噪声低,运行可靠。另外,针对不同类型的表面增氧机,还有各种调节方式及特点,如调节叶轮高度、沉浸深度、电机转速等。但是表面增氧机也存在着一些缺点,如叶轮增氧过程中产生较多的水雾构成对周围环境的污染,不适用于城市或附近有居住区的地方。

③在各种增氧技术中,搅拌散气增氧技术是较新的一种技术。它具有搅拌增氧、双重变频、独立控制的特点,使液相、固相、气泡三相接触充分,适用于好氧增氧和搅拌等多种条件,可同时达到降低能量耗散率和提高增氧性能的目的。

(2)射流式水下增氧机。

潜水射流增氧机相对其他射流式水下增氧机来说是较新的机型,主要由潜水泵和射流器等装置构成,不同类型构造略有不同。一般原理为,水流由潜水泵吸入,在泵的高压和文丘里管的作用下形成高速水流进入吸气室,由于使吸气室形成负压,空气在大气压的作用下通过吸气管进入吸气室,与水在混气室混合,水流将空气剪切成无数微小气泡,由射流喷嘴喷入水中。

该类设备主要特点是溶解氧效率相对较好,搅拌充分时氧气在水中的转移效率较高,同时易于安装。但是,目前国内主流机型存在一定的设计缺陷,水和空气混合后向单方向增氧,这样会造成污水池中溶解氧不均匀,有的地方增氧不足,而有的地方增氧过量,从而导致能耗较高。随着水深增加自吸空气量减少,如果想增加自吸空气射入量则必须增大潜水泵功率能耗,而且超过 1.5 m 水深,已不能达到充分增氧效果。

2. 曝气增氧

曝气增氧采用风机及管道系统将空气输送到水体底部,通过曝气装置将空气散化为微气泡,这些微气泡在形成、上升和破灭时向水中传递氧气,同时微气泡的运动会搅动水流,使气泡布满整个水体空间,从而更有利于氧气的溶解,这种方式噪声小、能耗低且增氧效果好,曝气增氧装置不占用水体空间,在污水处理、水环境保护及高密度水产养殖等领域有广泛应用[104]。

曝气增氧过程中,曝气装置在水体底部持续产生大量微气泡,相对于静止的水体,气泡在浮力作用下扩散上升,吸引带动周边液体发生运动,在水体内产生空间环流,这种水流称为气泡羽流[105]。为说明气泡羽流的运动方式,程文等[106]对气泡羽流进行了分区。

羽流运动过程可分为 3 个区:形成区、形成后区和表面流区(图 2.3[107])。羽流形成区的气泡发生碰撞、合并、破碎,与周围液体剧烈混杂,上升速度较快。羽流形成后区的气泡扩散上升,吸引周边水体向羽流汇入,此时上升速度减慢趋于稳定。气泡运动到液体表面,气液翻滚并沿水体表层向四周扩散,形成表面流区。曝气增氧过程中,气泡从出现到溢出水面是持续运动的,氧传质是气液短暂接触的非稳态氧过程。

Higbie 针对湍动强烈的水流中气液相间短暂接触后立即更新替换的情形,提出了浅渗理论[108]。由于流体的扰动常被液流主体所置换,气相和液相都是按重复的短暂接触

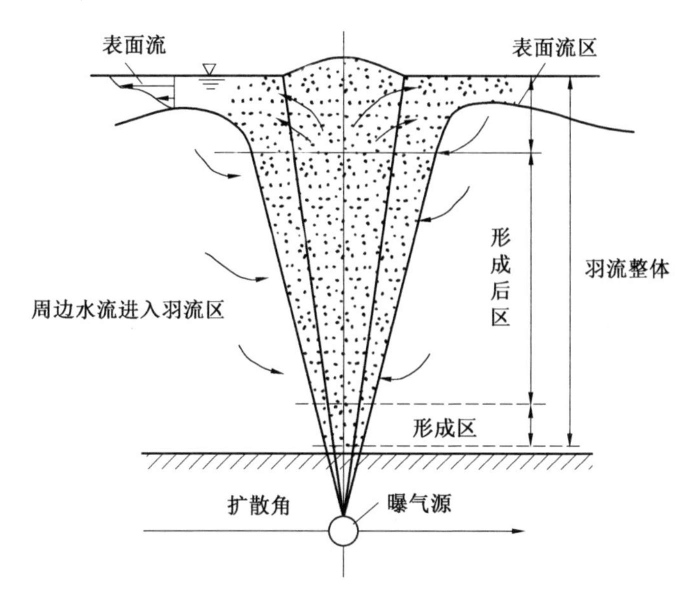

图 2.3　气泡羽流分区示意图

来操作的，由于接触的时间短，就不可能达到稳定。当液体在界面停留期间，溶解气体将借不稳定的分子扩散而渗透到液相。该理论有如下几点基本假定：

①允许气体传递进入它所接触的那部分水中的时间极短，故气体扩散进入水中的深度也必然是很浅的。

②传递的过程是非稳定的，即随时间变化的，因此传递的通量并非一个恒量，与双膜理论中的观点不同。

③该理论还认为传质阻力主要存在于液膜内。

④假设处于界面的各液体单元都具有相同的停留时间，故只存在一个扩散深度。

Higbie 提出，在高度湍流条件下，每隔一定时间 t_e 液膜内都要重建浓度梯度，此时氧传质过程符合菲克第二定律，其表达式为

$$\frac{\partial C}{\partial t}=D_L\frac{\partial^2 C}{\partial x^2} \tag{2.16}$$

式中　C——水中实际溶氧量，mg/L；

D_L——氧分子扩散系数，m^2/h；

t——扩散时间，h；

x——与液膜边界的距离，m。

式(2.16)满足的初始条件和边界条件如下：

初始条件：$t=0,x\geqslant 0,C=C_0$；

边界条件：$0\leqslant t\leqslant t_e,x=0,C=C_s;x>0,C=C_0$。

对式(2.16)积分求解可得任意时刻 t 的氧气通量 N_t，其表达式为

$$N_t=\sqrt{\frac{D_L}{\pi t}}(C_s-C_0) \tag{2.17}$$

式中 N_t——任意时刻氧气通量,mg/(h·m^2);

D_L——氧分子扩散系数,m^2/h;

t——扩散时间,h;

C_s——液膜边界处溶氧量,mg/L;

C_0——初始溶氧量,mg/L。

t_e 时间内的平均氧气通量 $\overline{N}_t$ 的表达式为

$$\overline{N}_t = \frac{1}{t_e}\int_0^{t_e} N_t \mathrm{d}t = 2\sqrt{\frac{D_L}{\pi t_e}}(C_s - C_0) \tag{2.18}$$

该模型适用于强湍流非稳态氧传质情形。在稻种浸种过程中,可采用曝气方法向浸种水中传递溶解氧,以满足稻种萌发消耗氧气的需要。

2.2 稻种萌发过程及环境条件

稻种萌发过程及生理生化变化与栽培条件存在密切的相互关系,掌握其萌发规律对高效开展浸种催芽工作具有重要意义。

稻种在一定的水分、温度和氧气条件下方可萌动发芽,种子的萌发过程可分为吸水膨胀、萌动、发芽3个阶段。

①物理吸水膨胀阶段。种子内的细胞原生质属于亲水胶体,干燥状态下呈胶凝状体。当种子放入水中后,即开始快速吸胀,直到细胞内部水分达到饱和状态。随着种子吸水量增加,种子内部的新陈代谢活动逐渐活跃起来,加速了在贮藏期间微弱的物质转化过程和呼吸作用。

②萌动吸水阶段。由于种子内酶活性的提高,呼吸作用不断加强,种子内贮藏物质不断地转化为糖类和氨基酸等可溶性物质,并转运到胚细胞中去。胚细胞利用这些物质,使细胞迅速分裂和生长。当胚细胞的体积增大到一定程度时,就顶破种皮而出,称为"破胸"。在一般情况下,胚根首先突破种皮,因为它的尖端朝向种孔,吸水早,生长也最早、最快,随后开始长出胚芽。

③发芽阶段。种子萌动后种胚继续生长,当胚根长度与谷粒长度相等,胚芽长度达到谷粒长度一半时,即称为发芽。水稻种子发芽时,初出的幼根即为种根,幼芽最先出现的部分是芽鞘。幼芽(芽鞘)不含叶绿素,待从芽鞘伸出不完全叶时叶色才转绿,此过程称为出苗。种子胚乳中养分的消耗,通常从胚的附近部分开始,以后向其他部分逐渐扩大。到了三叶期,胚乳中的养分已被消耗完,只剩下一个空壳,此时称为离乳期。该阶段秧苗由胚乳营养进入独立生活,是从异养转入自养的转折时期。

种子发芽过程伴随着复杂生理活动。为满足种胚的生长需要,胚乳中贮藏的物质不断被分解成为可溶性物质,输送至生长的种胚里作为呼吸作用的原料,并进一步分解释放出能量。同时产生中间产物(如丙酮酸等),供新细胞生长发育之用。由此可见,在种子萌发过程中,生理活动主要表现在物质转化和呼吸作用两个主要方面,表现在外部就是胚乳干物质不断减少,芽谷堆里发热,种胚不断长大。物质转化和呼吸作用两个方面的生理活动具体如下：

1. 有机物质的转化

种子萌发时，酶在胚乳的养料分解和再合成中扮演重要角色，麦芽糖的制作就由麦芽糖的酶起作用。酶是一种主要由蛋白质组成的高效能生物催化剂，不耐高温，催芽时芽种袋内温度过高，导致蛋白质的变性凝固，酶失去了活性而引起烧芽。不同有机物质的分解与合成，都有相应的酶在发挥作用。酶具有专性，一种酶只能作用于一种物质，如淀粉酶只能分解淀粉。少量酶就可促成大量的物质转化。酶的催化能力在一定范围内与酶的浓度、温度成正相关。水稻种子中的营养物质主要贮藏在胚乳中。因此在种子萌发过程中，胚乳的淀粉、蛋白质等物质不断地减少。

(1)淀粉的转化。

稻种中淀粉含量较高，萌发过程中种内淀粉在淀粉酶催化作用下，分解为麦芽糖，再在麦糖酶的作用下分解为葡萄糖。淀粉也可在磷酸化酶作用下分解成葡萄糖，直接作为呼吸作用的原料，并可进一步合成纤维素，以满足新细胞中形成细胞壁的需要。

(2)蛋白质的转化。

稻种蛋白质含量一般为8%左右。种子萌发时，种内贮藏的蛋白质在蛋白酶的作用下分解为可溶性氨基酸，运送至种胚的生长部位。氨基酸又在相应酶的作用下形成结构蛋白质，成为幼芽、幼根中的细胞成分。因此在种子萌发时，贮藏蛋白质减少而结构蛋白质增加。

(3)脂肪含量。

稻种含脂肪比较少，为1% ～2%(质量分数，下同)。种子萌发时，贮藏脂肪在脂肪酶的作用下分解为脂肪酸和甘油，并继续转化为糖类，作为呼吸作用的原料。

2. 种子的呼吸作用

稻种中贮藏的主要物质为淀粉，占种子质量的90%以上，蛋白质和脂肪含量较低[109]。稻种萌发时，淀粉在酶催化下，被分解为各种糖类化合物，如蔗糖、葡萄糖和果糖(蔗糖易转化为葡萄糖和果糖等己糖)，为种子萌发提供碳源和能量[110]。有氧条件下，己糖类化合物分解消耗氧气，其呼吸作用为有氧呼吸，如

$$C_6H_{12}O_6+6O_2 \xrightarrow{\text{酶}} 6CO_2+6H_2O+2\ 821.3\ \text{J} \tag{2.19}$$

低氧条件下糖类进行无氧呼吸，降解产物主要产物为乙醇，乙醇对稻种细胞有毒害作用[111]，如

$$C_6H_{12}O_6 \xrightarrow{\text{酶}} 2C_2H_5OH+2CO_2+100.5\ \text{J} \tag{2.20}$$

在生产实践中，若稻种在淹水缺氧环境中萌发，会进行无氧呼吸(如酒精发酵作用)，虽然可以暂时维持其生命活动，但是无氧呼吸产生的中间产物(如酮酸)，会影响合成作用中的原料供应。无氧呼吸释放的能量仅为有氧呼吸的1/26左右，分解产物中的酒精又对细胞有毒害作用。因此，长时间无氧呼吸对水稻种子发芽和幼苗生长有不利影响。比如，在催芽过程中种袋太大、浸水过久或温度过高，常产生酒气，使稻种发芽受阻，播种

后种子长期处在淹水条件下容易产生烂芽现象。

此外，无氧呼吸消耗大量的碳水化合物，但所提供的 ATP 远不及有氧呼吸，释放的能量也远小于有氧呼吸[112]。因此，在低氧条件下浸种的稻种发芽力表现较差[113]。

浸种催芽是为稻种萌发提供适宜的环境条件，使稻种获得发芽所需的水分并去除发芽抑制物质。促使稻种萌发的外部条件如下。

(1)水分条件。

风干种子含水量(质量分数)为 11%～14%，种内水分以束缚水形式存在。此时，稻种中的原生质呈凝胶状态，酶也处于钝化状态，稻种处于生理休眠状态，只进行微弱的物质转化和呼吸作用。因此，稻种发芽需吸收足够多水分才能正常萌发。催芽要采取浸种措施，让种子均匀吸收水分，促使细胞原生质由凝胶状态向溶胶状态转变。自由水增加可为酶和可溶性物质提供溶剂，提高物质转化效率。同时，由于谷种吸水，种皮变软后透性增大，使氧气容易透入，种子呼吸作用增强，胚乳中的贮藏物质开始快速地被分解和转运到胚部，促使胚细胞不断分裂和伸长，并吸水膨胀突破种皮，逐渐生长出幼芽和幼根。

种子萌发，始于吸水。当稻种吸水充分后，其内部贮存物质分解代谢开始萌发，直至根芽突破种皮。稻种吸水分 3 个阶段，不同阶段吸水速度不同[114]。

(2)氧气条件。

种子发芽阶段会产生活跃的代谢活动，需进行旺盛的呼吸作用以提供它所需要的能量和中间产物，需要足够多的氧气供应。种子发芽时的物质转化效率随着空气中含氧量的提高而增强，在缺氧条件下萌发谷芽的物质转化效率不及在正常空气中萌发的转化效率的一半。因此，在水稻催芽和育秧中保证氧气供应至关重要。

水稻具有忍受缺氧的能力，其萌发所需氧气量比棉花少几百倍，且在嫌气条件下具有强烈的发酵作用，因而谷种在水层下仍能靠进行无氧呼吸而萌发。但是，稻种在无氧呼吸条件下只有芽鞘迅速伸长，根和叶则不能生长或生长很弱。胚芽鞘在种子成熟前就已经形成，是以细胞“引长”的方式生长，这种“引长”生长在有氧和无氧条件下均能进行，在缺氧条件下胚芽甚至比有氧条件下伸长近 1 倍。而胚根是以细胞分裂形式生长的，在缺氧条件下细胞分裂不能正常进行，胚根无法生长，就产生了“湿长芽”的现象。反之，在水分较少且氧气供应充足的情况下，则种根长得快而种芽长得慢，产生“干长芽”的现象。

(3)温度条件。

稻种萌发的生理活动需在适当的温度条件下完成。前文已述，种子萌发是酶参与下的生物化学过程，酶的生物活性与温度有十分密切的关系[115]。适于稻种萌发的最低温度为 11 ℃，低于此温度时稻种的生理活动受到抑制。萌发温度不宜超过 40 ℃，过高温度会导致种芽细胞质停止流动，以至种芽烧焦[112,116]。不同品种稻种的适宜发芽温度不尽相同，但一般在 28 ℃左右。

事实上，上述各因素对稻种萌发的影响并非独立，各因素之间互相促进、互相影响[117-118]。稻种萌发是从吸水开始至根芽齐出的连续的生理过程，该过程需要水分、温度和氧气三项要素的同步全程参与。由于水和空气之间存在天然互斥关系，导致向稻种同时提供水和氧气变得困难。曝气增氧过程可为稻种萌发提供可吸收的溶解氧。曝气增氧条件下,稻种耗氧、吸水规律及其与水温的关系有待探明。

2.3 曝气增氧条件下稻种耗氧及吸水规律试验

2.3.1 无稻种状态下曝气溶解氧试验

1. 仪器与试验方法

仪器与设备:溶氧量测定仪(雷磁 JPSJ－605)、1 000 mL 玻璃烧杯、恒温水浴锅和微孔曝气增氧泵。

试验方法:向玻璃烧杯加入 1 000 mL 清水后置于恒温水浴锅中,水浴锅将烧杯内水增温至试验温度后,加入适量亚硫酸钠除氧。确定水中氧气耗尽后,打开微孔曝气增氧泵曝气增氧 10 min。曝气停止后,记录初始溶氧量,其后每隔 2 h 测定烧杯内水的溶氧量。试验重复 3 次。

2. 试验方案

研究和实践经验表明,水稻种子萌发的适宜温度为 25～30 ℃[119]。本节试验以30 ℃为中值,选取 20 ℃、25 ℃、30 ℃、35 ℃和 40 ℃为测试温度。

3. 试验结果及分析

无稻种状态下浸种水溶氧量变化规律曲线如图 2.4 所示。

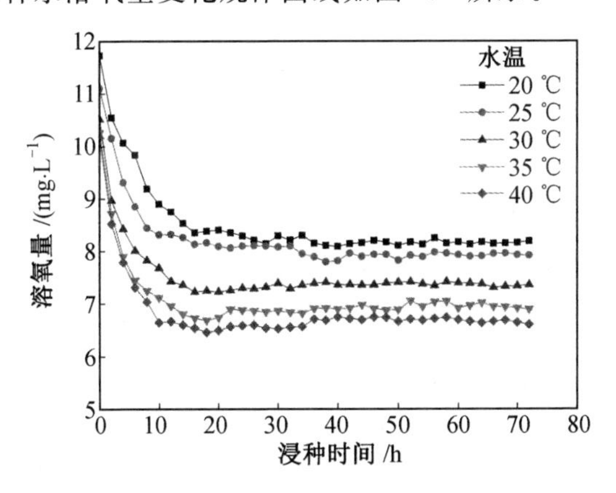

图 2.4 无稻种状态下浸种水溶氧量变化规律曲线

由图 2.4 可知,不同水温条件下,曝气增氧后水中溶氧量随着浸种时间的改变呈现相似的变化规律:曝气停止时水中溶氧量升至峰值,曝气停止后溶氧量开始缓慢下降,直至达到平衡状态。

水体溶解氧气受饱和溶氧量限制,超出饱和溶氧量的氧气将无法溶解于水中。曝气过程中,在容器底部产生的微气泡快速上浮扩散引起水和气泡的强烈混掺翻滚,使水中溶氧量暂时超过该温度和气压下的饱和溶氧量,出现超饱和现象[120]。在曝气停止后,水中的超饱和溶解氧开始逐渐向空气中逸散,直至溶氧量恢复到饱和溶氧量。图 2.4 中溶氧量曲线从峰值下降至恒定值的过程即为超饱和溶解氧逸散的过程。

图 2.4 中,各温度条件下的溶氧量曲线最终趋于稳定值,该值即为饱和溶氧量。不同温度水的饱和溶氧量见表 2.1。

表 2.1 不同温度水的饱和溶氧量 mg/L

项目	20 ℃	25 ℃	30 ℃	35 ℃	40 ℃
饱和溶氧量	8.21	7.98	7.35	6.90	6.64

由表 2.1 可知,水体的饱和溶氧量受水温影响。低水温对应较高的饱和溶氧量,表明降低水温会增加水稻氧气溶解能力。对图 2.4 中各水温浸种水溶氧量随时间变化规律进行拟合,结果见表 2.2。

表 2.2 水中溶氧量变化曲线拟合方程

序号	水温/℃	拟合方程	R^2
1	20	$y=7\times10^{-10}x^6-2\times10^{-7}x^5+2\times10^{-5}x^4-0.001x^3+0.029\,9x^2-0.486\,2x+11.619$	0.991 3
2	25	$y=2\times10^{-9}x^6-4\times10^{-7}x^5+4\times10^{-5}x^4-0.001\,9x^3+0.047\,8x^2-0.601\,1x+11.104$	0.993 2
3	30	$y=1\times10^{-9}x^6-3\times10^{-7}x^5+3\times10^{-5}x^4-0.001\,7x^3+0.044\,3x^2-0.583\,8x+10.275$	0.980 6
4	35	$y=2\times10^{-9}x^6-4\times10^{-7}x^5+4\times10^{-5}x^4-0.002\,1x^3+0.054\,6x^2-0.685\,8x+10.072$	0.983 5
5	40	$y=2\times10^{-9}x^6-4\times10^{-7}x^5+4\times10^{-5}x^4-0.002\,1x^3+0.054\,4x^2-0.700\,4x+9.958\,4$	0.985 9

对比表 2.2 中各曲线拟合方程可知,随着水温由 20 ℃升至 40 ℃,常数项由 11.619 降至 9.958 4,表明水溶氧能力随着水温升高而降低。

2.3.2 浸种稻种耗氧规律试验

由上可知,水中溶解氧在无消耗情况下会保持饱和溶氧量,浸种过程中稻种耗氧规律可通过浸种水溶氧量随时间变化规律体现。

1. 常规浸种稻种耗氧规律试验

(1)品种、仪器与试验方法。

供试品种:绥粳 18、绥粳 27、龙粳 31、龙粳 46。

仪器与设备:溶氧量测定仪(雷磁 JPSJ－605)、1 000 mL 玻璃烧杯、恒温水浴锅、微孔曝气增氧泵。

试验方法:向玻璃烧杯内装入 1 000 mL 清水,在恒温水浴锅内增至预定温度,将微孔曝气增氧泵放入烧杯底部曝气增氧 1 h。放入经盐水浸泡选出的稻种 2 000 粒(约

50 g),每小时测量并记录浸种水溶氧量。当浸种水溶氧量连续 12 h 不再变化时,即停止试验。试验重复 3 次。

(2)试验方案。

以 30 ℃为中值,选取 20 ℃、25 ℃、30 ℃、35 ℃和 40 ℃共计 5 个温度水平,观测浸种水的溶氧量变化规律,通过浸种水溶氧量变化来体现稻种的氧气消耗规律。

(3)试验结果及分析。

常规浸种稻种溶氧量变化规律曲线如图 2.5 所示。

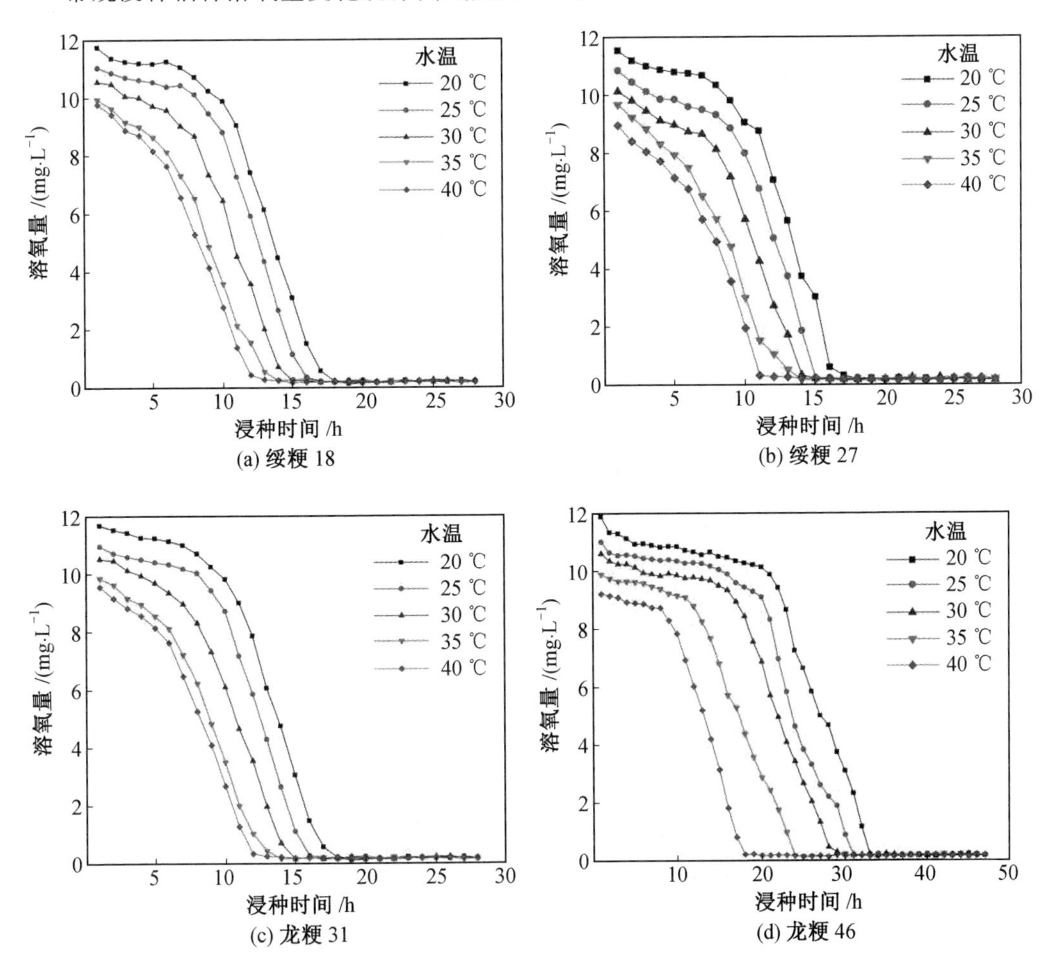

图 2.5　常规浸种稻种溶氧量变化规律曲线

由图 2.5 可知,绥粳 18、绥粳 27、龙粳 31 和龙粳 46 浸种水溶氧量曲线随水温变化规律一致,各个温度下的溶氧量曲线位置随着水温升高而渐次下降。20 ℃的溶氧量曲线在曲线簇的最上面,25 ℃、30 ℃和 35 ℃的溶氧量曲线位置逐渐下降,40 ℃的溶氧量曲线位于曲线簇的下面,表明浸种水溶氧量受水温影响,较高的水温会降低水中溶氧量水平。

无稻种状态下曝气溶解氧试验表明,水中超饱和溶解氧散去后,水中溶氧量会保持饱和溶氧量不变。图 2.5 中 4 个水稻品种溶氧量在不同水温下均出现:浸种早期溶氧量由峰值开始缓慢下降,而后快速下降至 0.2 mg/L 左右,最终保持在低位微幅波动。浸种期间溶氧量变化原因分析如下：

①曝气增氧会在水中产生超饱和溶解氧，曝气停止后超饱和溶解氧会逐渐消散。图2.5中各曲线缓慢下降阶段即为超饱和溶解氧消散阶段。

②稻种萌发消耗氧气是水中溶解氧快速下降的原因。稻种未开始萌发前不消耗溶解氧，此时水中溶解氧可保持在较高水平。当稻种达到萌发状态时，开始大量消耗溶解氧，此时浸种水溶氧量开始进入快速下降阶段，直至溶解氧耗尽。

③浸种水溶解氧耗尽后，水面处的自然溶解氧无法满足稻种消耗需求，溶氧量曲线在低位微幅波动。

因此，稻种是否进入萌发状态可由其是否快速消耗氧气推断得出。溶氧量变化曲线由缓慢下降向快速下降的转折点，即为稻种开始萌发的时间点。溶解氧快速消耗的开始时间见表2.3。

表2.3　溶解氧快速消耗的开始时间　h

序号	品种	20 ℃	25 ℃	30 ℃	35 ℃	40 ℃
1	绥粳18	11	9	7	6	5
2	绥粳27	11	10	9	7	6
3	龙粳31	10	9	8	6	5
4	龙粳46	20	18	16	11	8

由表2.3可知，绥粳18分别在20 ℃、25 ℃、30 ℃、35 ℃和40 ℃水温条件下浸种时，开始快速耗氧时间点分别为11 h、9 h、7 h、6 h和5 h；绥粳27分别在20 ℃、25 ℃、30 ℃、35 ℃和40 ℃水温条件下浸种时，开始快速耗氧时间点分别为11 h、10 h、9 h、7 h和6 h；龙粳31分别在20 ℃、25 ℃、30 ℃、35 ℃和40 ℃水温条件下浸种时，开始快速耗氧时间点分别为10 h、9 h、8 h、6 h和5 h；龙粳46分别在20 ℃、25 ℃、30 ℃、35 ℃和40 ℃水温条件下浸种时，开始快速耗氧时间点分别为20 h、18 h、16 h、11 h和8 h。绥粳18和绥粳27快速耗氧起始时间较为接近。快速耗氧起始时间均与水温有关：水温越高，稻种开始快速耗氧时间越早。由此可知，较高水温可促使稻种更早进入萌发阶段。

2. 曝气增氧稻种耗氧规律试验

(1)品种仪器与试验方法。

供试品种：绥粳18、绥粳27、龙粳31、龙粳46。

仪器与设备：溶氧量测定仪(雷磁JPSJ－605)、1 000 mL玻璃烧杯、恒温水浴锅和微孔曝气增氧泵。

试验方法：向玻璃烧杯内装入1 000 mL清水，在恒温水浴锅内增温至预定温度后放入经盐水浸泡选出的稻种2 000粒(约50 g，用纱布包好)。将微孔曝气增氧泵放在烧杯底部进行曝气增氧。试验过程中，根据曝气时距安排实施曝气增氧，单次增氧曝气时长为1 h。曝气停止后立即测量初始溶氧量，此后每小时测量并记录浸种水溶氧量。试验时长为72 h。试验重复3次。

(2)试验方案。

试验选择浸种水温与曝气时距为试验控制指标。浸种水温的水平取值与常规浸种试验相同,取 20 ℃、25 ℃、30 ℃、35 ℃和 40 ℃共计 5 个温度水平。曝气时距为微孔增氧泵每次开启的时间间隔。为确保充分增氧,每次曝气持续时间为 60 min。由此可知,曝气时距应在 0～24 h 内选取,本节试验等时距地选取 0 h、6 h、12 h、18 h 和 24 h 作为曝气时距。

本节试验采用全因子试验设计方法,稻种耗氧试验的因素与水平见表 2.4。

表 2.4　稻种耗氧试验的因素与水平

水温/℃	曝气时距/h	水温/℃	曝气时距/h	水温/℃	曝气时距/h	水温/℃	曝气时距/h	水温/℃	曝气时距/h
20	0	25	0	30	0	35	0	40	0
	6		6		6		6		6
	12		12		12		12		12
	18		18		18		18		18
	24		24		24		24		24

溶解氧降幅可按式(2.21)计算:

$$D_c=\frac{C_s-C_f}{C_s}\times 100\% \tag{2.21}$$

式中　D_c——溶氧量降幅,%;

C_s——溶氧量初值,mg/L;

C_f——溶氧量终值,mg/L。

曝气增氧稻种耗氧试验过程如图 2.6 所示。

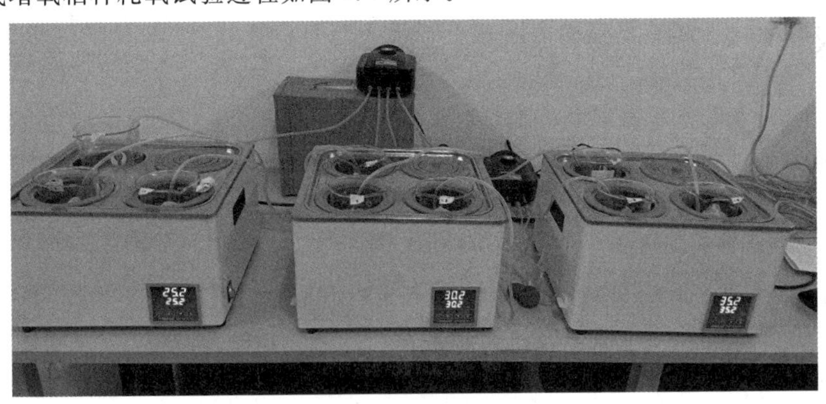

图 2.6　曝气增氧稻种耗氧试验过程

(3)试验结果及分析。

①绥粳 18 曝气增氧浸种耗氧规律。曝气时距分别为 0 h、6 h、12 h、18 h 和 24 h 时,绥粳 18 浸种水溶氧量变化规律曲线如图 2.7～2.11 所示。

由图 2.7 可知,浸种水溶氧量受水温影响明显,水温低时溶氧量整体水平较高,水温

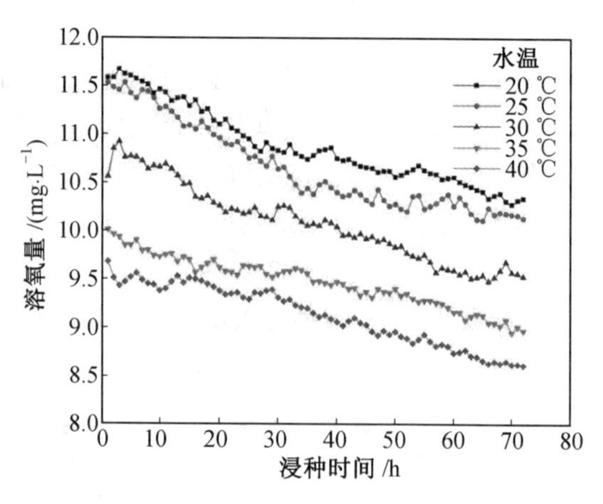

图 2.7　绥粳 18 曝气增氧浸种耗氧规律曲线(曝气时距为 0 h)

高则反之。不同水温下的浸种水溶氧量均随着浸种时间的延长平缓下降。绥粳 18 曝气时距 0 h 的溶氧量降幅见表 2.5。

表 2.5　绥粳 18 曝气时距 0 h 的溶氧量降幅

序号	水温/℃	溶氧量初值/(mg·L^{-1})	溶氧量终值/(mg·L^{-1})	溶氧量降幅/%
1	20	11.58	10.34	10.7
2	25	11.53	10.13	12.1
3	30	10.56	9.50	10.0
4	35	10.01	8.97	10.4
5	40	9.67	8.61	11.0

由表 2.5 可知,水温较高时,溶氧量初值和终值均较高;水温较低时,溶氧量初值和终值均较低。不同温度下浸种水溶氧量降幅无趋势性变化,溶氧量降幅在 10.0%～12.1%之间,差异不明显。

理论上,连续曝气状态下浸种水始终处于超饱和状态,溶氧量应保持在超饱和溶氧量位置,而本节试验中出现溶氧量随着浸种时间的延长而缓慢下降情形。这是因为,浸种过程中稻种内部有物质从种皮渗出溶于水中,溶质的增加会导致水的溶氧能力降低[109],最终表现为浸种水溶氧量随着浸种时间的延长而下降。

由图 2.8 可知,各水温条件下浸种水溶氧量以 6 h 为周期呈波动变化。曝气后溶氧量升至峰值,然后开始随着稻种的消耗而下降。从波动幅度看,浸种水溶氧量均呈现早期微幅波动、后期大幅波动的变化规律。

选取 1～6 h、25～30 h、43～48 h 及 67～72 h 等 4 个区间列出溶氧量降幅,绥粳 18 曝气时距 6 h 的溶氧量降幅见表 2.6。

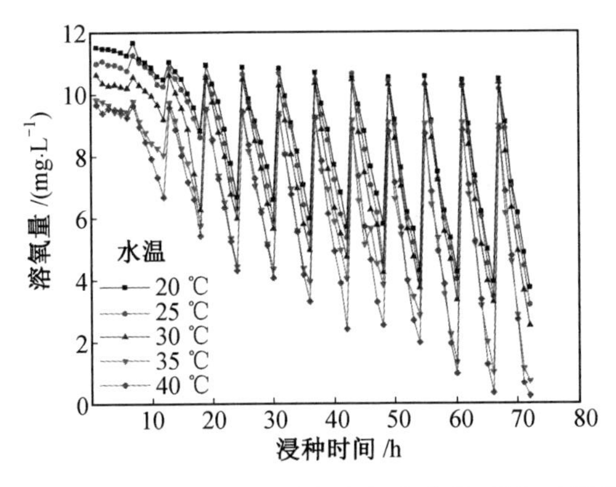

图 2.8　绥粳 18 曝气增氧浸种耗氧规律曲线(曝气时距为 6 h)

表 2.6　绥粳 18 曝气时距 6 h 的溶氧量降幅

序号	水温/℃	1～6 h 区间/%	25～30 h 区间/%	43～48 h 区间/%	67～72 h 区间/%
1	20	2.2	39.3	45.2	64.3
2	25	2.1	44.2	57.2	68.6
3	30	4.0	46.1	59.6	75.7
4	35	4.0	53.6	58.1	91.9
5	40	4.2	56.9	71.4	97.3

由表 2.6 可知，随着水温由 20 ℃升至 40 ℃，1～6 h 区间溶氧量降幅由 2.2%增至 4.2%；25～30 h 区间溶氧量降幅由 39.3%增至 56.9%；43～48 h 区间溶氧量降幅由 45.2%增至 74.1%；67～72 h 区间溶氧量降幅由 64.3%增至 97.3%。可知，浸种水溶氧量降幅随着水温的升高而增加。

从 1～6 h 区间到 67～72 h 区间，20 ℃水温溶氧量降幅由 2.2%增至 64.3%；25 ℃水温溶氧量降幅由 2.1%增至 68.6%；30 ℃水温溶氧量降幅由 4.0%增至 75.7%；35 ℃水温溶氧量降幅由 4.0%增至 91.9%；40 ℃水温溶氧量降幅由 4.2%增至 97.3%。可知，浸种水溶氧量降幅随着浸种时间的延长而增加。

由图 2.9 可知，浸种水溶氧量以 12 h 为周期呈波动变化。水温低时溶氧量波动幅度较小，随着水温升高波动幅度也逐渐增大。在 0～12 h 区间，浸种水溶氧量降幅较小，12 h后各区间溶氧量降幅显著增加。

选取 1～12 h、13～24 h、25～36 h、37～48 h、49～60 h、61～72 h 等 6 个区间列出溶氧量降幅，绥粳 18 曝气时距 12 h 的溶氧量降幅见表 2.7。

由表 2.7 可知，浸种水溶氧量降幅随着浸种时间的延长而增加，也随着水温的升高而增加。试验数据表明，水中溶氧量降至 0.2 mg/L 左右即达下限，对应溶解氧降幅极限为 97%左右。因此，溶解氧降幅达 97%以上便不再增加。此时，水中溶解氧耗尽，稻种处于缺氧状态。20 ℃水温时的 61～72 h 区间内溶氧量降幅达 98.1%，表明该阶段水中溶解氧已不能满足稻种消耗需求，开始出现缺氧现象。同理，25 ℃水温时的 49～60 h 区

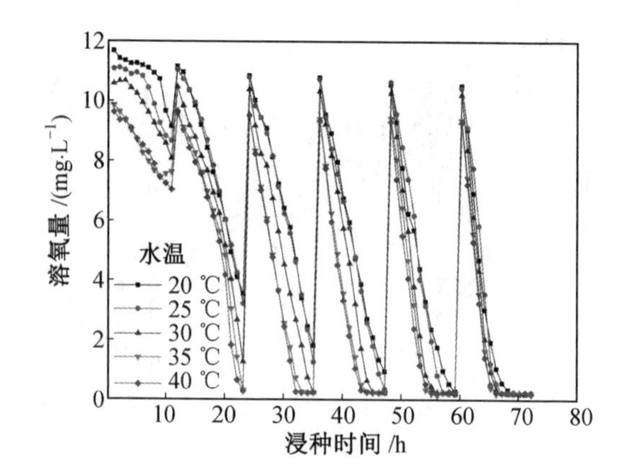

图 2.9　绥粳 18 曝气增氧浸种耗氧规律曲线(曝气时距为 12 h)

间、61～72 h 区间，30 ℃水温时的 37～48 h 区间、49～60 h 区间和 61～72 h 区间，35 ℃水温时的 25～36 h 区间、37～48 h 区间、49～60 h 区间、61～72 h 区间及 40 ℃水温时的 25～36 h 区间、37～48 h 区间、49～60 h 区间、61～72 h 区间，稻种均开始出现缺氧现象。

表 2.7　绥粳 18 曝气时距 12 h 的溶氧量降幅

序号	水温 /℃	1～12 h 区间 /%	13～24 h 区间 /%	25～36 h 区间 /%	37～48 h 区间 /%	49～60 h 区间 /%	61～72 h 区间 /%
1	20	21.8	63.2	77.3	89.9	94.9	98.1
2	25	21.8	61.5	78.2	91.7	98.1	97.9
3	30	23.7	74.4	92.7	97.7	97.5	97.7
4	35	22.5	85.0	97.6	97.4	97.2	97.6
5	40	26.8	93.0	97.6	97.4	97.1	97.6

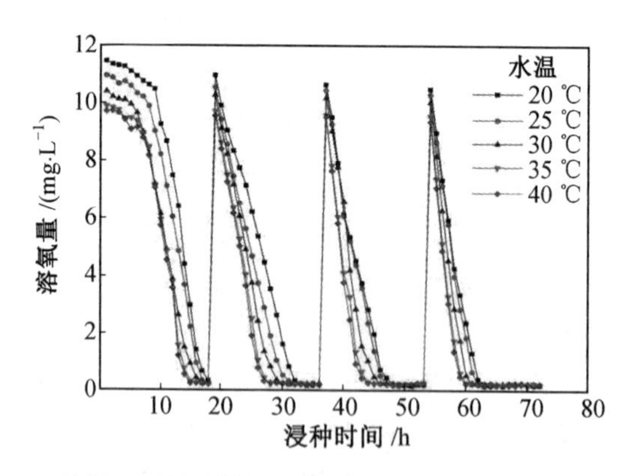

图 2.10　绥粳 18 曝气增氧浸种耗氧规律曲线(曝气时距为 18 h)

由图 2.10 可知，浸种水溶氧量以 18 h 为周期呈波动变化。在 1～18 h 区间内，浸种水溶氧量平缓下降一段时期后快速下降，直至达到溶氧量下限。在 19 h 以后各波动周期，随着稻种对氧气的消耗，水中溶氧量从曝气后的峰值快速降至最低。此时，各区间内浸种水溶氧量降幅均接近极限值，各区间内稻种均开始出现缺氧现象，溶氧量降幅已无法表征稻种耗氧速度。

选取 1～18 h、19～36 h、37～54 h、55～72 h 等 4 个区间列出溶解氧耗尽所用时间，绥粳 18 曝气时距 18 h 的溶解氧耗尽用时见表 2.8。

表 2.8　绥粳 18 曝气时距 18 h 的溶解氧耗尽用时

序号	水温/℃	1～18 h 区间/h	19～36 h 区间/h	37～54 h 区间/h	55～72 h 区间/h
1	20	17	14	11	8
2	25	16	12	10	8
3	30	15	10	9	7
4	35	14	9	7	6
5	40	14	8	6	5

由表 2.8 可知，随着水温由 20 ℃升至 40 ℃，在 1～18 h 区间内稻种耗尽水中溶解氧所需时间由 17 h 缩短至 14 h；在 19～36 h 区间内稻种耗尽水中溶解氧所需时间由 14 h 缩短至 8 h；在 37～54 h 区间内稻种耗尽水中溶解氧所需时间由 11 h 缩短至 6 h；在 55～72 h 区间内稻种耗尽水中溶解氧所需时间由 8 h 缩短至 5 h。显然，稻种耗氧速度随着水温升高而加快。

比较相同水温下 1～18 h 区间到 55～72 h 区间稻种耗尽溶解氧的用时发现：20 ℃时，由 17 h 缩短至 8 h；25 ℃时，由 16 h 缩短至 8 h；30 ℃时，由 15 h 缩短至 7 h；35 ℃时，由 14 h 缩短至 6 h；40 ℃时，由 14 h 缩短至 5 h。这些数据表明，从稻种浸种早期到浸种后期，溶解氧耗尽用时明显缩短，稻种耗氧速度显著加快。

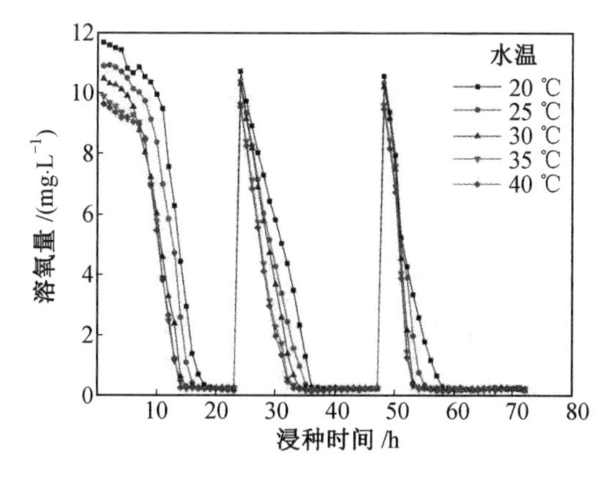

图 2.11　绥粳 18 曝气增氧浸种耗氧规律曲线(曝气时距为 24 h)

由图 2.11 可知，水中溶氧量以 24 h 为周期呈波动变化。各区间内，溶氧量均由峰值降至最低，稻种均处于缺氧状态。

选取 1～24 h、25～48 h、49～72 h 等 3 个区间列出溶解氧耗尽所用时间，绥粳 18 曝气时距 24 h 的溶解氧耗尽用时见表 2.9。

表 2.9　绥粳 18 曝气时距 24 h 的溶解氧耗尽用时

序号	水温/℃	1～24 h 区间/h	25～48 h 区间/h	49～72 h 区间/h
1	20	17	12	10
2	25	15	11	7
3	30	14	10	6
4	35	13	9	5
5	40	13	8	5

由表 2.9 可知，溶解氧耗尽用时随着水温的升高而缩短，也随着浸种时间的延长而缩短。稻种耗氧速度受水温和浸种时间共同影响。

②绥粳 27 曝气增氧浸种耗氧规律。曝气时距分别为 0 h、6 h、12 h、18 h 和 24 h 时，绥粳 27 浸种水溶氧量变化规律曲线如图 2.12～2.16 所示。

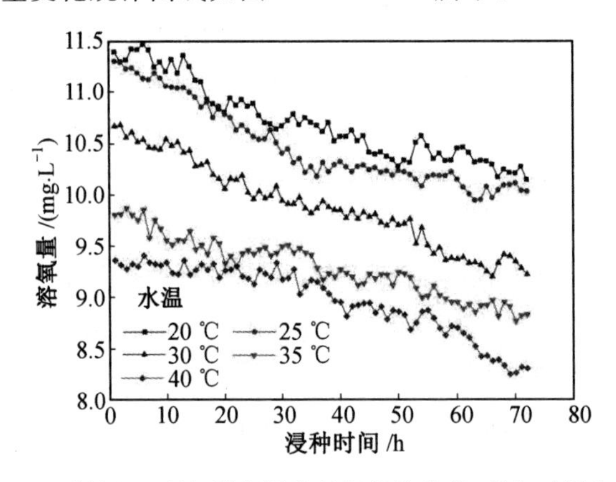

图 2.12　绥粳 27 曝气增氧浸种耗氧规律曲线(曝气时距为 0 h)

由图 2.12 可知，浸种水溶氧量受水温影响明显，水温低时溶氧量整体水平较高，水温高则反之。不同水温下的浸种水溶氧量均随着浸种时间的延长平缓下降。绥粳 27 曝气时距 0 h 的溶氧量降幅见表 2.10。

表 2.10　绥粳 27 曝气时距 0 h 的溶氧量降幅

序号	水温/℃	溶氧量初值/(mg・L^{-1})	溶氧量终值/(mg・L^{-1})	溶氧量降幅/%
1	20	11.39	10.14	11.0
2	25	11.30	10.03	11.2
3	30	10.67	9.22	13.6
4	35	9.80	8.83	10.0
5	40	9.36	8.30	11.3

由表 2.10 可知，水温较高时，溶氧量初值和终值均较高；水温较低时，溶氧量初值和终值均较低。不同温度下浸种水溶氧量降幅无趋势性变化，溶氧量降幅在 10.0%～

13.6%区间内，差异不明显。

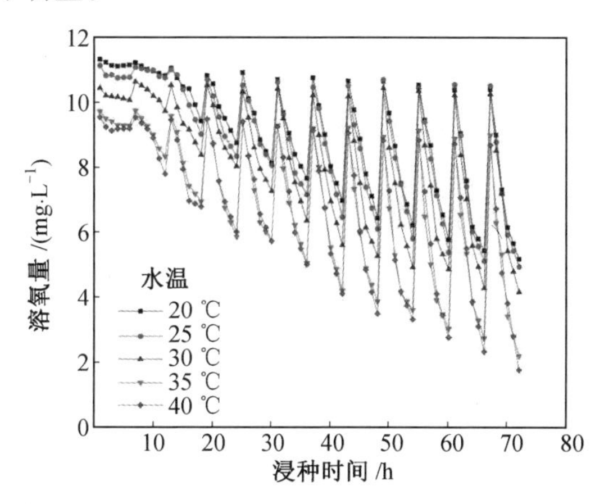

图 2.13　绥粳 27 曝气增氧浸种耗氧规律曲线(曝气时距为 6 h)

由图 2.13 可知，各水温条件下浸种水溶氧量以 6 h 为周期呈波动变化。曝气后溶氧量升至峰值，然后开始随着稻种的消耗而下降。从波动幅度看，浸种水溶氧量均呈现早期微幅波动、后期大幅波动的变化规律。

选取 1～6 h、25～30 h、43～48 h 及 67～72 h 等 4 个区间列出溶氧量降幅，绥粳 27 曝气时距 6 h 的溶氧量降幅见表 2.11。

表 2.11　绥粳 27 曝气时距 6 h 的溶氧量降幅

序号	水温/℃	1～6 h 区间/%	25～30 h 区间/%	43～48 h 区间/%	67～72 h 区间/%
1	20	2.7	32.42	48.93	58.83
2	25	2.9	35.67	51.57	62.17
3	30	3.6	39.08	52.87	65.61
4	35	4.6	47.94	62.86	88.48
5	40	4.4	47.59	65.30	93.92

由表 2.11 可知，随着水温由 20 ℃升至 40 ℃，1～6 h 区间溶氧量降幅由 2.7%增至 4.4%；25～30 h 区间溶氧量降幅由 32.42%增至 47.59%；43～48 h 区间溶氧量降幅由 48.93%增至 65.30%；67～72 h 区间溶氧量降幅由 58.83%增至 93.92%。可知，浸种水溶氧量降幅随着水温的升高而增加。

从 1～6 h 区间到 67～72 h 区间，20 ℃水温溶氧量降幅由 2.7%增至 58.83%；25 ℃水温溶氧量降幅由 2.9%增至 62.17%；30 ℃水温溶氧量降幅由 3.6%增至 65.61%；35 ℃水温溶氧量降幅由 4.6%增至 88.48%；40 ℃水温溶氧量降幅由 4.4%增至 93.92%。可知，浸种水溶氧量降幅随着浸种时间的延长而增加。

由图 2.14 可知，浸种水溶氧量以 12 h 为周期呈波动变化。水温低时溶氧量波动幅度较小，随着水温升高波动幅度也逐渐增大。在 0～12 h 区间，浸种水溶氧量降幅较小，12 h 后各区间溶氧量降幅显著增加。

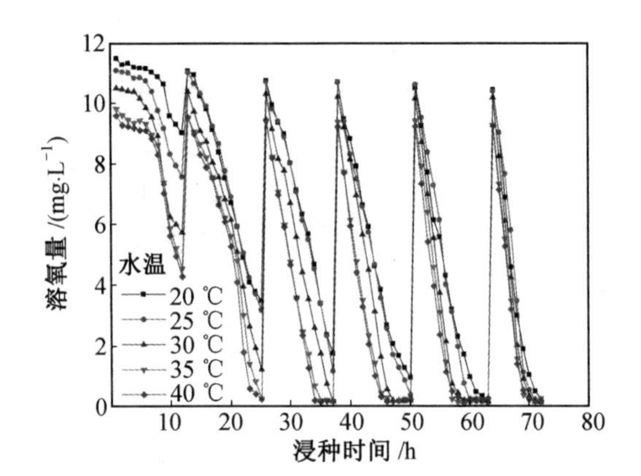

图 2.14　绥粳 27 曝气增氧浸种耗氧规律曲线(曝气时距为 12 h)

选取 1～12 h、13～24 h、25～36 h、37～48 h、49～60 h、61～72 h 等 6 个区间列出溶氧量降幅，绥粳 27 曝气时距 12 h 的溶氧量降幅见表 2.12。

表 2.12　绥粳 27 曝气时距 12 h 的溶氧量降幅

序号	水温 /℃	1～12 h 区间 /%	13～24 h 区间 /%	25～36 h 区间 /%	37～48 h 区间 /%	49～60 h 区间 /%	61～72 h 区间 /%
1	20	21.47	69.56	84.78	91.91	98.26	99.17
2	25	31.65	71.29	89.45	96.76	98.92	98.89
3	30	45.35	88.31	98.52	98.41	98.52	98.84
4	35	53.62	97.62	98.50	98.20	99.31	98.06
5	40	55.41	97.63	98.60	98.48	98.14	98.26

由表 2.12 可知，浸种水溶氧量降幅随着浸种时间的延长而增加，也随着水温的升高而增加。试验数据表明，水中溶氧量降至 0.2 mg/L 左右即达下限，对应溶解氧降幅极限为 98%左右。因此，溶解氧降幅达 98%以上便不再增长。此时，水中溶解氧耗尽，稻种处于缺氧状态。20 ℃水温时的 61～72 h 区间内溶氧量降幅达 99.17%，表明该阶段水中溶解氧已不能满足稻种消耗需求，开始出现缺氧现象。同理，25 ℃水温时的 49～60 h 区间、61～72 h 区间，30 ℃水温时的 37～48 h 区间、49～60 h 区间和 61～72 h 区间，35 ℃水温时的 25～36 h 区间、37～48 h 区间、49～60 h 区间、61～72 h 区间，40 ℃水温时的 25～36 h 区间、37～48 h 区间、49～60 h 区间、61～72 h 区间，稻种均开始出现缺氧现象。

由图 2.15 可知，浸种水溶氧量以 18 h 为周期呈波动变化。在 1～18 h 区间内，浸种水溶氧量平缓下降一段时间后快速下降，直至达到溶氧量下限。在 19 h 以后各波动周期，随着稻种对氧气的消耗，水中溶氧量从曝气后的峰值快速降至最低。此时，各区间内浸种水溶氧量降幅均接近极限值，各区间内稻种均开始出现缺氧现象，溶氧量降幅已无法表征稻种耗氧速度。

选取 1～18 h、19～36 h、37～54 h、55～72 h 等 4 个区间列出溶解氧耗尽所用时间，绥粳 27 曝气时距 18 h 的溶解氧耗尽用时见表 2.13。

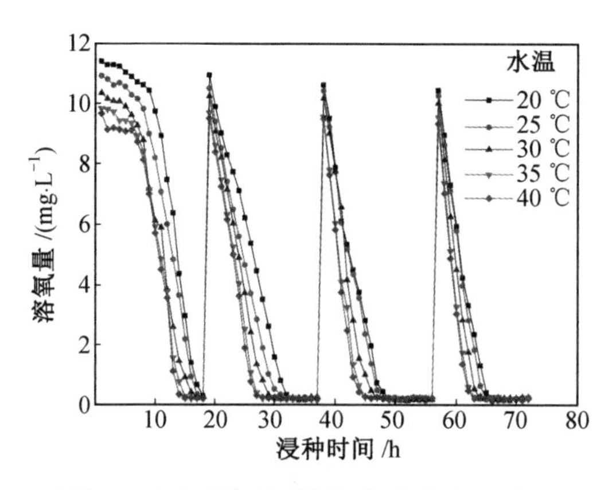

图 2.15　绥粳 27 曝气增氧浸种耗氧规律曲线(曝气时距为 18 h)

表 2.13　绥粳 27 曝气时距 18 h 的溶解氧耗尽用时

序号	水温/℃	1～18 h 区间/h	19～36 h 区间/h	37～54 h 区间/h	55～72 h 区间/h
1	20	18	16	15	15
2	25	18	14	12	12
3	30	17	13	16	10
4	35	16	10	10	10
5	40	15	14	10	9

由表 2.13 可知,随着水温由 20 ℃升至 40 ℃,在 1～18 h 区间内稻种耗尽水中溶解氧所需时间由 18 h 缩短至 15 h;在 19～36 h 区间内稻种耗尽水中溶解氧所需时间由 16 h缩短至 14 h;在 37～54 h 区间内稻种耗尽水中溶解氧所需时间由 15 h 缩短至 10 h;在 55～72 h 区间内稻种耗尽水中溶解氧所需时间由 15 h 缩短至 9 h。显然,稻种耗氧速度随着水温升高而加快。

比较相同水温下 1～18 h 区间到 55～72 h 区间稻种耗尽溶解氧的用时发现:20 ℃时,由 18 h 缩短至 15 h;25 ℃时,由 18 h 缩短至 12 h;30 ℃时,由 17 h 缩短至 10 h;35 ℃时,由 16 h 缩短至 10 h;40 ℃时,由 15 h 缩短至 9 h。这些数据表明,从稻种浸种早期到浸种后期,溶解氧耗尽用时明显缩短,稻种耗氧速度显著加快。

由图 2.16 可知,水中溶氧量以 24 h 为周期呈波动变化。各区间内,溶氧量均由峰值降至最低,稻种均处于缺氧状态。

选取 1～24 h、25～48 h、49～72 h 等 3 个区间列出溶解氧耗尽所用时间,绥粳 27 曝气时距 24 h 的溶解氧耗尽用时见表 2.14。

由表 2.14 可知,溶解氧耗尽用时随着水温的升高而缩短,随着浸种时长的延长而缩短。稻种耗氧速度受水温和浸种时间共同影响。

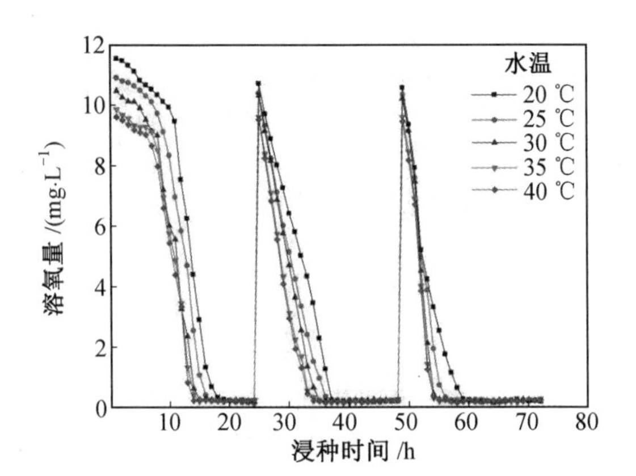

图 2.16　绥粳 27 曝气增氧浸种耗氧规律曲线(曝气时距为 24 h)

表 2.14　绥粳 27 曝气时距 24 h 的溶解氧耗尽用时

序号	水温/℃	1～24 h 区间/h	25～48 h 区间/h	49～72 h 区间/h
1	20	21	15	12
2	25	17	14	10
3	30	15	10	8
4	35	15	15	6
5	40	14	11	9

③龙粳 31 曝气增氧浸种耗氧规律。曝气时距分别为 0 h、6 h、12 h、18 h 和 24 h 时，龙粳 31 浸种水溶氧量变化规律曲线如图 2.17～2.21 所示。

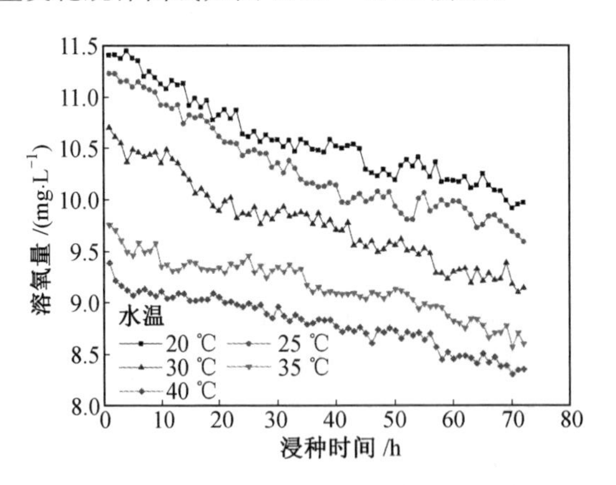

图 2.17　龙粳 31 曝气增氧浸种耗氧规律曲线(曝气时距为 0 h)

由图 2.17 可知，各水温下溶氧量均随着浸种时间的延长而平缓下降。龙粳 31 曝气时距 0 h 的溶氧量降幅见表 2.15。

表 2.15　龙粳 31 曝气时距 0 h 的溶氧量降幅

序号	水温/℃	溶氧量初值/(mg·L^{-1})	溶氧量终值/(mg·L^{-1})	降幅/%
1	20	11.41	9.97	12.6
2	25	11.23	9.59	14.6
3	30	10.70	9.14	14.6
4	35	9.75	8.60	11.9
5	40	9.39	8.35	11.0

由表 2.15 可知，浸种水溶氧量初值、终值均明显受到水温影响。水温较高时，浸种水溶氧量初值和终值均较低，反之亦然。不同水温条件下的溶氧量降幅接近，无明显趋势性变化规律。

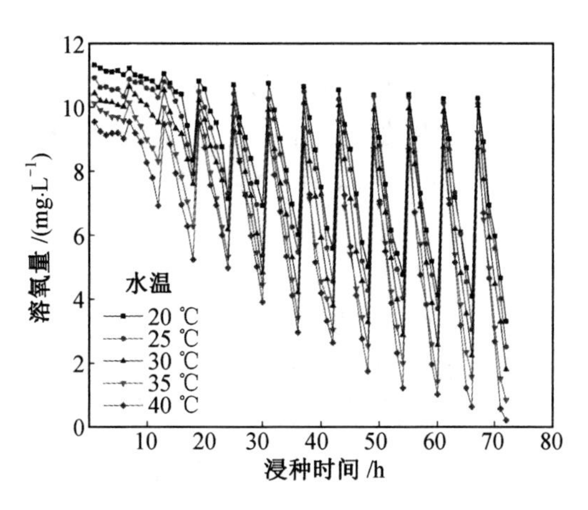

图 2.18　龙粳 31 曝气增氧浸种耗氧规律曲线(曝气时距为 6 h)

由图 2.18 可知，浸种水溶氧量以 6 h 为周期呈波动变化，各区间内溶氧量由曝气结束时的峰值开始下降，直至下一个曝气区间。

选取 1～6 h、25～30 h、43～48 h 及 67～72 h 等 4 个区间列出溶氧量降幅，龙粳 31 曝气时距 6 h 的溶氧量降幅见表 2.16。

表 2.16　龙粳 31 曝气时距 6 h 的溶氧量降幅

序号	水温/℃	1～6 h 区间/%	25～30 h 区间/%	43～48 h 区间/%	67～72 h 区间/%
1	20	1.5	28.5	45.2	54.7
2	25	3.3	33.3	49.3	60.4
3	30	3.6	40.1	54.6	67.3
4	35	4.3	43.7	64.0	83.5
5	40	3.7	45.9	68.8	93.3

由表 2.16 可知，1～6 h 区间溶氧量降幅随着水温变化不明显。6 h 以后各区间内，浸种水溶氧量降幅随着水温的升高而增加。在相同水温条件下，溶氧量降幅随着浸种时

间的延长而显著增加。

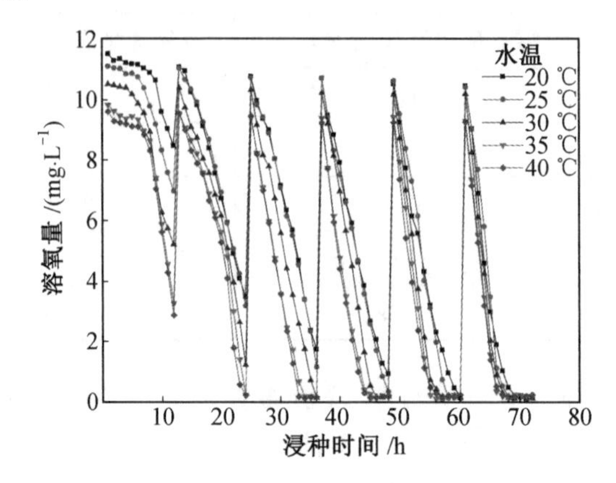

图 2.19　龙粳 31 曝气增氧浸种耗氧规律曲线(曝气时距为 12 h)

由图 2.19 可知,浸种水溶氧量以 12 h 为周期呈波动变化,即曝气后浸种水溶氧量达到峰值后随着浸种时间的延长开始下降。各区间内的溶氧量波动幅度与水温有关,水温低时溶氧量波动幅度较小,随着水温的升高溶氧量波动幅度也逐渐增大。浸种水溶氧量降幅与浸种时间也相关,在 0～12 h 区间浸种水溶氧量降幅较小,12 h 后各区间溶氧量降幅显著增加。

选取 1～12 h、13～24 h、25～36 h、37～48 h、49～60 h、61～72 h 等 6 个区间列出溶氧量降幅,龙粳 31 曝气时距 12 h 的溶氧量降幅见表 2.17。

表 2.17　龙粳 31 曝气时距 12 h 的溶氧量降幅

序号	水温/℃	1～12 h 区间/%	13～24 h 区间/%	25～36 h 区间/%	37～48 h 区间/%	49～60 h 区间/%	61～72 h 区间/%
1	20	26.3	68.5	83.8	91.3	98.0	98.3
2	25	37.2	71.1	89.1	96.6	98.9	98.6
3	30	50.4	88.2	98.5	98.1	98.5	98.7
4	35	66.7	97.5	98.4	98.1	97.7	97.9
5	40	70.0	97.6	98.2	97.6	97.4	97.3

水中氧气耗尽时,会有少量残余溶解氧,因此溶氧量降幅达 97%以上时可认为溶氧量降幅几乎达到上限,此时稻种处于缺氧状态。在表 2.17 中,在同水温下龙粳 31 浸种水溶氧量降幅随着浸种时间的延长而增加,直至溶氧量降幅达到上限;在同一区间内,溶氧量降幅随着水温的升高而增加,直至溶氧量降幅达到上限。由此可知,稻种耗氧强度受浸种时间和水温影响。

由图 2.20 可知,浸种水溶氧量以 18 h 为周期呈波动变化。在 1～18 h 周期内,开始阶段溶氧量缓慢下降,后转入快速下降阶段。在 18 h 以后的各区间,浸种水溶氧量均由曝气后的峰值快速下降。浸种水溶氧量降至最低水平时溶氧量降幅即达到极限值。因此,可用溶氧量耗尽用时表征稻种耗氧速度。

选取 1～18 h、19～36 h、37～54 h、55～72 h 等 4 个区间列出溶氧量耗尽用时，龙粳 31 曝气时距 18 h 的溶解氧耗尽用时见表 2.18。

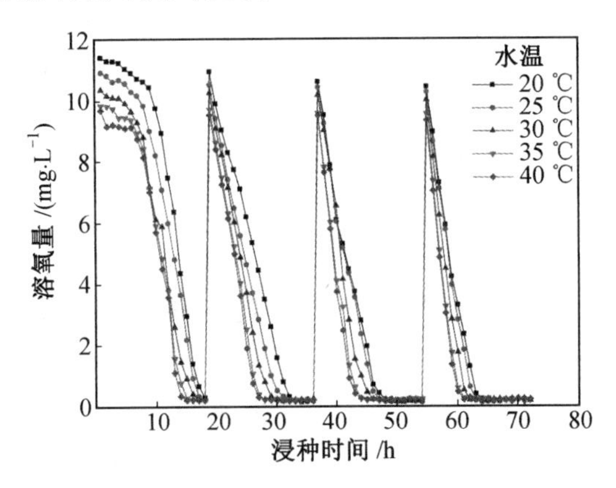

图 2.20　龙粳 31 曝气增氧浸种耗氧规律曲线(曝气时距为 18 h)

表 2.18　龙粳 31 曝气时距 18 h 的溶解氧耗尽用时

序号	水温/℃	1～18 h 区间/h	19～36 h 区间/h	37～54 h 区间/h	55～72 h 区间/h
1	20	17	13	10	8
2	25	16	12	9	7
3	30	15	9	8	6
4	35	14	8	6	5
5	40	13	7	6	5

由表 2.18 可知，龙粳 31 水中溶解氧耗尽用时随着水温的升高而缩短。随着水温由 20 ℃升高到 40 ℃，1～18 h 区间缩短 4 h，19～36 h 区间缩短 6 h，37～54 h 区间缩短 4 h，55～72 h 区间缩短 3 h。相同水温下，溶解氧耗尽用时也随着浸种时间的延长而缩短，20 ℃水温下缩短 9 h，25 ℃水温下缩短 9 h，30 ℃水温下缩短 9 h，35 ℃水温下缩短 9 h，40 ℃水温下缩短 8 h。

由图 2.21 可知，水中溶氧量以 24 h 为周期呈波动变化。在 1～24 h 区间内，溶氧量先平缓下降后转为快速下降，平缓下降段对应稻种萌发前阶段。此后各区间内，浸种水溶氧量均呈快速下降状态。

各区间内，不同水温下溶氧量均由峰值降至最低，选取 1～24 h、25～48 h、49～72 h 等 3 个区间列出溶解氧耗尽所用时间，龙粳 31 曝气时距 24 h 的溶解氧耗尽用时见表 2.19。

由表 2.19 可知，龙粳 31 水中溶解氧耗尽用时随着水温的升高而缩短，1～24 h 区间缩短 4 h，25～48 h 区间缩短 4 h，49～72 h 区间缩短 4 h；溶解氧耗尽用时也随着浸种时间的延长而缩短，20 ℃水温下缩短 8 h，25 ℃水温下缩短 9 h，30 ℃水温下缩短 8 h，35 ℃水温下缩短 9 h，40 ℃水温下缩短 8 h。

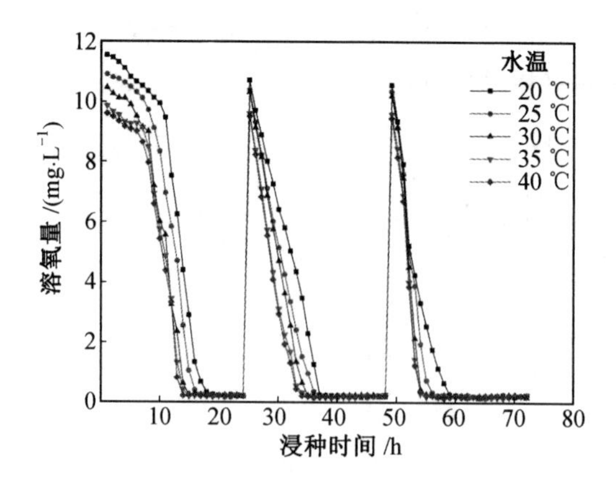

图 2.21 龙粳 31 曝气增氧浸种耗氧规律曲线(曝气时距为 24 h)

表 2.19 龙粳 31 曝气时距 24 h 的溶解氧耗尽用时

序号	水温/℃	1～24 h 区间/h	25～48 h 区间/h	49～72 h 区间/h
1	20	17	12	9
2	25	15	11	6
3	30	14	9	6
4	35	14	8	5
5	40	13	8	5

④龙粳 46 曝气增氧浸种耗氧规律。曝气时距分别为 0 h、6 h、12 h、18 h 和 24 h 时，龙粳 46 浸种水溶氧量变化规律曲线如图 2.22～2.26 所示。

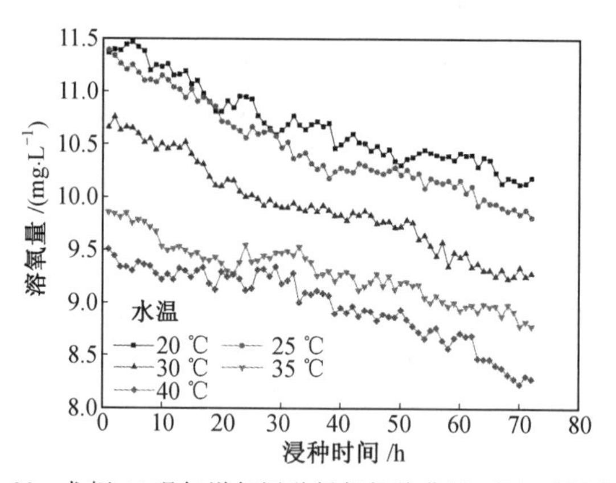

图 2.22 龙粳 46 曝气增氧浸种耗氧规律曲线(曝气时距为 0 h)

由图 2.22 可知，各水温下溶氧量均随着浸种时间的延长而平缓下降。龙粳 46 曝气时距 0 h 的溶氧量降幅见表 2.20。

由表 2.20 可知，浸种水溶氧量初值、终值均明显受到水温影响。水温较高时，浸种水溶氧量初值和终值均较低，反之亦然。不同水温条件下的溶氧量降幅接近，无明显趋势性变化规律。

表 2.20 龙粳46曝气时距0 h的溶氧量降幅

序号	水温/℃	溶氧量初值/(mg·L^{-1})	溶氧量终值/(mg·L^{-1})	降幅/%
1	20	11.36	10.18	10.39
2	25	11.39	9.81	13.87
3	30	10.66	9.28	12.95
4	35	9.85	8.78	10.86
5	40	9.51	8.28	12.93

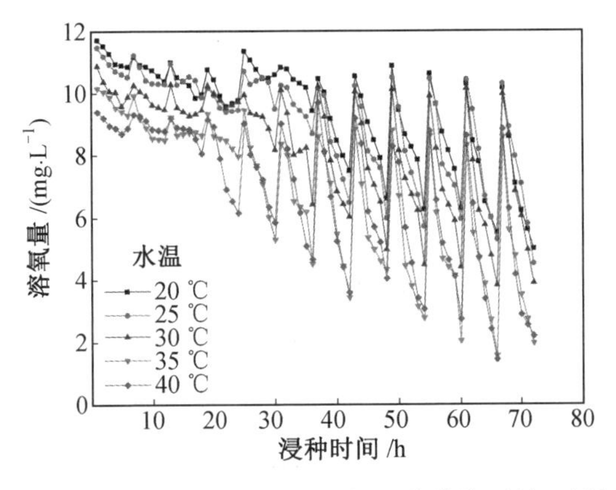

图 2.23 龙粳46曝气增氧浸种耗氧规律曲线(曝气时距为6 h)

由图2.23可知,浸种水溶氧量以6 h为周期呈波动变化,各区间内溶氧量由曝气结束时的峰值开始下降,直至下一个曝气区间。

选取1~6 h、25~30 h、43~48 h及67~72 h等4个区间列出溶氧量降幅,龙粳46曝气时距6 h的溶氧量降幅见表2.21。

表 2.21 龙粳46曝气时距6 h的溶氧量降幅

序号	水温/℃	1~6 h区间/h	25~30 h区间/h	43~48 h区间/h	67~72 h区间/h
1	20	4.64	19.51	46.55	63.12
2	25	5.42	24.20	50.08	57.89
3	30	5.75	40.93	58.68	68.42
4	35	9.80	55.52	72.74	86.61
5	40	5.56	50.35	67.46	99.54

由表2.21可知,1~6 h区间溶氧量降幅随着水温变化不明显。6 h以后各区间内,浸种水溶氧量降幅随着水温的升高而增加。在相同水温条件下,溶氧量降幅随着浸种时间的延长而显著增加。

由图2.24可知,浸种水溶氧量以12 h为周期呈波动变化,即曝气后浸种水溶氧量达到峰值后随着浸种时间的延长开始下降。各区间内的溶氧量波动幅度与水温有关,水温低时溶氧量波动幅度较小，随着水温升高溶氧量波动幅度也逐渐增大。浸种水溶氧量降幅与浸种时间也相关，在 0～12 h 区间浸种水溶氧量降幅较小，12 h 后各区间溶氧量降幅显著增加。

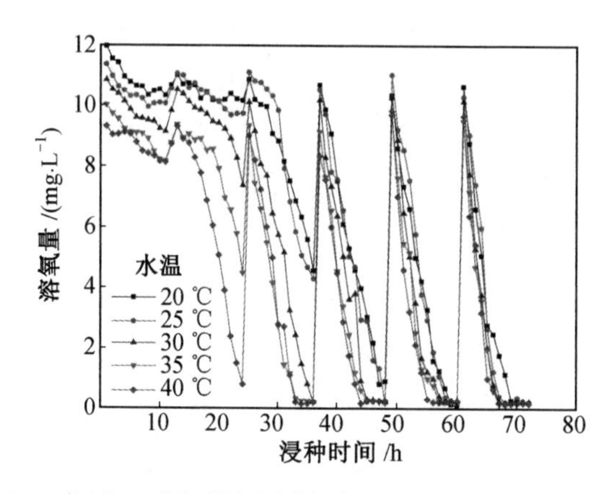

图 2.24 龙粳 46 曝气增氧浸种耗氧规律曲线(曝气时距为 12 h)

选取 1～12 h、13～24 h、25～36 h、37～48 h、49～60 h、61～72 h 等 6 个区间列出溶氧量降幅，龙粳 46 曝气时距 12 h 的溶氧量降幅见表 2.22。

表 2.22 龙粳 46 曝气时距 12 h 的溶氧量降幅

序号	水温/℃	1～12 h 区间/%	13～24 h 区间/%	25～36 h 区间/%	37～48 h 区间/%	49～60 h 区间/%	61～72 h 区间/%
1	20	13.64	15.31	61.96	93.17	99.23	98.24
2	25	12.33	14.66	62.24	98.29	98.24	98.15
3	30	15.68	32.08	97.89	97.88	98.06	97.97
4	35	17.82	55.28	97.90	98.00	98.20	98.40
5	40	12.62	91.30	98.28	98.12	97.74	98.39

水中氧气耗尽时，会有少量残余溶解氧，因此溶氧量降幅达 98%以上时可认为溶氧量降幅几乎达到上限，此时稻种处于缺氧状态。在表 2.22 中，在同水温下龙粳 46 浸种水溶氧量降幅随着浸种时间的延长而增加，直至溶氧量降幅达到上限；在同一区间内，溶氧量降幅随着水温的升高而增加，直至溶氧量降幅达到上限。由此可知，稻种耗氧强度受浸种时间和水温影响。

由图 2.25 可知，浸种水溶氧量以 18 h 为周期呈波动变化。在 0～18 h 周期内，开始阶段溶氧量缓慢下降，后转入快速下降阶段。在 18 h 以后的各区间，浸种水溶氧量均由曝气后的峰值快速下降。浸种水溶氧量降至最低水平时溶氧量降幅即达极限值。因此，可用溶氧量耗尽用时表征稻种耗氧速度。

选取 1～18 h、19～36 h、37～54 h、55～72 h 等 4 个区间列出溶氧量降幅，龙粳 46 曝气时距 18 h 的溶解氧耗尽用时见表 2.23。

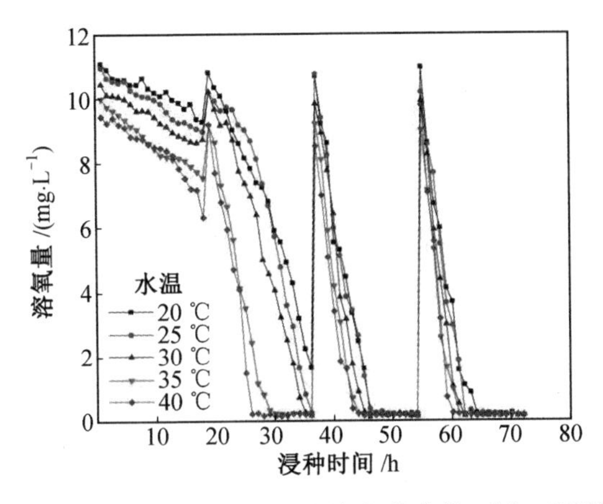

图 2.25　龙粳 46 曝气增氧浸种耗氧规律曲线(曝气时距为 18 h)

表 2.23　龙粳 46 曝气时距 18 h 的溶解氧耗尽用时

序号	水温/℃	1～18 h 区间/h	19～36 h 区间/h	37～54 h 区间/h	55～72 h 区间/h
1	20	18	18	12	15
2	25	17	17	12	10
3	30	17	16	14	10
4	35	16	14	10	11
5	40	15	12	10	12

由表 2.23 可知,龙粳 46 水中溶解氧耗尽用时随着水温的升高而缩短,随着水温由 20 ℃升高到 40 ℃,1～18 h 区间缩短 3 h,19～36 h 区间缩短 6 h,37～54 h 区间缩短 2 h,55～72 h 区间缩短 3 h。相同水温下,溶解氧耗尽用时也随着浸种时间的延长而缩短,20 ℃水温下缩短 3 h,25 ℃水温下缩短 7 h,30 ℃水温下缩短 7 h,35 ℃水温下缩短 5 h,40 ℃水温下缩短 3 h。

由图 2.26 可知,水中溶氧量以 24 h 为周期呈波动变化。在 1～24 h 区间内,溶氧量先平缓下降后转为快速下降,平缓下降段对应稻种萌发前阶段。此后各区间内,浸种水溶氧量均呈快速下降状态。

各区间内,不同水温下溶氧量均由峰值降至最低,选取 1～24 h、25～48 h、49～72 h 等 3 个区间列出溶解氧耗尽所用时间,龙粳 46 曝气时距 24 h 的溶解氧耗尽用时见表 2.24。

由表 2.14 可知,龙粳 46 水中溶解氧耗尽用时随着水温的升高而缩短,1～24 h 区间缩短 2 h,25～48 h 区间缩短 4 h,49～72 h 区间缩短 3 h。溶解氧耗尽用时也随着浸种时间的延长而缩短,20 ℃水温下缩短 7 h,25 ℃水温下缩短 10 h,30 ℃水温下缩短 8 h,35 ℃水温下缩短 7 h,40 ℃水温下缩短 7 h。

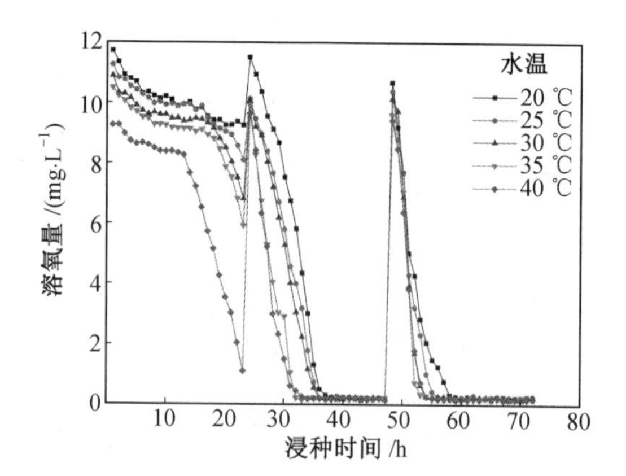

图 2.26 龙粳 46 曝气增氧浸种耗氧规律曲线(曝气时距为 24 h)

表 2.24 龙粳 46 曝气时距 24 h 的溶解氧耗尽用时

序号	水温/℃	1～24 h 区间/h	25～48 h 区间/h	49～72 h 区间/h
1	20	18	14	11
2	25	18	13	8
3	30	15	12	7
4	35	15	10	8
5	40	16	10	9

综上可知,综合对比分析 4 个品种稻种的耗氧规律,可得出以下结论:

a. 各曝气间距组合下,浸种水溶氧能力随着浸种时间的延长而降低,这可能是浸种过程中浸种水溶质增加导致。从数值可以看出,溶氧量总体下降幅度较小,不同曝气间距的溶氧能力下降幅度也无显著差异。

b. 各温度水平下,在浸种后一定时间内浸种水溶氧量缓慢下降,此后下降速度加快。缓慢下降阶段对应萌动前的水分准备阶段,该阶段种子几乎不消耗氧气。快速下降阶段对应萌动阶段,该阶段种子耗氧量快速增加。进入萌动时期后,每次曝气后溶氧量下降速度并不保持一致,而是越到后期消耗速度越快。表明种子耗氧速度随着浸种时间的延长呈加速状态。

c. 稻种耗氧速度随着水温的升高而加快,提高浸种水温可加速稻种萌发。

2.3.3 稻种吸水规律试验

为获得水温、氧气和水分对稻种萌发的共同影响规律,需测试稻种在不同浸种水温和曝气时距下的吸水速度,稻种吸水速度可通过浸种过程中稻种含水率变化规律体现。

1. 品种、仪器与试验方法

供试品种:绥粳 18、绥粳 27、龙粳 31、龙粳 46。

仪器与设备:1 000 mL 玻璃烧杯、微孔曝气增氧泵、恒温水浴锅、电子秤、烘箱。

试验方法:经盐水浸泡选出优质稻种,测定初始含水率,其中绥粳 18 初始含水率为 7.8%,绥粳 27 初始含水率为 8.2%,龙粳 31 初始含水率为 9.3%;龙粳 46 初始含水率为 10.8%。每 1 000 粒(约 25 g)为一个试验组,纱布包好后用细绳系紧封口。向玻璃烧杯内装入 1 000 mL 清水,放入恒温水浴锅内增温至预设温度,放入种袋并保持恒温状态。按预设曝气时距将微孔曝气增氧泵放入烧杯底部进行曝气增氧,单次曝气增氧时长为 1 h。每 2 h 取出 1 袋,用烘干法测定稻种含水率。试验总时长为 72 h。试验重复 3 次。

稻种含水率 ω 计算公式为

$$\omega=(m_1-m_2)/m_1\times100\% \tag{2.22}$$

式中　m_1——稻种烘干前质量,kg;

　　　m_2——稻种烘干后质量,kg。

2. 试验方案

试验选择浸种水温与曝气时距为试验因素,各因素的水平与曝气增氧稻种耗氧规律试验一致,稻种吸水规律试验因素与水平见表 2.25。

表 2.25　稻种吸水规律试验因素与水平

水温/℃	曝气时距/h	水温/℃	曝气时距/h	水温/℃	曝气时距/h	水温/℃	曝气时距/h	水温/℃	曝气时距/h
20	0	25	0	30	0	35	0	40	0
	6		6		6		6		6
	12		12		12		12		12
	18		18		18		18		18
	24		24		24		24		24

稻种吸水规律试验过程如图 2.27 所示。

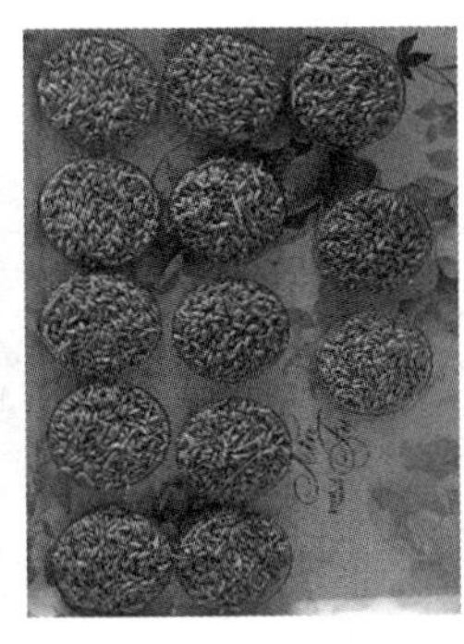
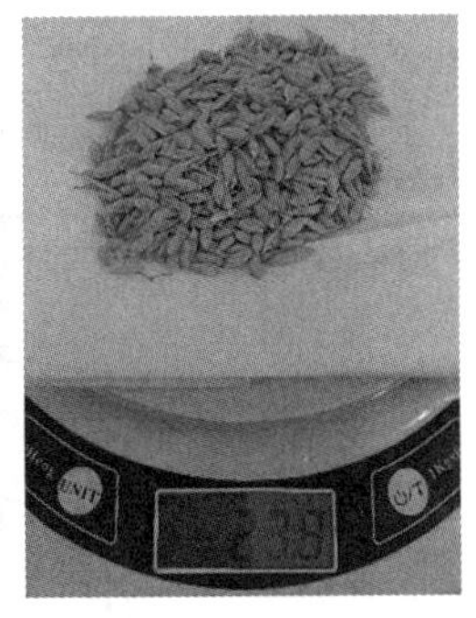

图 2.27　稻种吸水规律试验过程

为便于对比,本节也进行了常规浸种方法的含水率试验。每 1 000 粒种子用纱布包为一袋,准备若干袋备用。烧杯中加入 1 000 mL 水,用水浴锅将水温调节为 10 ℃后放入种袋。每 2 h 取出一袋,用烘干法测定含水率。

3. 试验结果及分析

(1)绥粳 18 浸种吸水规律。

在 20 ℃、25 ℃、30 ℃、35 ℃和 40 ℃水温条件下,不同曝气时距时,绥粳 18 含水率变化规律曲线如图 2.28 所示。

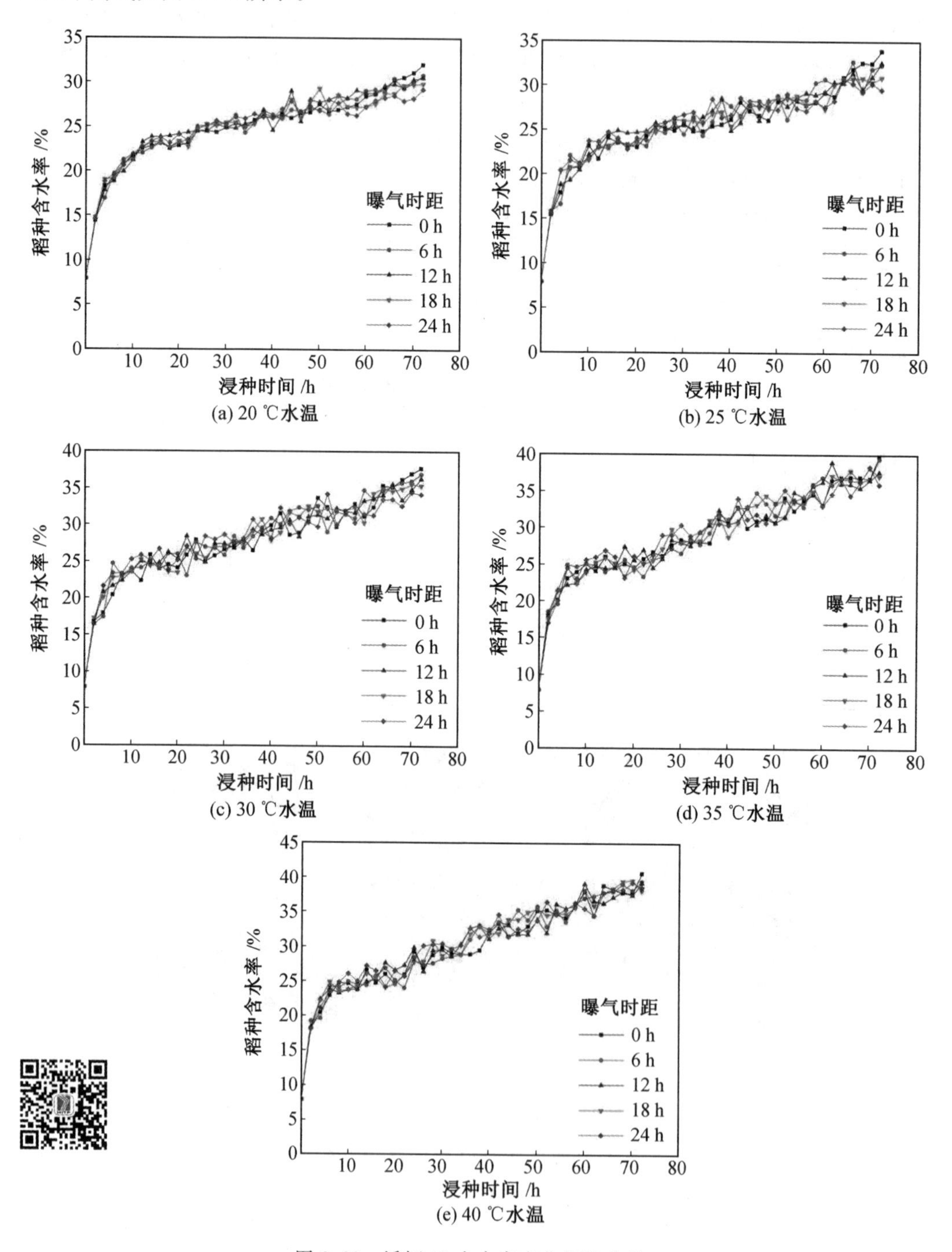

图 2.28 绥粳 18 含水率变化规律曲线

由图 2.28 可知,各水温条件下,不同曝气时距的稻种含水率曲线均呈缠绕上升形态,含水率增长规律无显著差异。表明稻种吸收水分的速度与浸种水含氧状态无直接关系。因此,取相同水温下稻种含水率平均值,绘制各水温下绥粳 18 平均含水率随着浸种时间的变化规律曲线。绥粳 18 平均含水率变化规律曲线如图 2.29 所示。

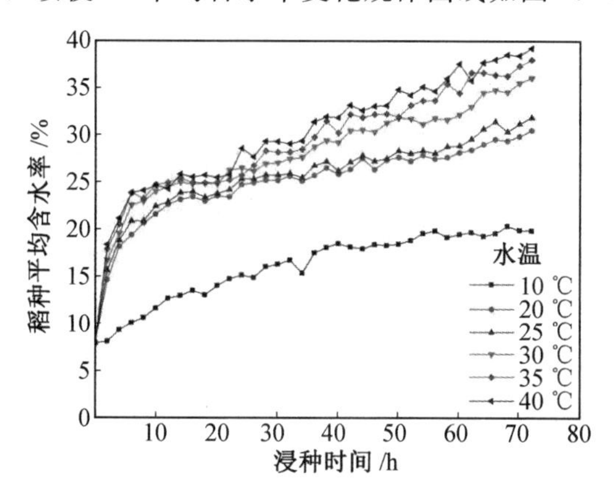

图 2.29　绥粳 18 平均含水率变化规律曲线

稻种含水率曲线斜率代表着稻种吸水速度,曲线斜率大表明吸水速度较快,曲线斜率小表明吸水速度较慢。由图 2.29 可知,水温在 20～40 ℃范围内时,稻种含水率增速分两阶段变化:在浸种 0～8 h 范围内,稻种含水率曲线陡峭,表明稻种吸水速度较快;8 h 后稻种含水率曲线平缓,表明稻种吸水速度较慢。司宗兴等[20]指出,稻种吸水分为物理吸水膨胀阶段和萌动吸水阶段,物理吸水膨胀阶段稻种吸水急剧,当稻种吸收足够水分后便转入萌动吸水阶段,该阶段吸水速度由稻种萌发的生化反应决定,吸水较为缓慢。本节试验中,稻种浸水后早期吸水快速,后期吸水缓慢,印证了上述结论。

本章 2.3.2 中给出了绥粳 18 在 20 ℃、25 ℃、30 ℃、35 ℃和 40 ℃时,快速耗氧开始时间分别为 11 h、9 h、7 h、6 h 和 5 h,可在图 2.29 中查得对应的稻种含水率分别为 22.1%、21.7%、22.7%、23.6%和 22.5%,平均含水率为 22.5%。可知,绥粳 18 平均含水率达到 22.5%时,达到了萌发所需的水分条件。

绥粳 18 含水率(y)与浸种时间(x)关系曲线拟合方程见表 2.26。

表 2.26　绥粳 18 含水率(y)与浸种时间(x)关系曲线拟合方程

序号	水温/℃	拟合方程	R^2
1	20	$y=9\times10^{-9}x^6+2\times10^{-6}x^5-0.0002x^4+0.0096x^3-0.2338x^2+2.8903x+8.7955$	0.989 2
2	25	$y=1\times10^{-8}x^6+3\times10^{-6}x^5-0.0003x^4+0.0116x^3-0.27x^2+3.1494x+9.0354$	0.985 3
3	30	$y=1\times10^{-8}x^6+3\times10^{-6}x^5-0.0003x^4+0.0143x^3-0.3319x^2+3.7108x+8.9895$	0.991 1

续表2.26

序号	水温/℃	拟合方程	R^2
4	35	$y=-2\times10^{-8}x^6+4\times10^{-6}x^5-0.0004x^4+0.0175x^3-0.3883x^2+4.0578x+9.2881$	0.986 2
5	40	$y=1\times10^{-8}x^6+4\times10^{-6}x^5-0.0004x^4+0.017x^3-0.375x^2+3.9562x+9.6746$	0.983 6

表2.26中各拟合方程决定系数R^2均较高，表明稻种含水率与浸种时间相关程度较高。

由表2.26可知，随着水温由20 ℃升至40 ℃，各拟合方程中常数项由8.795 5增加至9.674 6，表明绥粳18含水率与浸种水温为正相关关系，水温越高种子含水率整体水平越高。水温为20 ℃、25 ℃、30 ℃、35 ℃和40 ℃时，拟合方程一次项系数随着水温升高整体呈增加趋势，表明稻种吸水速度也受水温影响，水温越高稻种吸水速度越快。

为便于对比，将常规浸种试验的稻种含水率变化规律也绘入图2.29中。常规浸种试验水温为10 ℃，从图2.29中可以看出，该水温下种子含水率增长较慢。从曲线形态上看，种子含水率曲线呈缓慢增长的形态，且曲线位置远离20～40 ℃的曲线簇，印证了水温对种子吸水速度的抑制作用。从数值上看，种子在10 ℃水中浸泡72 h后，种子含水率约为20%，20 ℃水温需8 h即可达到该含水率，而40 ℃水温仅需6 h即可。这一规律说明，常规浸种方法需要较长的浸种时间。提高浸种水温是加快种子吸水速度、缩短浸种时间的有效措施。

(2)绥粳27浸种吸水规律。

在20 ℃、25 ℃、30 ℃、35 ℃和40 ℃水温条件下，不同曝气时距时，绥粳27含水率变化规律曲线如图2.30所示。

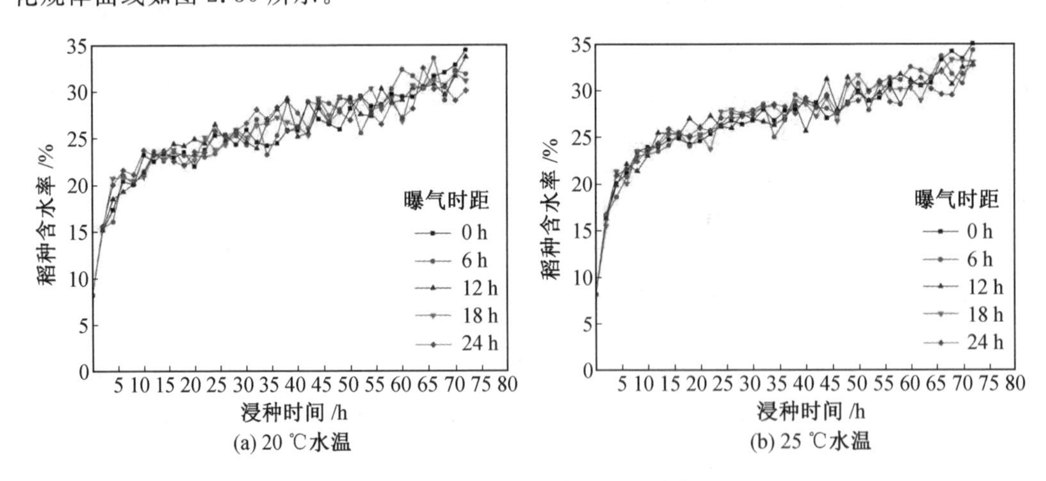

图2.30 绥粳27含水率变化规律曲线

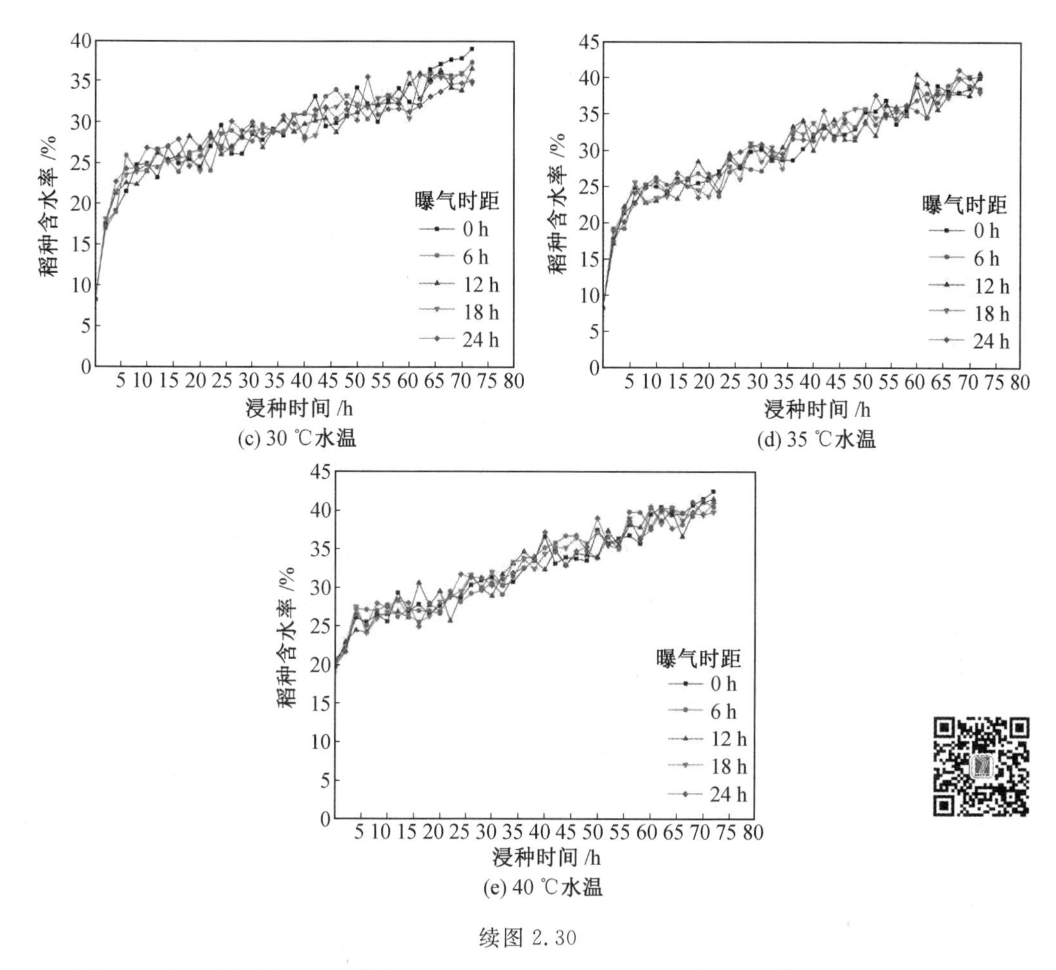

续图 2.30

绥粳 27 在不同水温下的稻种含水率变化与绥粳 18 近似程度较高，可知绥粳 27 稻种吸水曲线也分两阶段，第一阶段属物理吸水膨胀阶段，稻种含水率增加较快。第二阶段是萌动吸水阶段，稻种含水率随着萌发活动缓慢增长。同时，稻种吸水速度与曝气时距无明显相关关系。

类似地绘制绥粳 27 在 20～40 ℃水温及 10 ℃常规浸种水温下的平均含水率曲线。绥粳 27 平均含水率变化规律曲线如图 2.31 所示。

由图 2.31 可知，该品种稻种含水率增速也呈两个阶段的变化，前阶段含水率增长快，后阶段含水率增长慢，前后阶段的转折区域在浸种时间 4～6 h 处，对应稻种含水率在 22.5%～25.2%之间。对比各水温下的曲线，水温高则该转折点出现较早，对应稻种含水率较高；水温低则转折点较晚，对应稻种含水率较低。在两个阶段中，稻种吸水速度均与水温有关，水温高则稻种吸水速度较快。

本章 2.3.2 中给出了绥粳 27 在 20 ℃、25 ℃、30 ℃、35 ℃和 40 ℃时，快速耗氧开始时间分别为 11 h、10 h、9 h、7 h 和 6 h，可在图 2.31 中查得对应的稻种含水率分别为 22.7%、23.6%、23.8%、24.0%和 24.3%，平均含水率为 23.7%。可知，绥粳 27 平均含水率达到 23.7%时，达到了萌发所需的水分条件。

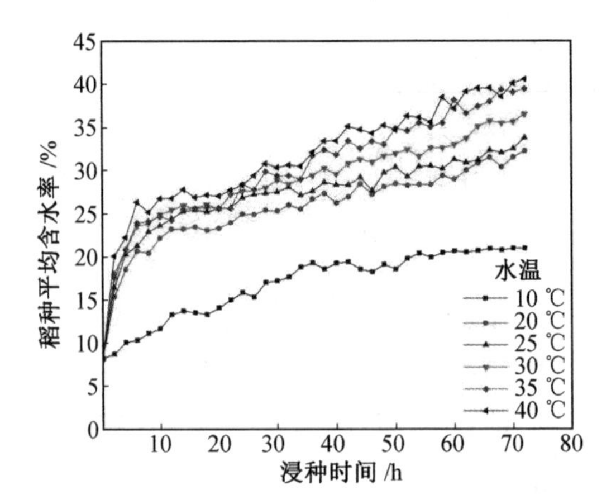

图 2.31 绥粳 27 平均含水率变化规律曲线

在各温度下的含水率曲线中，无论是物理吸水膨胀阶段还是萌动吸水阶段，水温高则稻种含水率均上升较快。表明稻种吸水速度受温度影响明显。

类似地，将绥粳 27 在 10 ℃常规浸种水温下的平均含水率曲线绘制在图 2.31 中。由图 2.31 可知，在 20～40 ℃条件下绥粳 27 含水率增速也呈两个阶段的变化，前阶段含水率增长快，后阶段含水率增长慢，前后阶段的转折区域在浸种时间 4～6 h 处，对应稻种含水率在 20%～25%之间。对比各水温下的曲线，水温高则该转折点出现较早，对应稻种含水率较高；水温低则转折点出现较晚，对应稻种含水率较低。在两个阶段中，稻种吸水速度均与水温有关，水温高则稻种吸水速度较快。常规浸种水温(10 ℃)下，稻种吸水速度远低于本节试验水温水平。

绥粳 27 含水率(y)与浸种时间(x)关系曲线拟合方程见表 2.27。

表 2.27 绥粳 27 含水率(y)与浸种时间(x)关系曲线拟合方程

序号	水温/℃	拟合方程	R^2
1	20	$y=-9\times10^{-9}x^6+2\times10^{-6}x^5-0.000\ 2x^4+0.010\ 1x^3-0.240\ 2x^2+2.903\ 4x+9.181\ 5$	0.982 5
2	25	$y=-9\times10^{-9}x^6+2\times10^{-6}x^5-0.000\ 2x^4+0.010\ 3x^3-0.254\ 5x^2+3.171x+9.623\ 3$	0.980 8
3	30	$y=-2\times10^{-8}x^6+4\times10^{-6}x^5-0.000\ 3x^4+0.015\ 1x^3-0.343\ 5x^2+3.819\ 8x+9.507\ 1$	0.988 8
4	35	$y=-2\times10^{-8}x^6+4\times10^{-6}x^5-0.000\ 4x^4+0.016\ 8x^3-0.369\ 4x^2+3.901\ 5x+9.739\ 5$	0.983 9
5	40	$y=-2\times10^{-8}x^6+5\times10^{-6}x^5-0.000\ 4x^4+0.019\ 3x^3-0.426\ 6x^2+4.450\ 2x+10.083$	0.980 5

(3)龙粳 31 浸种吸水规律。

在 20 ℃、25 ℃、30 ℃、35 ℃和 40 ℃水温条件下，不同曝气时距时，龙粳 31 含水率变化规律曲线如图 2.32 所示。

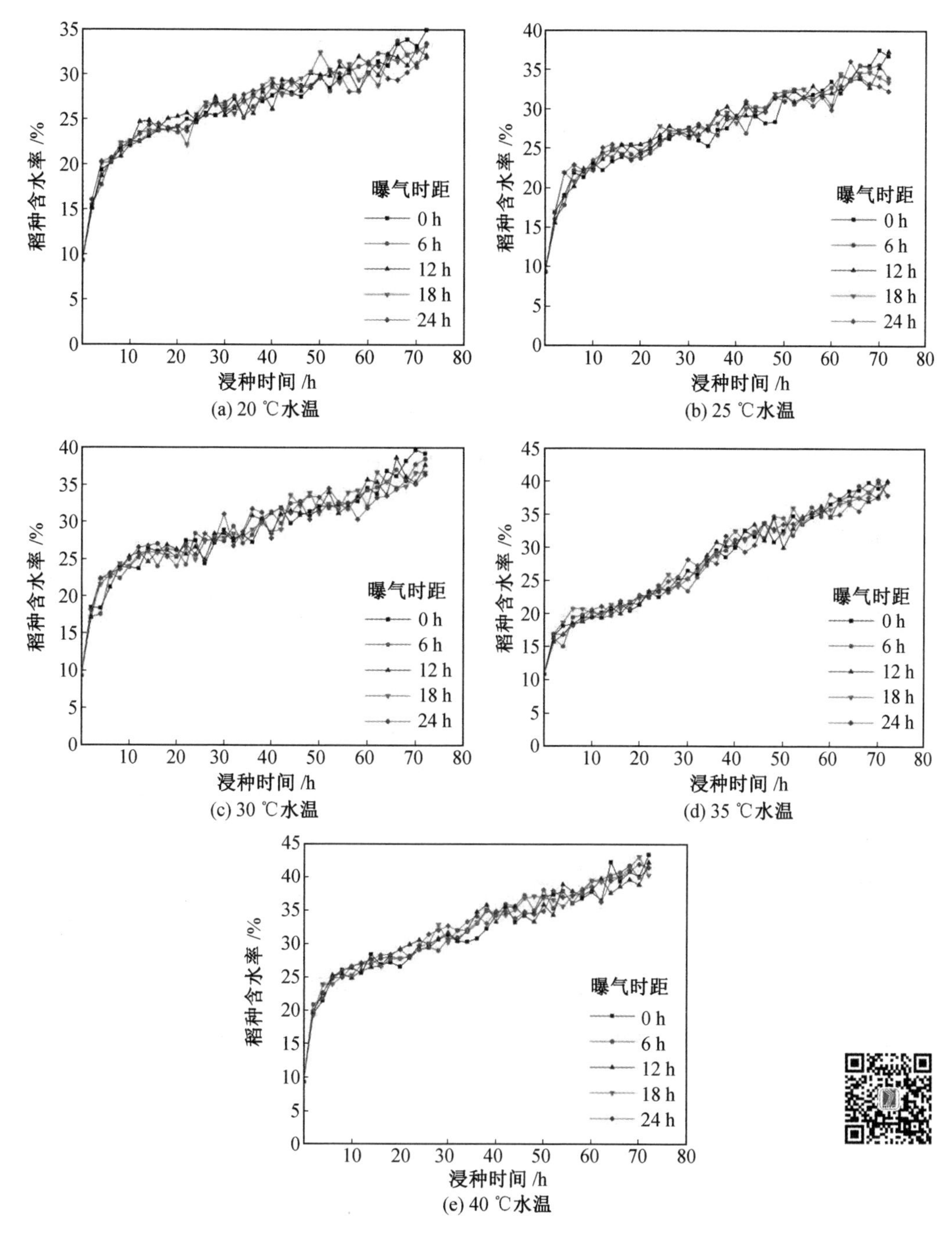

图 2.32　龙粳 31 含水率变化规律曲线

由图 2.32 可知，与绥粳 18 类似，龙粳 31 吸收水分速度与浸种水含氧状态无关系。绘制各水温下龙粳 31 平均含水率随着浸种时间的变化规律曲线。龙粳 31 平均含水率变化规律曲线如图 2.33 所示。

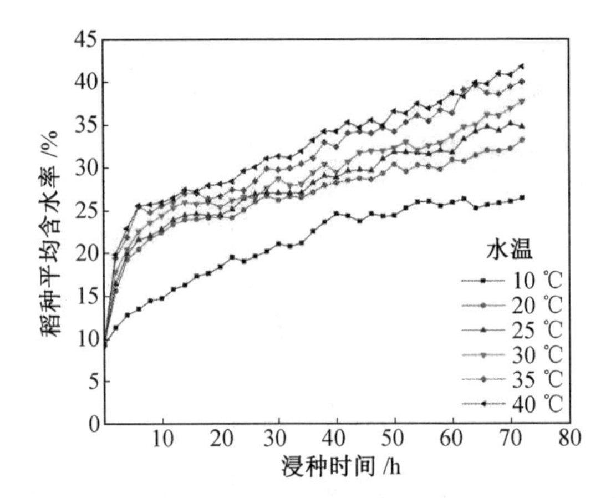

图 2.33 龙粳 31 平均含水率变化规律曲线

由图 2.33 可知，龙粳 31 浸水后早期吸水较快，后期吸水缓慢。比较各水温稻种平均含水率曲线可知，稻种吸水能力受水温影响明显，水温越高，稻种吸水量越大。常规浸种温度(10 ℃)下，龙粳 31 平均含水率始终缓慢增长，未见到分阶段增长情况，且整体含水率远低于本节试验水温水平的含水率变化曲线。

本章 2.3.2 中给出了龙粳 31 在 20 ℃、25 ℃、30 ℃、35 ℃和 40 ℃时，快速耗氧开始时间分别 10 h、9 h、8 h、6 h 和 5 h，可在图 2.33 中查得对应的稻种含水率分别为22.4%、22.4%、23.6%、25.5%和 24.2%，平均含水率为 23.6%。可知，龙粳 31 平均含水率为 23.6%，达到了萌发所需的水分条件。

龙粳 31 含水率(y)与浸种时间(x)关系曲线拟合方程见表 2.28。

表 2.28 龙粳 31 含水率(y)与浸种时间(x)关系曲线拟合方程

序号	水温/℃	拟合方程	R^2
1	20	$y=-8\times10^{-9}x^6+2\times10^{-6}x^5-0.000\ 2x^4+0.009\ 6x^3-0.233\ 3x^2+2.838\ 2x+10.088$	0.991 9
2	25	$y=-1\times10^{-8}x^6+3\times10^{-6}x^5-0.000\ 2x^4+0.011\ 1x^3-0.258\ 8x^2+3.023\ 4x+10.328$	0.989 1
3	30	$y=-1\times10^{-8}x^6+3\times10^{-6}x^5-0.000\ 3x^4+0.012\ 9x^3-0.304\ 3x^2+3.466\ 5x+10.364$	0.991 0
4	35	$y=-2\times10^{-8}x^6+4\times10^{-6}x^5-0.000\ 4x^4+0.016\ 9x^3-0.374\ 3x^2+3.990\ 6x+10.77$	0.986 3
5	40	$y=-2\times10^{-8}x^6+4\times10^{-6}x^5-0.000\ 4x^4+0.017\ 4x^3-0.384\ 7x^2+4.031\ 8x+11.112$	0.988 2

表 2.28 中各拟合方程决定系数 R^2 均较高，稻种含水率与浸种时间相关程度较高。

由表 2.28 可知，各拟合方程常数项随着水温的升高而增加，龙粳 31 含水率与浸种水温为正相关关系，水温越高稻种含水率整体水平越高。拟合方程一次项系数随着水温的升高而增加，表明该稻种吸水速度也受水温影响，水温越高稻种吸水速度越快。

(4)龙粳 46 浸种吸水规律。

在 20 ℃、25 ℃、30 ℃、35 ℃和 40 ℃水温条件下，不同曝气时距时，龙粳 46 含水率变化规律曲线如图 2.34 所示。

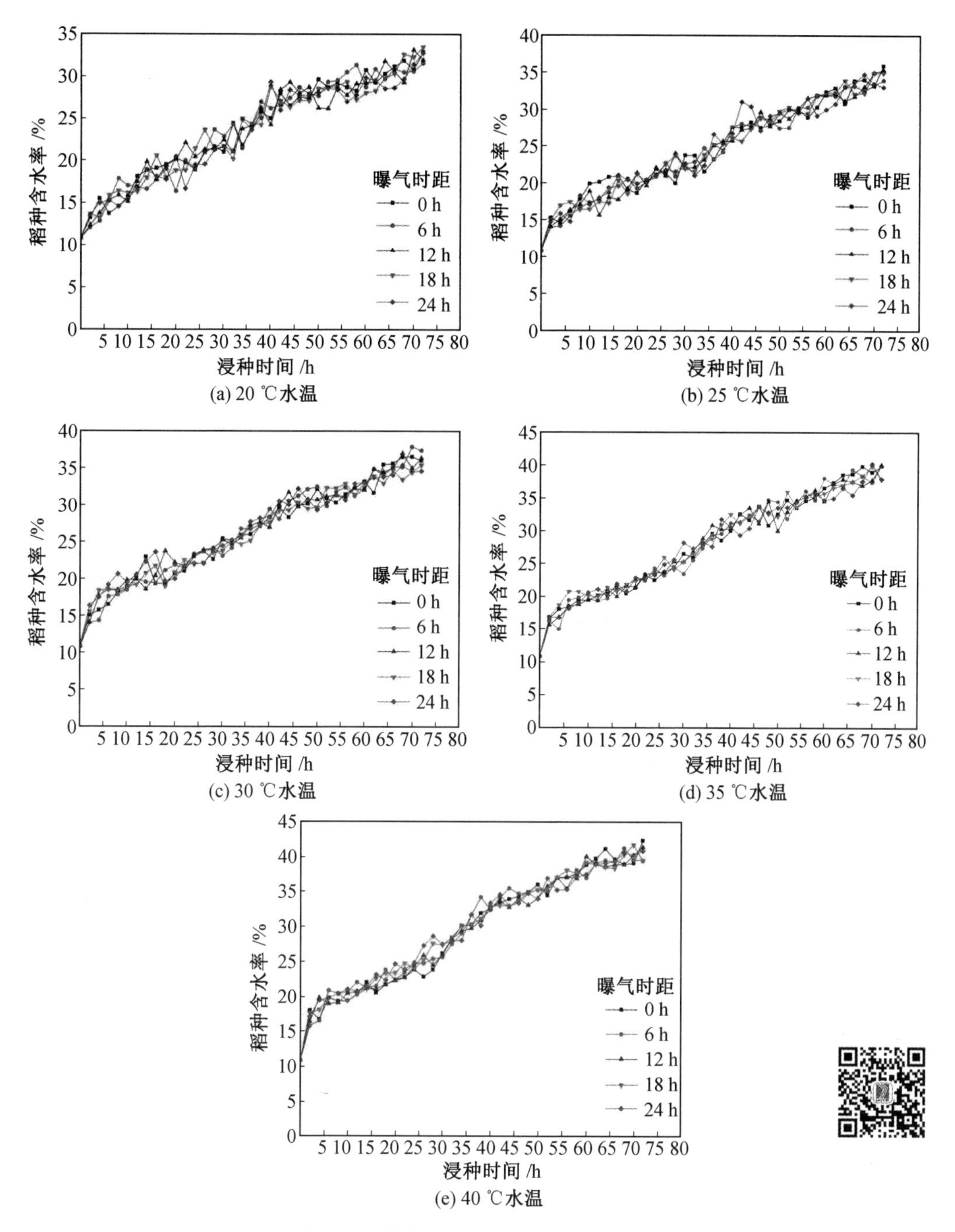

图 2.34　龙粳 46 含水率变化规律曲线

与前述3个稻种相比较，龙粳46含水率呈几乎匀速增长的态势。由图2.34(a)可知，20 ℃水温下，稻种含水率自浸种后，各曝气时距对应的稻种含水率曲线保持纠缠交错、匀速上升的变化形态，表明该温度下稻种吸水速度较为恒定，不受浸种水氧气状态影响。由图2.34(b)～(e)可知，稻种含水率曲线呈不明显的两个阶段的变化，转折点在浸种时间2 h处，对应稻种含水率为15%左右。第一阶段位于浸种0～2 h区间，稻种含水率增加相对较快；第二阶段位于2 h后，稻种含水率增加速度减慢。从含水率曲线斜率可以看出，在第二阶段龙粳46含水率增加速度明显高于绥粳18、绥粳27及龙粳36。

龙粳46平均含水率变化规律曲线如图2.35所示。

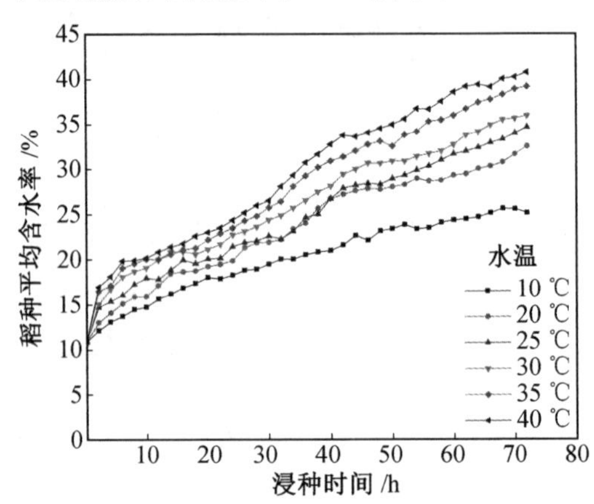

图2.35 龙粳46平均含水率变化规律曲线

由图2.35可知，各温度下稻种含水率自浸种后，基本呈沿固定斜率上升形态，表明稻种吸水速度基本恒定。仅25～38 ℃水温下，在0～2 h存在不明显的含水率快速上升阶段。从不同水温的含水率曲线对比来看，水温较高时，稻种在浸种初始阶段含水率增幅较大，稻种含水率上升斜率也较高。水温对稻种吸水速度产生正向影响。常规浸种温度(10 ℃)下，龙粳46平均含水率始终缓慢增长，未见到分阶段增长情况，且整体含水率远低于本节试验水温水平的含水率变化曲线。

本章2.3.2中给出了龙粳46在20 ℃、25 ℃、30 ℃、35 ℃和40 ℃时，快速耗氧开始时间分别为20 h、18 h、16 h、11 h和8 h，可在图2.35中查得对应的稻种含水率分别为15.87%、17.57%、18.65%、19.29%和19.81%，平均含水率为18.24%。可知，龙粳46平均含水率为18.24%，达到了萌发所需的水分条件。

龙粳46含水率(y)与浸种时间(x)关系曲线拟合方程见表2.29。

表2.29 龙粳46含水率(y)与浸种时间(x)关系曲线拟合方程

序号	水温/℃	拟合方程	R^2
1	20	$y=-1\times10^{-9}x^6+4\times10^{-7}x^5-6\times10^{-5}x^4+0.003\,1x^3-0.075\,6x^2+1.084\,2x+10.802$	0.995 7

续表2.29

序号	水温/℃	拟合方程	R^2
2	25	$y=-2\times10^{-9}x^6+7\times10^{-7}x^5-8\times10^{-5}x^4+0.004x^3-0.0986x^2+1.3234x+11.326$	0.994 5
3	30	$y=-8\times10^{-9}x^6+2\times10^{-6}x^5-0.0002x^4+0.0084x^3-0.1838x^2+2.0184x+11.051$	0.997 5
4	35	$y=-1\times10^{-8}x^6+3\times10^{-6}x^5-0.0002x^4+0.0106x^3-0.2178x^2+2.2066x+11.502$	0.997 4
5	40	$y=-1\times10^{-8}x^6+3\times10^{-6}x^5-0.0003x^4+0.0112x^3-0.2312x^2+2.3373x+11.703$	0.996 6

2.4　分析与讨论

在稻种浸种催芽过程中实施曝气增氧，微气泡绕种袋上浮并搅动水体，符合非稳态氧传质情形，符合式(2.18)。由上述试验结果，结合式(2.18)分析可得曝气过程中浸种水氧气通量的关键影响因素如下。

(1)氧分子扩散系数 D_L。

按照菲克定律，氧分子扩散系数主要受水温、水中溶质浓度及大气压影响。当在特定地点浸种催芽时，大气压波动较小，可不考虑其变化产生的影响。随着浸种时间的增加，稻种表面杂质溶解和内部物质泄漏会使浸种水浓度不断增大，从而改变氧分子扩散系数。可知，氧分子扩散系数主要随水温和浸种水浓度变化。引入浓度对氧分子扩散影响修正系数 $\alpha_{T,C}$，其表达式为

$$\alpha_{T,C}=\frac{D_{L(T,C)}}{D_{L(T,\mathrm{w})}} \tag{2.23}$$

式中　$\alpha_{T,C}$——T 水温 C 浓度下浸种水浓度对氧分子扩散影响修正系数，$0\leqslant\alpha_{T,C}\leqslant1$；

$D_{L(T,C)}$——T 水温 C 浓度下浸种水氧分子扩散系数，$\mathrm{m^2/h}$；

$D_{L(T,\mathrm{w})}$——T 水温下清水氧分子扩散系数，$\mathrm{m^2/h}$。

(2)气泡存在时间 t_e。

浸种过程中，曝气羽流会使浸种水不断翻滚混掺，曝气产生的微气泡被携裹其中不断移动，单一气泡在水中停留时间难以确定。浸种箱尺寸、稻种堆放方式及位置不变时，可用浸种箱内气泡群平均停留时间 t_a 代替。

(3)液膜边界溶氧量 C_s。

浸种水液膜边界溶氧量受水温和水溶液浓度影响。特定水温下，清水液膜边界溶氧量为该水温下的饱和溶氧量。引入浓度对饱和溶氧量影响系数 $\beta_{T,C}$，其表达式为

$$\beta_{T,C}=\frac{C_{T,C}}{C_{T,\mathrm{w}}} \tag{2.24}$$

式中 $\beta_{T,C}$——T 水温 C 浓度下浸种水饱和溶氧量影响修正系数，$0\leqslant\beta_{T,C}\leqslant1$；

$C_{T,C}$——T 水温 C 浓度下浸种水饱和溶氧量，mg/L；

$C_{T,w}$——T 水温下清水饱和溶氧量，mg/L。

(4)初始溶氧量 C_0。

初始溶氧量是指曝气前浸种水中剩余溶氧量，由特定水温和浓度条件下的浸种水饱和溶氧量、稻种耗氧时间和耗氧速度决定。引入浸种水溶解氧消耗系数 γ_t，其表达式为

$$\gamma_t=\frac{C_{0,t}}{C_{T,C}} \tag{2.25}$$

式中 γ_t——溶解氧消耗系数，$0\leqslant\gamma_t\leqslant1$，与稻种耗氧时间及耗氧速度有关；

$C_{0,t}$——t 时刻浸种水溶氧量，mg/L；

$C_{T,C}$——T 水温 C 浓度下浸种水饱和溶氧量，mg/L。

将式(2.23)～式(2.25)代入式(2.18)，可得曝气条件下浸种水氧气通量 N_t，其表达式为

$$N_t=2\sqrt{\frac{\alpha_{T,C}D_{L(T,w)}}{\pi t_a}}\beta_{T,C}C_{T,w}(1-\gamma_t) \tag{2.26}$$

式中 $\alpha_{T,C}$——T 水温 C 浓度下浸种水浓度对氧分子扩散影响修正系数，$0\leqslant\alpha_{T,C}\leqslant1$；

$D_{L(T,w)}$——T 水温下清水氧分子扩散系数，m^2/h；

t_a——气泡群平均停留时间，由浸种装置决定，h；

$\beta_{T,C}$——T 水温 C 浓度下浸种水饱和溶氧量影响修正系数，$0\leqslant\beta_{T,C}\leqslant1$；

$C_{T,w}$——T 水温下清水饱和溶氧量，mg/L；

γ_t——溶解氧消耗系数。

由式(2.26)可知，浸种水曝气氧气通量受浸种水温、浸种水浓度、稻种耗氧速度及耗氧时间等因素影响。其中，浸种水浓度与浸种时间有关，耗氧时间与曝气时间间距有关。由此可知，浸种水曝气氧气通量受浸种水温、曝气时距、浸种时间和稻种耗氧速度影响。浸种水温、曝气时距和浸种时间可通过浸种装置附设系统实施调节与控制。稻种耗氧速度与其萌发特性有关，上文试验结果表明其主要受浸种水温和浸种时间影响。

综上可知，稻种萌发过程中消耗浸种水中溶解氧，其耗氧需求可通过以浸种水温、曝气时距和浸种时间为控制指标的曝气增氧方法予以达成。

2.5 本章小结

①梳理了气液相间氧传质原理，分析了萌发过程中稻种耗氧能力和吸水能力变化规律，由此建立了曝气增氧条件下浸种水氧气通量方程，获得了浸种水曝气增氧传氧量主要影响因素为浸种水温、浸种时间和曝气时距。

②开展了无稻种状态下曝气溶解氧试验。结果表明：曝气增氧会在浸种水中产生超饱和溶解氧，待其散去后浸种水溶氧量会保持在饱和溶氧量水平。饱和溶氧量随着浸种水温的升高而降低，20 ℃、25 ℃、30 ℃、35 ℃及 40 ℃浸种水温的饱和溶氧量分别为

8.21 mg/L、7.98 mg/L、7.35 mg/L、6.90 mg/L 和 6.64 mg/L。

③对绥粳 18、绥粳 27、龙粳 31 及龙粳 46 开展了稻种耗氧规律试验。结果表明:稻种萌发可从水中吸收溶解氧。稻种耗氧速度与浸种水温、浸种时间有关:随着浸种水温的升高稻种耗氧速度加快,随着浸种时间的延长稻种耗氧速度加快。由稻种开始快速消耗氧气时间可推断稻种萌发开始时间,绥粳 18 在 20 ℃、25 ℃、30 ℃、35 ℃和 40 ℃浸种水温下的萌发开始时间分别为 11 h、9 h、7 h、6 h 和 5 h;绥粳 27 在 20 ℃、25 ℃、30 ℃、35 ℃和 40 ℃浸种水温下的萌发开始时间分别为 11 h、10 h、9 h、7 h 和 6 h;龙粳 31 在上述浸种水温的萌发开始时间为 10 h、9 h、8 h、6 h 和 5 h;龙粳 46 在上述浸种水温的萌发开始时间为 20 h、18 h、16 h、11 h 和 8 h。高浸种水温会加速稻种萌发。

④对绥粳 18、绥粳 27、龙粳 31 和龙粳 46 开展了稻种吸水规律试验,拟合形成了不同浸种水温条件下的稻种含水率随着浸种时间变化方程。结果表明:稻种吸水速度与浸种水氧气状态无关。稻种吸水速度受萌发阶段和浸种水温影响。开始萌发前,稻种吸水速度较快;开始萌发后,稻种吸水速度较慢。浸种水温升高会加速稻种吸水。根据稻种快速消耗氧气时间点,推断绥粳 18、绥粳 27、龙粳 31 和龙粳 46 开始萌发的平均含水率分别为 22.5%、23.7%、23.6%和 18.24%。

第3章　稻种曝气增氧浸种催芽性能试验分析

由第2章浸种水增氧机理可知,浸种水曝气增氧量受浸种水温、曝气时距、浸种时间及稻种耗氧速度影响。稻种耗氧速度与稻种萌发特性有关。本章选择黑龙江垦区有代表性水稻品种,开展曝气增氧浸种催芽性能试验,以获得稻种萌发的最优浸种水温、曝气时距和浸种时间参数组合,为曝气增氧浸种催芽装置设计提供依据。

3.1　材料与方法

1.品种、仪器与试验方法

供试品种:绥粳18、绥粳27、龙粳31、龙粳46。

仪器与设备:溶氧量测定仪(雷磁 JPSJ-605)、1 000 mL玻璃烧杯、恒温水浴锅、微孔曝气增氧泵、游标卡尺。

试验方法:经盐水浸泡选出优质稻种,每1 000粒(约25 g)为一个试验组,用纱布包好并用细绳系紧封口。向玻璃烧杯内装入1 000 mL清水,放入恒温水浴锅内增温至预设温度,放入种袋并保持恒温状态。按预订试验方案将微孔曝气增氧泵放入烧杯底部进行曝气增氧,单次曝气时间为1 h。试验种袋达到浸种时间后,将种袋取出计算发芽率,并用游标卡尺测量稻种的平均芽长与平均根长。试验重复3次。

稻种发芽率可按式(3.1)计算:

$$G=\frac{M_1}{M}\times 100\% \tag{3.1}$$

式中　G——发芽率,%;

M——供试种子数,粒;

M_1——正常发芽种子数,粒。

平均芽长可按式(3.2)计算:

$$\overline{L}_{芽}=\frac{1}{m}\sum L_i \tag{3.2}$$

式中　$\overline{L}_{芽}$——平均芽长,mm;

L_i——第 i 个稻种芽长,i 取1,…,m,mm;

m——稻种数,粒。

平均根长可按式(3.3)计算:

$$\overline{L}_{根}=\frac{1}{m}\sum L_i \tag{3.3}$$

式中　$\overline{L}_{根}$——平均根长,mm;

L_i——第 i 个稻种根长，i 取 1，…，m，mm；

m——稻种数，粒。

对同批稻种按照传统方法开展浸种催芽试验作为对照，具体方法是：取经盐水优选好的稻种 1 000 粒(约为 25 g)装入纱布袋，在 10 ℃水温浸种 10 d；将种子用湿纱布包裹放入养护箱，在 28 ℃恒温下催芽 20 h。试验重复 3 次。

最终测得采用传统浸种催芽方法时：绥粳 18 发芽率为 78.9%，绥粳 27 发芽率为 75.2%，龙粳 31 发芽率为 82.3%，龙粳 46 发芽率为 83.8%。

2. 试验方案

采用二次回归正交旋转组合设计方案，选择浸种水温、曝气时距和浸种时间为试验参数，分别代表稻种萌发的热、气、水条件 3 个因素。对应本章试验方案，γ 值为 1.682，可根据 γ 值和因素变化范围确定零水平和变化半径。试验水温为浸种催芽期间保持的恒定温度，第 2 章内容指出水稻适宜的浸种水温为 25～30 ℃，据此选择 30 ℃浸种水温为零水平，根据试验设计要求设定取值范围为 22～38 ℃；曝气时距可选值在 0～24 h 之间，可在该区间内根据试验设计需要进行参数选择；浸种时间为稻种在水中的浸泡时间，参考浸种时间与水温关系试验[121]，浸种时间选择 24～72 h 区间。

经计算确定，因素水平及编码见表 3.1。

表 3.1　因素水平及编码

因素	浸种水温 A/℃	曝气时距 B/h	浸种时间 C/h
零水平(0)	30	12	48
变化半径 Δ	5	7	14
γ	38.41≈38	23.77≈24	71.55≈72
1	35	19	62
0	30	12	48
−1	25	5	34
$-\gamma$	21.59≈22	0.226≈0	24.45≈24

本章选用发芽率、平均芽长和平均根长为试验响应指标。

3.2　试验结果及分析

3.2.1　绥粳 18 曝气增氧浸种催芽性能分析

绥粳 18 曝气增氧浸种催芽试验的试验组合参数及试验结果见表 3.2。采用 Design-Expert 软件对试验结果进行二次回归分析，并进行多元回归拟合，在得到各试验响应指标的回归方程后检验其显著性。

表 3.2　绥粳 18 曝气增氧浸种催芽试验的试验组合参数及试验结果

序号	水温 *A* /℃	曝气时距 *B* /h	浸种时间 *C* /h	发芽率 /%	平均芽长 /mm	平均根长 /mm
1	25	5	34	52.6	1.2	1.5
2	35	5	34	82.4	1.7	1.8
3	25	19	34	40.1	1.0	1.2
4	35	19	34	74.7	1.9	1.5
5	25	5	62	83.7	3.2	2.1
6	35	5	62	84.4	3.5	2.4
7	25	19	62	64.3	3.1	1.3
8	35	19	62	69.3	3.3	1.5
9	22	12	48	35.4	1.4	1.1
10	38	12	48	59.5	2.6	1.9
11	30	0	48	93.3	2.2	1.9
12	30	24	48	64.3	2.2	1.1
13	30	12	24	65.9	1.1	1.3
14	30	12	72	84.8	4.4	2.0
15	30	12	48	76.1	2.4	1.6
16	30	12	48	75.2	2.2	1.5
17	30	12	48	76.2	2.4	1.6
18	30	12	48	77.1	2.3	1.7
19	30	12	48	78.6	2.4	1.6
20	30	12	48	80.5	2.3	1.4
21	30	12	48	79.4	2.5	1.6
22	30	12	48	79.1	2.4	1.6
23	30	12	48	78.4	2.3	1.5

1. 发芽率分析

绥粳 18 发芽率试验结果方差分析见表 3.3。

表 3.3　绥粳 18 发芽率试验结果方差分析

方差来源	平方和	自由度	均方	*F* 值	*P*
模型	4 344.20	9	482.69	96.67	<0.000 1
浸种水温 *A*	896.20	1	896.20	179.49	<0.000 1

续表3.3

方差来源	平方和	自由度	均方	F 值	P
曝气时距 B	783.96	1	783.96	157.01	<0.000 1
浸种时间 C	512.81	1	512.81	102.70	<0.000 1
AB	10.35	1	10.35	2.07	0.173 6
AC	430.71	1	430.71	86.26	<0.000 1
BC	25.56	1	25.56	5.12	0.041 4
A^2	1 669.99	1	1 669.99	334.46	<0.000 1
B^2	11.00	1	11.00	2.20	0.161 6
C^2	2.39	1	2.39	0.48	0.501 3
回归	64.91	13	4.99		
失拟	39.69	5	7.94	2.52	0.118 1
纯误差	25.22	8	3.15		
总和	4 409.11	22			
决定系数 R^2	0.985 3				

由表 3.3 可知，绥粳 18 发芽率模型项 F 值为 96.67，失拟项 F 值为 2.52，失拟项检验 $P=0.118\ 1(>0.01)$，为不显著，表明绥粳 18 发芽率回归模型具有显著性。

从各因素对试验结果影响的显著程度来看，A、B、C 显著性检验 $P<0.01$，表明浸种水温、曝气时距和浸种时间均对稻种发芽率有极显著影响。比较表 3.3 中各因素 F 值，可知各因素的影响由强到弱的顺序为 A、B、C。AB 交互项显著性检验 $P>0.05$，表明浸种水温和曝气时距交互作用对发芽率影响不显著。AC 交互项显著性检验 $P<0.01$，表明浸种水温和浸种时间交互作用对发芽率影响极显著。BC 交互项显著性检验 $P<0.05$，表明曝气时距和浸种时间交互作用对发芽率影响显著。

由多项方差分析结果可知，模型标准差为 3.1，均值为 71.97，可得变异系数为 4.3%，决定系数 R^2 为 0.985 3，表明模型拟合度高。信噪比为 39.172，该值大于 4 表明数据信号充足，该模型用于曝气增氧浸种催芽发芽率参数优化结果可靠。

剔除不显著项后，可得绥粳 18 发芽率 Y_1 的多元回归方程：

$$Y_1=-499.762\ 81+30.866\ 13A-1.589\ 37B+3.991\ 14C-0.104\ 82AC-0.018\ 240BC-0.410\ 08A^2 \tag{3.4}$$

以稻种发芽率为响应值，将因素之一固定为中心水平，以其余因素为自变量，绘制响应面图和等高线图，可获得两两因素交互作用对发芽率的影响。

浸种水温和曝气时距对绥粳 18 发芽率的响应面图和等高线图如图 3.1 所示。由图 3.1(a)可知，无论浸种水温在低位或高位，发芽率均随着曝气时距的缩短而增大；无论曝气时距较短或较长，随着浸种水温的升高，稻种发芽率均呈现先增大后减小的变化。各因素都没有因为另一个因素的变化而改变变化规律，浸种水温和曝气时距交互作用较弱。由此可获得稻种发芽率随各单因素的变化规律：稻种发芽率随着浸种水温的升高而先增大后减小，随着曝气时距的缩短而增大。由图 3.1(b)可知，发芽率较高值位于曝气时距小于 10 h、浸种水温为 25.2～38.0 ℃的半椭圆形区域。

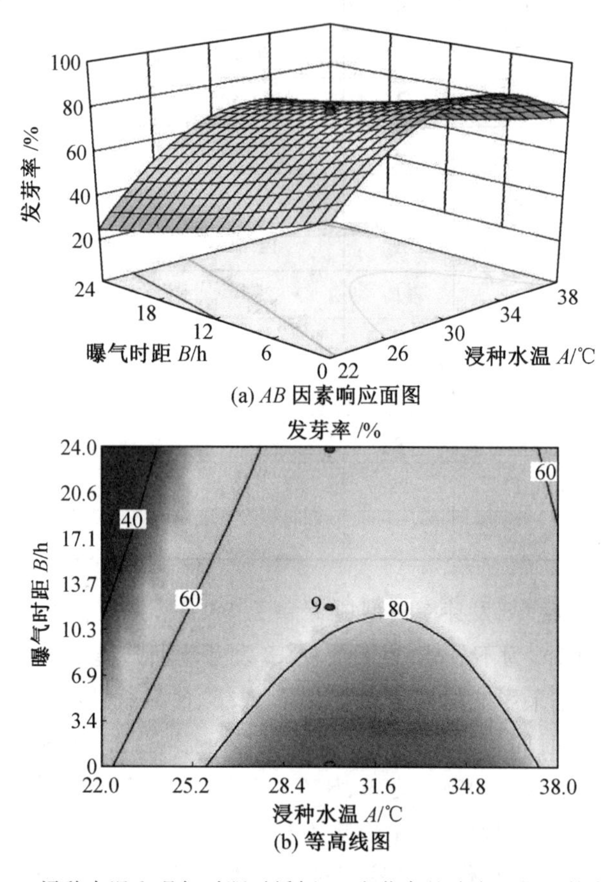

图 3.1　浸种水温和曝气时距对绥粳 18 发芽率的响应面图和等高线图

浸种水温和浸种时间对绥粳 18 发芽率的响应面图与等高线图如图 3.2 所示。由图 3.2(a)可知，当浸种水温处于较低值时，发芽率随着浸种时间的延长而快速增大；浸种水温处于较高值时，发芽率随着浸种时间的延长而平缓减小。在浸种时间较短时，发芽率随着浸种水温的升高而呈现快速增大后平缓减小的变化规律；在浸种时间较长时，发芽率呈现先增大后减小的变化规律。浸种水温与浸种时间之间存在明显交互作用。由图 3.2(b)可知，高发芽率位于由浸种水温和浸种时间共同决定的狭长区域。从该区域在图 3.2(b)中呈倾斜走向可以看出，低水温长时间浸种或高水温短时间浸种，均可获得较高的发芽率。

曝气时距和浸种时间对绥粳 18 发芽率的响应面图与等高线图如图 3.3 所示。由图 3.3(a)可知，曝气时距较长时，发芽率随着浸种时间的延长而缓慢增大；曝气时距较短时，发芽率随着浸种时间的延长而快速增大。浸种时间较短时，发芽率随着曝气时距的缩短而缓慢增大；浸种时间较长时，发芽率随着曝气时距的缩短而快速增大。曝气时距

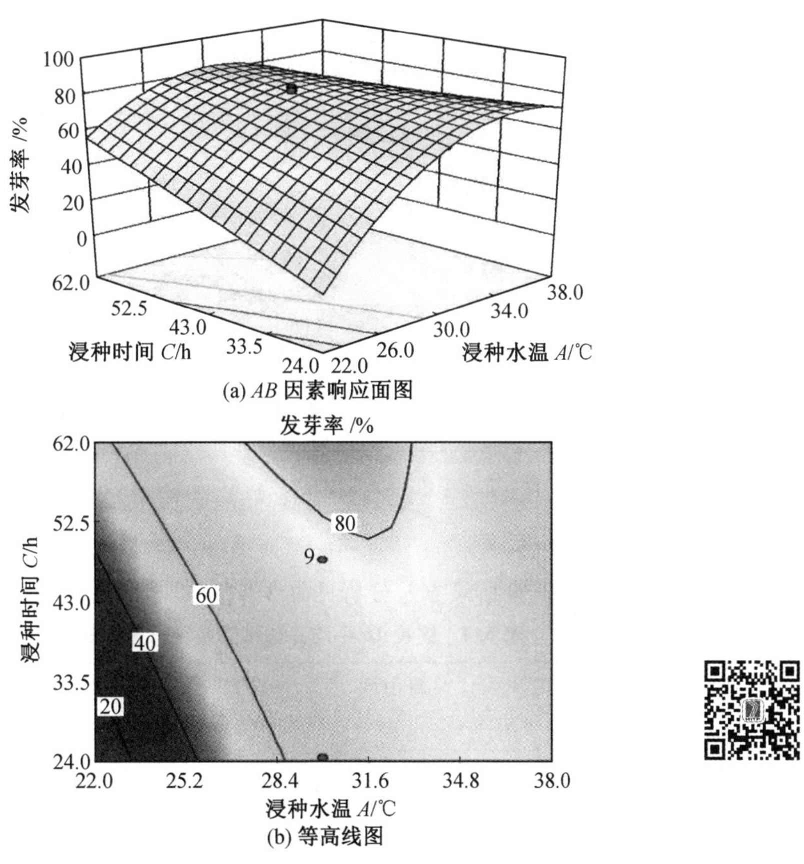

(a) AB 因素响应面图

(b) 等高线图

图 3.2　浸种水温和浸种时间对绥粳 18 发芽率的响应面图与等高线图

与浸种时间之间交互作用较为明显。图 3.3(b)也体现了该变化规律，发芽率较高值位于浸种时间长且曝气时距短的三角形区域。

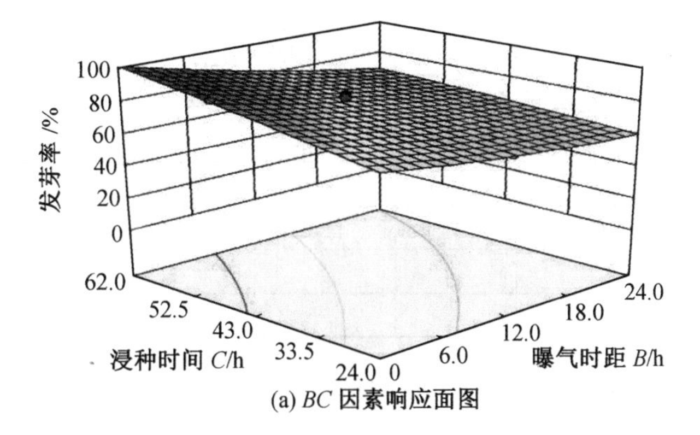

(a) BC 因素响应面图

图 3.3　曝气时距和浸种时间对绥粳 18 发芽率的响应面图与等高线图

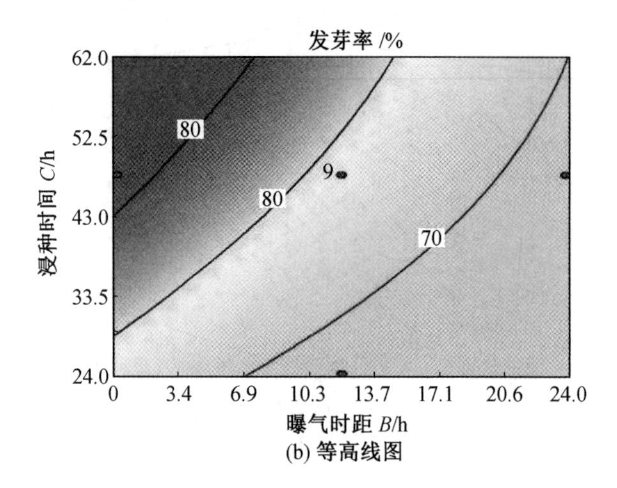

(b) 等高线图

续图 3.3

2. 平均芽长分析

绥粳 18 平均芽长试验结果方差分析见表 3.4。

表 3.4 绥粳 18 平均芽长试验结果方差分析

方差来源	平方和	自由度	均方	F 值	P
模型	13.950	9	1.55	119.73	<0.000 1
浸种水温 A	1.120	1	1.12	86.84	<0.000 1
曝气时距 B	0.007	1	0.007	0.51	0.488 1
浸种时间 C	12.090	1	12.09	934.03	<0.000 1
AB	0.011	1	0.011	0.87	0.368 2
AC	0.100	1	0.10	7.82	0.015 1
BC	0.011	1	0.011	0.87	0.368 2
A^2	0.210	1	0.21	16.44	0.001 4
B^2	0.032	1	0.032	2.49	0.138 9
C^2	0.350	1	0.35	27.42	0.000 2
回归	0.170	13	0.013		
失拟	0.110	5	0.021	2.73	0.099 9
纯误差	0.062	8	0.008		
总和	14.120	22			
决定系数 R^2	0.988 1				

由表 3.4 可知，绥粳 18 平均芽长模型项 F 值为 119.73，失拟项 F 值为 2.73，失拟项检验 P=0.099 9(>0.05)，为不显著，表明绥粳 18 平均芽长回归模型具有显著性。

从各因素对试验结果影响的显著程度来看，A、C 因素显著性检验 P<0.01，B 因素显著性指标 P=0.488 1(>0.05)，表明浸种水温和浸种时间对平均芽长均有极显著影响，曝气时距对平均芽长影响不显著。比较表 3.4 中各因素 F 值，可知各因素的影响由强到弱的顺序为 C、A、B。AC 交互项显著性检验 P<0.05，表明浸种水温和浸种时间交

互作用对种芽生长有显著影响。AB 和 BC 交互项显著性检验 $P>0.05$，表明这两项交互对种芽生长无显著影响。

由多项方差分析结果可知，模型标准差为 0.11，均值为 2.35，可得变异系数为 4.7%，决定系数 R^2 为 0.988 1，模型拟合度高。信噪比 45.037，该值大于 4 表明数据信号充足，该模型用于曝气增氧浸种催芽平均芽长参数优化结果可靠。

剔除不显著项后，可得绥粳 18 平均芽长 Y_2 的多元回归方程：

$$Y_2=-7.245\,39+0.399\,38A+0.046\,814C-1.607\,14\times10^{-3}AC-4.628\,60\times10^{-3}A^2+7.625\times10^{-4}C^2 \tag{3.5}$$

以稻种发芽率为响应值，将因素之一固定为中心水平，以其余因素为自变量，绘制响应面图和等高线图，可获得两两因素交互作用对发芽率的影响。

浸种水温和曝气时距对绥粳 18 平均芽长的响应面图与等高线图如图 3.4 所示。由图 3.4(a)可知，平均芽长随着浸种水温的升高而增加，平均芽长增长速度为先快后慢，22～30 ℃温度段上升较快，30～38 ℃温度段上升较慢并趋于恒定值，表明种芽生长存在最佳水温条件。在不同浸种水温条件下，平均芽长几乎不随曝气时距变化。浸种水温与曝气时距之间的交互作用不显著。由图 3.4(b)可知，稻种平均芽长较大值位于浸种水温较高的椭圆形区域。

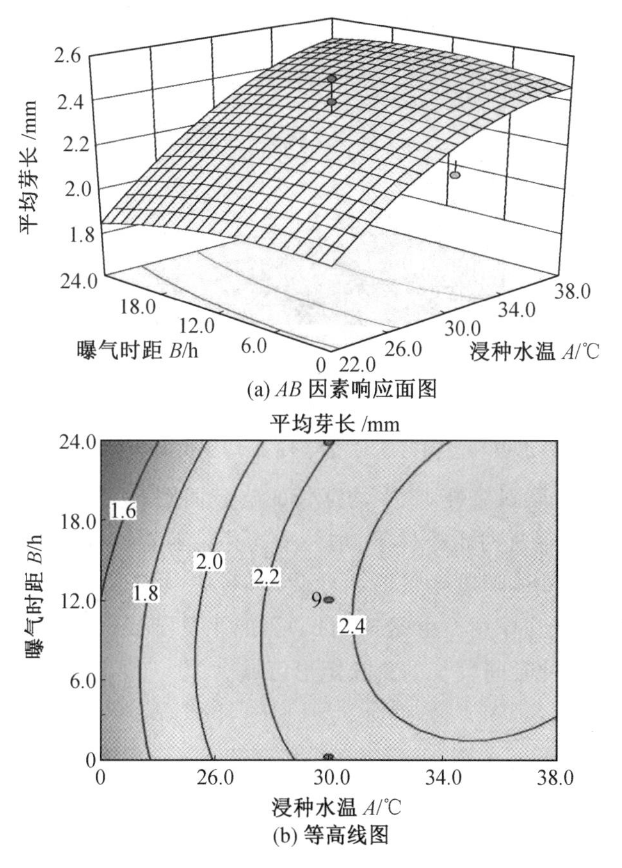

图 3.4　浸种水温和曝气时距对绥粳 18 平均芽长的响应面图与等高线图

浸种水温和浸种时间对绥粳 18 平均芽长的响应面图与等高线图如图 3.5 所示。由图 3.5(a)可知,在不同浸种时间条件下,浸种时间较短时,平均芽长随着浸种水温升高而增加;浸种时间较长时,随着浸种水温的升高,稻种平均芽长无明显变化。在不同浸种水温条件下,浸种水温较低时,平均芽长随着浸种时间的延长而快速增加;浸种水温较高时,平均芽长随着浸种时间的延长而平缓增加。浸种水温和浸种时间存在交互作用。由图 3.5(b)可知,平均芽长较大值位于浸种时间较长的狭长区域。

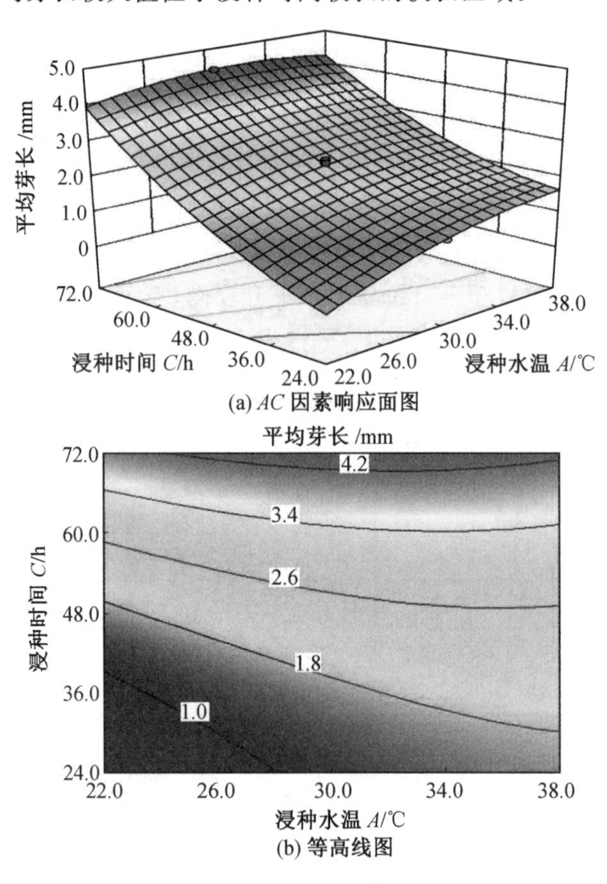

图 3.5　浸种水温和浸种时间对绥粳 18 平均芽长的响应面图与等高线图

曝气时距和浸种时间对绥粳 18 平均芽长的响应面图与等高线图如图 3.6 所示。由图 3.6(a)可知,在不同曝气时距条件下,稻种平均芽长随着浸种时间的延长而快速增加;而在不同浸种时间条件下,随着曝气时距变化,稻种平均芽长几乎未发生变化。曝气时距与浸种时间之间无交互作用。由图 3.6(b)可知,平均芽长随着浸种时间的延长呈阶梯状增加,较大值位于浸种时间较长的狭长矩形区域。

3. 平均根长分析

绥粳 18 平均根长试验结果方差分析见表 3.5。

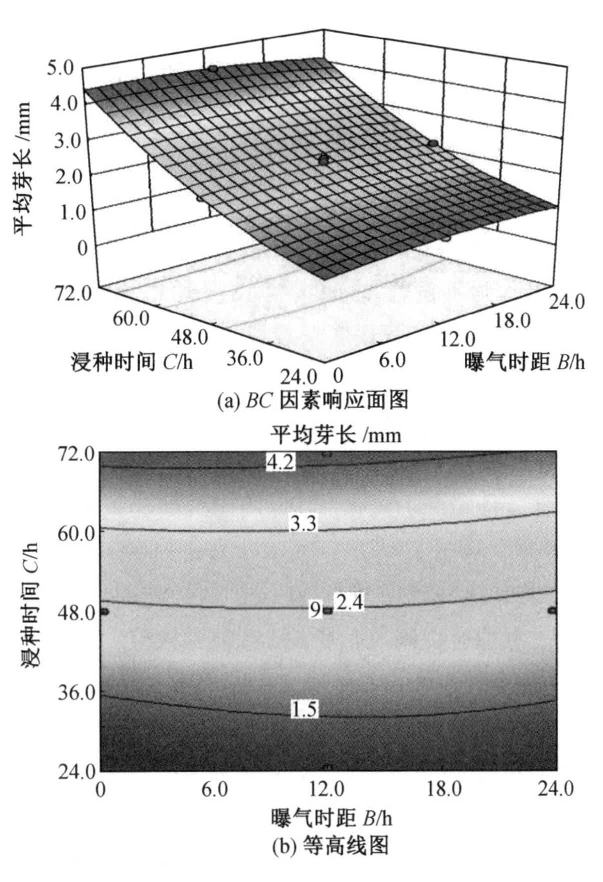

图 3.6　曝气时距和浸种时间对绥粳 18 平均芽长的响应面图与等高线图

表 3.5　绥粳 18 平均根长试验结果方差分析

方差来源	平方和	自由度	均方	F 值	P
模型	2.06	9	0.23	19.71	<0.000 1
浸种水温 A	0.44	1	0.44	37.73	<0.000 1
曝气时距 B	0.97	1	0.97	83.85	<0.000 1
浸种时间 C	0.45	1	0.45	38.72	<0.000 1
AB	1.250×10^{-3}	1	1.250×10^{-3}	0.11	0.748 0
AC	1.250×10^{-3}	1	1.250×10^{-3}	0.11	0.748 0
BC	0.15	1	0.15	13.03	0.003 2
A^2	1.756×10^{-8}	1	1.756×10^{-8}	1.513×10^{-6}	0.999 0
B^2	1.756×10^{-8}	1	1.756×10^{-8}	1.513×10^{-6}	0.999 0
C^2	0.045	1	0.045	3.85	0.071 6
回归	0.15	13	0.012		
失拟	0.091	5	0.018	2.42	0.127 5
纯误差	0.060	8	7.50×10^{-3}		

续表3.5

方差来源	平方和	自由度	均方	F值	P
总和	2.21	22			
决定系数 R^2	0.911 5				

由表3.5可知，绥粳18平均芽长模型项F值为19.71，失拟项F值为2.42，失拟项检验P=0.127 5(>0.05)，为不显著，表明绥粳18平均根长回归模型具有显著性。

从各因素对试验结果影响的显著程度来看，A、B、C因素显著性检验$P<0.05$，表明浸种水温、曝气时距、浸种时间对平均根长均有显著影响。比较表3.5中各因素F值，可知各因素的影响由强到弱的顺序为B、C、A。AB交互项与AC交互项显著性检验$P>0.05$，表明浸种水温与曝气时距交互作用、浸种水温与浸种时间交互作用对平均根长无显著影响。BC交互项显著性检验$P<0.01$，说明曝气时距与浸种时间交互作用对平均根长有极显著影响。

由多项方差分析结果可知，模型标准差为0.11，均值为1.60，变异系数为6.75%，决定系数R^2为0.931 7，模型拟合度高。信噪比17.835，该值大于4表明数据信号充足，该模型用于曝气增氧浸种催芽平均根长参数优化结果可靠。

剔除不显著项后，可得绥粳18平均根长Y_3的多元回归方程：

$$Y_3=-0.24663+0.048749A+0.039945B+9.19144\times10^{-3}C-1.40306\times10^{-3}BC \tag{3.6}$$

以稻种发芽率为响应值，将因素之一固定为中心水平，以其余因素为自变量，绘制响应面图和等高线图，可获得两两因素交互作用对发芽率的影响。

浸种水温和曝气时距对绥粳18平均根长的响应面图及等高线图如图3.7所示。由图3.7(a)可知，无论曝气时距处于高水平或低水平，平均根长均随着浸种水温的升高而增加；无论浸种水温处于较高或较低水平，平均根长均随着曝气时距的缩短而增加。由此可知，浸种水温和曝气时距对于平均根长无交互作用。由图3.7(b)可知，较大平均根长位于浸种水温较高和曝气时距较短的三角形区域。

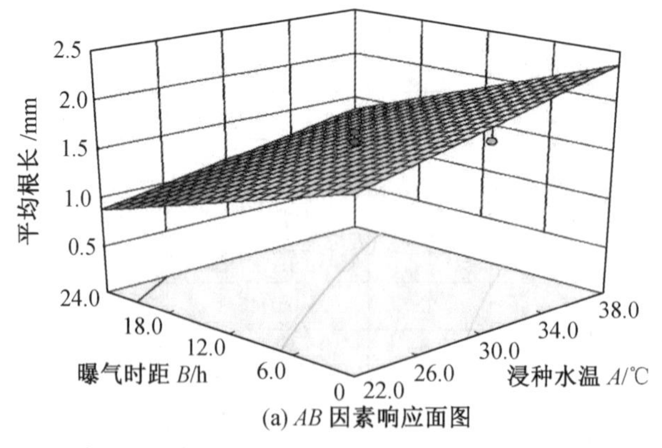

(a) AB因素响应面图

图3.7　浸种水温和曝气时距对绥粳18平均根长的响应面图及等高线图

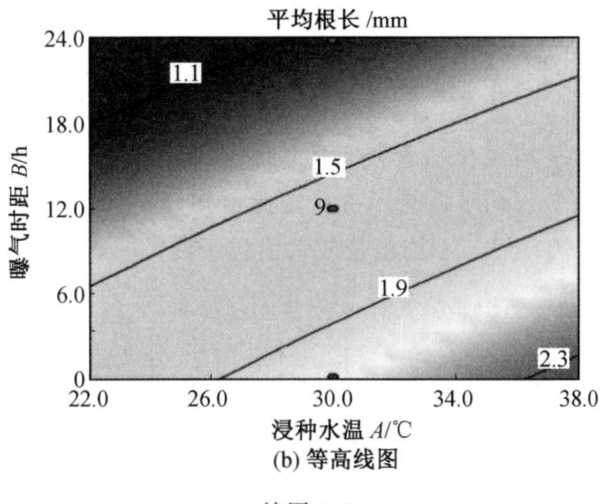

(b) 等高线图

续图 3.7

浸种水温和浸种时间对绥粳18平均根长的响应面图及等高线图如图3.8所示。由图3.8(a)可知，平均根长随着浸种时间的变长和浸种水温增加，均呈现单向上升的变化规律。由此可知，浸种水温和浸种时间之间无交互作用。由图3.8(b)可知，浸种水温高且浸种时间长的三角形区域，平均根长最大。

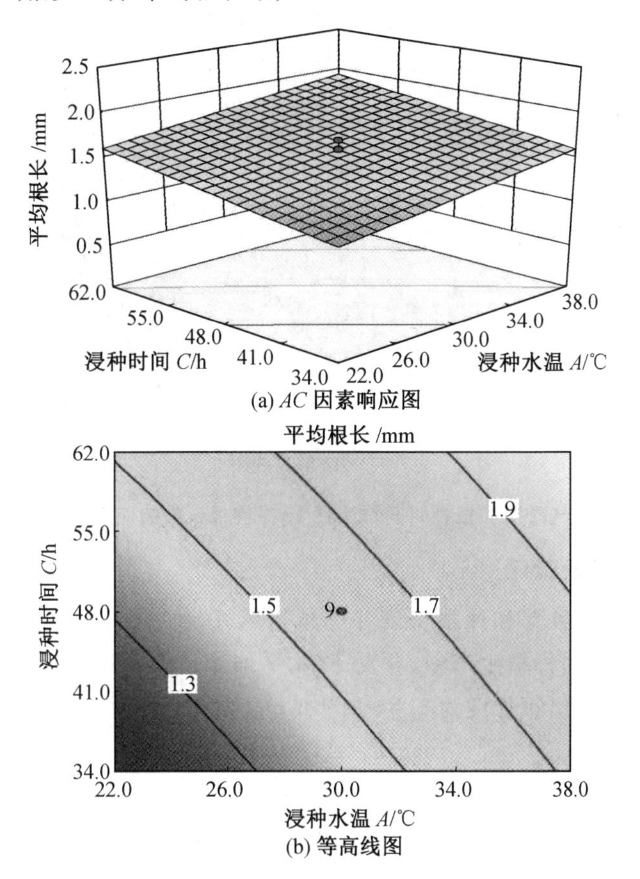

(a) AC 因素响应图

(b) 等高线图

图3.8　浸种水温和浸种时间对绥粳18平均根长的响应面图及等高线图

曝气时距和浸种时间对绥粳18平均根长的响应面图及等高线图如图3.9所示。由图3.9(a)可知,不同浸种时间条件下,浸种时间较短时,平均根长随着曝气时距的缩短平缓增加;浸种时间较长时,平均根长随着曝气时距的缩短而快速增加。不同曝气时距条件下,曝气时距较短时,平均根长随着浸种时间的变长而缓慢减小;曝气时距较长时,平均根长随着浸种时间的变长几乎保持不变。由此可知,曝气时距和浸种时间之间具有明显交互作用。由图3.9(b)可知,平均根长较大值位于浸种时间长且曝气时距短的三角形区域。

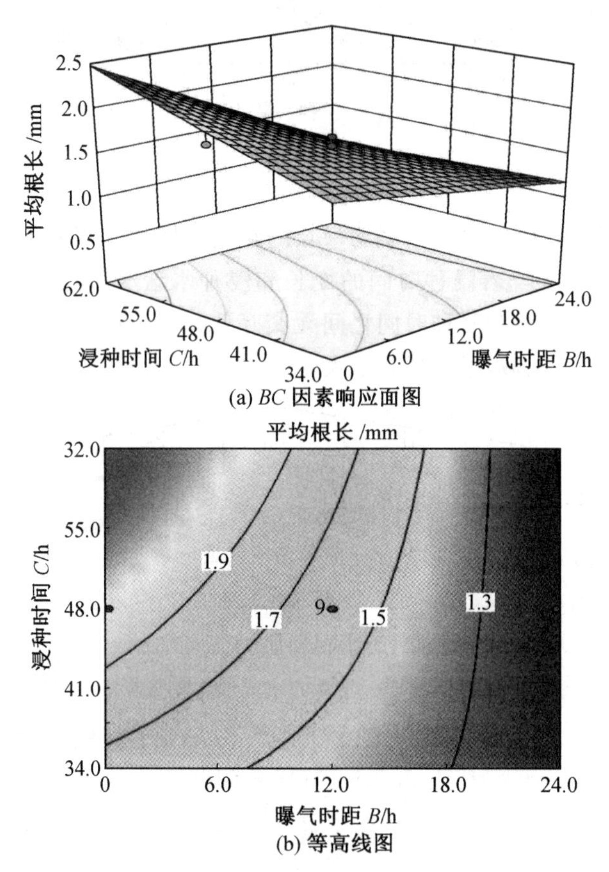

图3.9 曝气时距和浸种时间对绥粳18平均根长的响应面图及等高线图

4. 参数优化及试验验证

生产实践中,水稻种芽和种根长度并非越长越好,过长的芽或根在播种过程中易受损伤。黑龙江垦区水稻种植生产中,对发芽率、平均芽长和平均根长的生产要求是:稻种发芽率高,种芽和种根出箱长度为1.8～1.9 mm。由此设定优化目标为

$$\begin{cases}\max Y_1(A,B,C)\\1.8\ \text{mm}\leqslant Y_2\leqslant 1.9\ \text{mm}\\1.8\ \text{mm}\leqslant Y_3\leqslant 1.9\ \text{mm}\end{cases}\tag{3.7}$$

可获得同时满足以上条件的曝气增氧浸种催芽最佳环境控制条件参数:浸种水温为

31.45 ℃,曝气时距为 0 h,浸种时间为 40.72 h。经试验验证,该参数条件下,平均芽长为 1.85 mm,平均根长为 1.90 mm,发芽率为 90.44%。为了便于控制,实际生产中可将水、气、热条件控制如下:浸种水温为 31 ℃,浸种时间为 41 h,采用连续曝气增氧方式。经试验验证,该控制条件下平均芽长为 1.86 mm,平均根长为 1.89 mm,发芽率为 90.08%,远高于常规浸种试验发芽率 78.9%。

3.2.2　绥粳 27 曝气增氧浸种催芽性能分析

绥粳 27 曝气增氧浸种催芽试验的试验组合参数及试验结果见表 3.6。采用 Design-Expert 软件对试验结果进行二次回归分析,并进行多元回归拟合,在得到各试验响应指标的回归方程后检验其显著性。

表 3.6　绥粳 27 曝气增氧浸种催芽试验的试验组合参数及试验结果

序号	水温 A/℃	曝气时距 B/℃	浸种时间 C/℃	发芽率 /%	平均芽长 /mm	平均根长 /mm
1	25	5	34	55.1	0.9	1.3
2	35	5	34	84.2	1.7	1.4
3	25	19	34	45.0	1.0	0.8
4	35	19	34	76.3	1.6	1.2
5	25	5	62	85.1	2.7	1.9
6	35	5	62	86.5	3.7	2.3
7	25	19	62	66.5	3.0	1.2
8	35	19	62	72.6	3.5	1.5
9	21	12	48	35.6	0.9	0.8
10	38	12	48	63.8	2.5	1.7
11	30	0	48	94.5	2.2	2.0
12	30	24	48	66.4	2.1	1.2
13	30	12	24	67.5	0.8	0.8
14	30	12	72	88.3	4.3	1.9
15	30	12	48	78.2	2.2	1.4
16	30	12	48	76.9	2.1	1.5
17	30	12	48	79.4	2.1	1.3
18	30	12	48	78.3	2.1	1.2
19	30	12	48	79.7	2.1	1.4
20	30	12	48	82.7	2.2	1.3
21	30	12	48	81.4	2.2	1.4
22	30	12	48	81.2	2.1	1.5
23	30	12	48	79.4	2.0	1.3

1. 发芽率分析

绥粳 27 发芽率试验结果方差分析见表 3.7。

表 3.7　绥粳 27 发芽率试验结果方差分析

方差来源	平方和	自由度	均方	F 值	P
模型	4 201.77	9	466.86	94.63	<0.0001
浸种水温 A	973.89	1	973.89	197.39	<0.0001
曝气时距 B	699.77	1	699.77	141.83	<0.0001
浸种时间 C	530.05	1	530.05	107.43	<0.0001
AB	5.95	1	5.95	1.21	0.292 0
AC	349.80	1	349.80	70.90	<0.0001
BC	26.28	1	26.28	5.33	0.038 1
A^2	1 603.26	1	1 603.26	324.96	<0.0001
B^2	10.86	1	10.86	2.20	0.161 7
C^2	0.089	1	0.089	0.018	0.895 3
回归	64.14	13	4.93		
失拟	37.77	5	7.55	2.29	0.142 2
纯误差	26.37	8	3.30		
总和	4 265.91	22			
决定系数 R^2	0.985 0				

由表 3.7 可知，绥粳 27 模型项 F 值为 94.63，失拟项 F 值为 2.29，失拟项检验 $P=0.1422(>0.05)$，为不显著，表明绥粳 27 回归模型具有显著性。

从各因素对试验结果影响的显著程度来看，A、B、C 显著性检验 $P<0.01$，浸种水温、曝气时距和浸种时间均对种子发芽率有极显著影响，比较表 3.7 中各因素 F 值，可知各因素的影响由强到弱的顺序为 A、B、C。AC 交互项显著性检验 $P<0.01$，表明 AC 交互作用极显著。BC 交互项显著性检验 $P<0.05$，表明 BC 交互作用显著。AB 交互项显著性检验 $P>0.05$，表明 AB 交互作用不显著。

由多项方差分析结果可知，模型标准差为 2.22，均值为 74.11，可得变异系数为 3.0%，决定系数 R^2 为 0.985 0，表明模型拟合度高。信噪比为 38.912，该值大于 4 表明数据信号充足，该模型用于曝气增氧浸种催芽发芽率参数优化结果可靠。

剔除不显著项后，获得绥粳 27 发芽率 Y_1 的回归拟合方程：

$$Y_1=-478.003+30.035A-1.279B+3.537C+0.025AB-0.094AC-0.018BC-0.402A^2+0.019B^2+0.0004C^2 \tag{3.8}$$

以稻种发芽率为响应值，将因素之一固定为中心水平，以其余因素为自变量，绘制响应面图和等高线图，可获得两两因素交互作用对发芽率的影响。

浸种水温和曝气时距对绥粳 27 发芽率的响应面图和等高线图如图 3.10 所示。由图 3.10(a)可知：不同浸种水温条件下，种子发芽率均随着曝气时距的缩短而增大；不同曝气时距条件下，发芽率均随浸种水温的升高呈现先增大后减小的变化。由此可知，浸种水温和曝气时距无交互作用。由图 3.10(b)可知，发芽率较高值位于曝气时距小于 8 h、浸种水温为 28～33 ℃的半椭圆形区域。

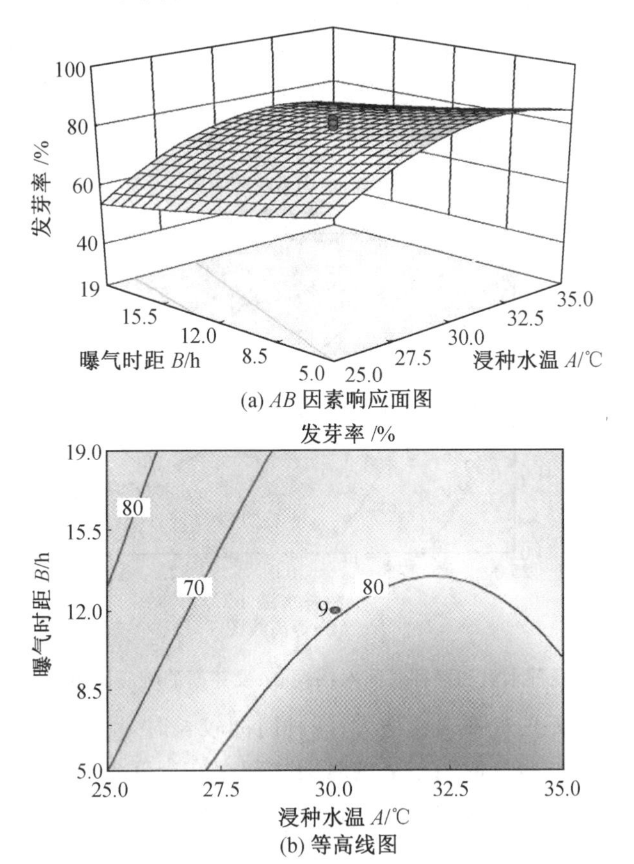

图 3.10　浸种水温和曝气时距对绥粳 27 发芽率的响应面图和等高线图

浸种水温和浸种时间对绥粳 27 发芽率的响应面图与等高线图如图 3.11 所示。由图 3.11(a)可知，不同浸种水温条件下，在浸种水温较低时，发芽率随着浸种时间的延长而快速增大；浸种水温较高时，发芽率随着浸种时间的延长而平缓减小。不同浸种时间条件下，在浸种时间较短时，随着浸种水温的升高，发芽率平缓上升后平缓减小；在浸种时间较长时，发芽率随着浸种水温快速上升后趋于稳定。浸种水温与浸种时间之间存在明显交互作用。由图 3.11(b)可知，较高发芽率位于由浸种水温和浸种时间共同决定的狭长区域。与绥粳 18 类似，从该区域在图 3.11(b)中呈倾斜分布可以看出，低水温长时间浸种或高水温短时间浸种均可获得较高的发芽率。

曝气时距与浸种时间对绥粳 27 发芽率的响应面图和等高线图如图 3.12 所示。由图 3.12(a)可知，不同曝气时距条件下，曝气时距较长时，发芽率随着浸种时间平缓增大；曝气时距较短时，发芽率随着浸种时间快速增大。不同浸种时间条件下，浸种时间较短

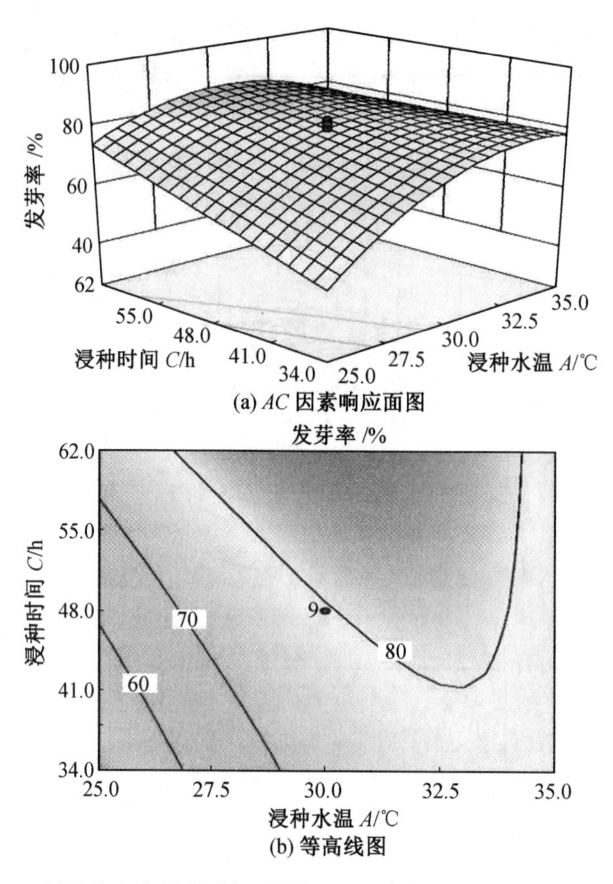

图 3.11 浸种水温和浸种时间对绥粳 27 发芽率的响应面图与等高线图

时，发芽率随着曝气时距的变短缓慢增大；浸种时间较长时，发芽率随着曝气时距的变长而快速增大。由此可知，曝气时距与浸种时间之间存在交互作用。图 3.12(b)也体现了这一变化规律，高发芽率位于浸种时间长且曝气时距短的三角形区域。

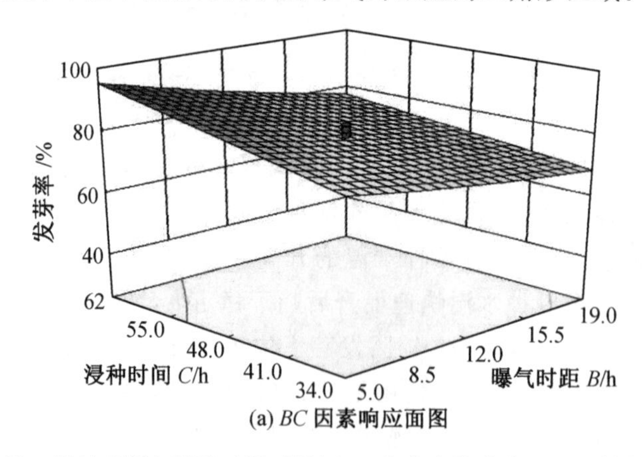

图 3.12 曝气时距与浸种时间对绥粳 27 发芽率的响应面图和等高线图

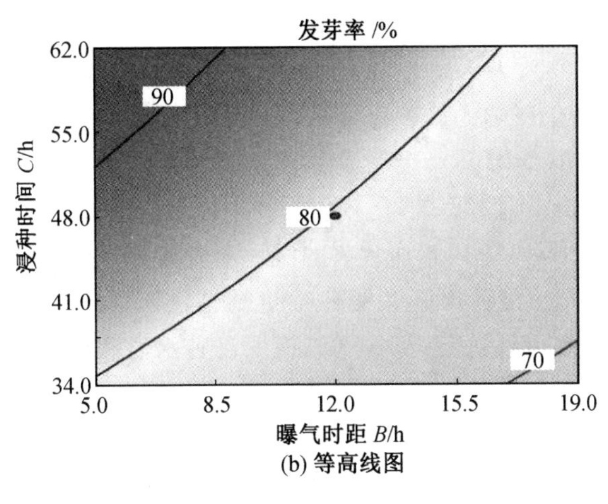

(b) 等高线图

续图 3.12

整体来看，浸种水温、曝气时距及浸种时间均对绥粳 27 发芽率有显著影响。该品种种子发芽率随着浸种水温升高、曝气时距缩短及浸种时间变长而上升。经分析，*A*、*B* 因素间交互作用不显著，*A*、*C* 因素间交互作用极显著，*B*、*C* 因素间交互作用显著，这与方差分析结论一致。上述结果表明，绥粳 27 发芽率受温度、氧气和水分条件的共同影响，温度和水分条件存在极显著交互影响，氧气和水分条件存在显著交互影响。

2. 平均芽长分析

绥粳 27 平均芽长试验结果方差分析见表 3.8。

表 3.8　绥粳 27 平均芽长试验结果方差分析

方差来源	平方和	自由度	均方	*F* 值	*P*
模型	16.64	9	1.85	142.94	<0.000 1
浸种水温 *A*	2.29	1	2.29	176.98	<0.000 1
曝气时距 *B*	3.404×10^{-4}	1	3.404×10^{-4}	0.026	0.873 6
浸种时间 *C*	13.52	1	13.52	1 045.15	<0.000 1
AB	0.061	1	0.061	4.74	0.048 6
AC	1.250×10^{-3}	1	1.250×10^{-3}	0.097	0.760 8
BC	1.250×10^{-3}	1	1.250×10^{-3}	0.097	0.760 8
A^2	0.24	1	0.24	18.48	0.000 9
B^2	0.021	1	0.021	1.63	0.223 5
C^2	0.50	1	0.50	38.88	<0.000 1
回归	0.17	13	0.013		
失拟	0.13	5	0.027	5.97	0.013 7
纯误差	0.036	8	0.004		
总和	16.80	22			
决定系数 R^2	0.990 0				

由表 3.8 可知，绥粳 27 平均芽长模型项 F 值为 142.94，失拟项 F 值为 5.97，失拟项检验 $P=0.0137(>0.05)$，为不显著，表明绥粳 27 平均芽长回归模型具有显著性。

从各因素对试验结果影响的显著程度来看，A、C 因素显著性检验 $P<0.01$，B 因素显著性检验 $P=0.8736(>0.05)$，表明浸种水温和浸种时间均对平均芽长有极显著影响，曝气时距对平均芽长影响不显著，比较表 3.8 中各因素 F 值，可知各因素的影响由强到弱的顺序为 C、A、B。从 3 个因素所代表的浸种环境因素分析，上述结果表明氧气条件对种芽生长无显著影响，而浸种水温和浸种时间影响显著，且浸种时间对平均芽长的影响更显著。AB 交互项显著性检验 $P<0.05$，说明浸种水温和曝气时距对种芽生长有显著交互影响。AC 和 BC 交互项显著性检验 $P>0.05$，表明其对种芽生长无显著影响。

由多项方差分析结果可知，模型标准差为 0.11，均值为 2.17，可得变异系数为 5.23%，决定系数 R^2 为 0.990 0，模型拟合度高。信噪比为 47.293，该值大于 4 表明数据信号充足，该模型用于曝气增氧浸种催芽平均芽长参数优化结果可靠。

剔除不显著项后，可得绥粳 27 平均芽长 Y_2 的多元回归方程：

$$Y_2=-6.525+0.398A+0.050B-0.023C-0.003AB+0.0002AC+0.0001BC-0.005A^2+0.0007B^2+0.0009C^2 \tag{3.9}$$

以稻种发芽率为响应值，将因素之一固定为中心水平，以其余因素为自变量，绘制响应面图和等高线图，可获得两两因素交互作用对发芽率的影响。

浸种水温与曝气时距对绥粳 27 平均芽长的响应面图与二维等高线图如图 3.13 所示。由图 3.13(a)可知，浸种水温与曝气时距之间的交互作用微弱。在不同曝气时距条件下，平均芽长均随着浸种水温的升高而增加，较低温度时平均芽长快速上升，较高温度时平均芽长平缓上升并趋于恒定值。在不同浸种水温条件下，浸种水温低时平均芽长随着曝气时距缩短微幅下降；浸种水温高时平均芽长随着曝气时距缩短平缓增加。由图 3.13(b)可知，除较大平均芽长(2.4 mm)位于浸种水温较高、曝气时距较短的三角形区域外，其余平均芽长均随着浸种水温呈阶梯式分布。由此可知，平均芽长随着浸种水温的升高而增加，曝气时距对种芽生长影响较小。

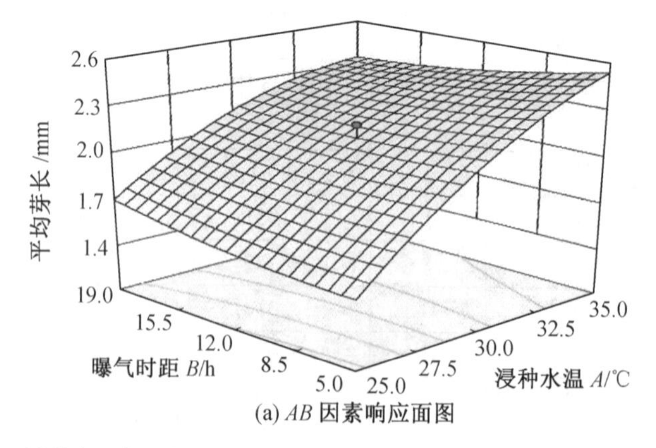

(a) AB 因素响应面图

图 3.13　浸种水温与曝气时距对绥粳 27 平均芽长的响应面图与二维等高线图

浸种水温和浸种时间对绥粳 27 平均芽长的响应面图和等高线图如图 3.14 所示。

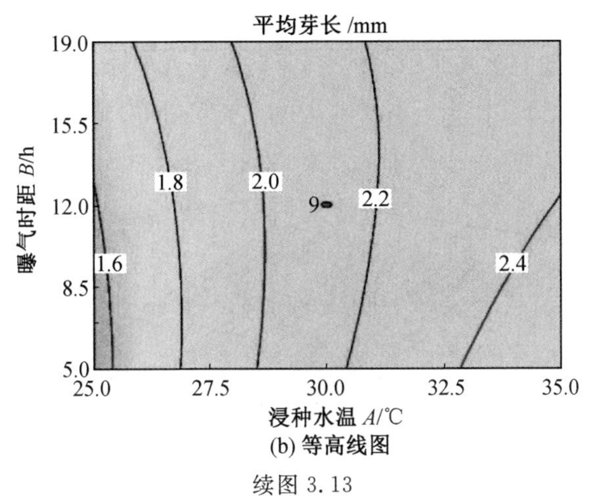

(b) 等高线图

续图 3.13

由图 3.14(a)可知，不同浸种时间条件下，平均芽长均随着浸种水温升高而缓慢增加。不同浸种水温条件下，平均芽长随着浸种时间的变长而平缓增加。由此可知，浸种水温和浸种时间之间无交互作用。由图 3.14(b)可知，平均芽长较大值位于浸种时间较长、浸种水温较高的狭长三角形区域。

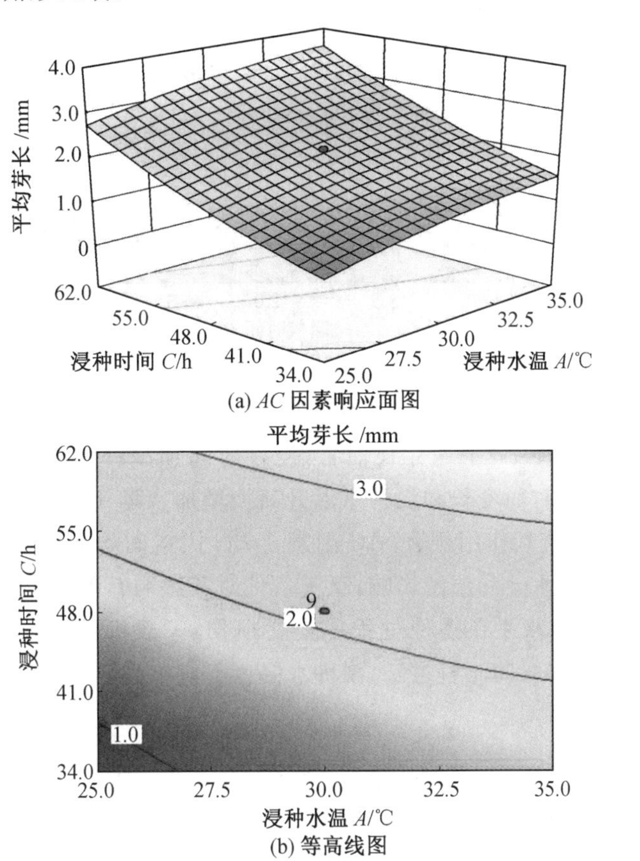

图 3.14　浸种水温和浸种时间对绥粳 27 平均芽长的响应面图和等高线图

曝气时距和浸种时间对绥粳 27 平均芽长的响应面图和等高线图如图 3.15 所示。

由图 3.15(a)可知,不同曝气时距条件下,平均芽长均随着浸种时间的变长而快速增加;不同浸种时间条件下,随着曝气时距的缩短,平均芽长几乎未发生变化。由此可知,曝气时距与浸种时间之间无交互作用。由图 3.15(b)可知,平均芽长较大区域位于浸种时间较长的狭长矩形区域。

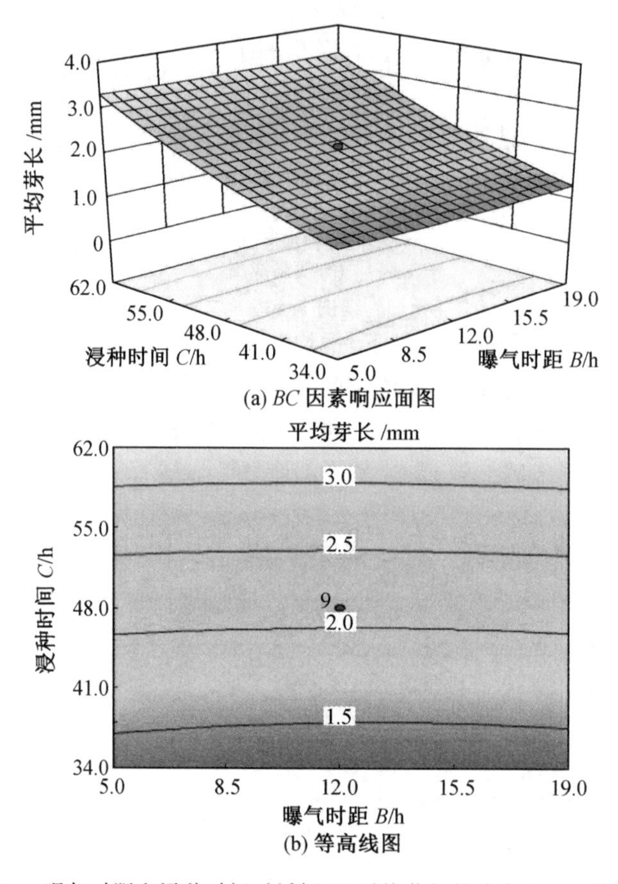

图 3.15 曝气时距和浸种时间对绥粳 27 平均芽长的响应面图和等高线图

整体来看,对于绥粳 27 平均芽长而言,浸种时间和浸种水温对试验结果有显著影响,平均芽长随着浸种时间变长和浸种水温升高而增加。曝气时距对试验结果无显著影响。经分析,*AB* 因素交互作用显著,*AC* 因素及 *BC* 因素间均无交互作用。上述结果表明,种芽的生长主要受水分和温度影响,氧气条件对其影响有限。事实上,水稻种芽长度并非越长越好,过长的种芽在播种过程中易受损伤,一般机械播种要求芽长合理值为 1.8～2 mm。因此,浸种时间不宜过长,浸种水温也不宜过高。需要根据播种要求选定合适的浸种水温与浸种时间。

3. 平均根长分析

绥粳 27 平均根长试验结果方差分析见表 3.9。

表 3.9　绥粳 27 平均根长试验结果方差分析

方差来源	平方和	自由度	均方	F 值	P
模型	2.90	9	0.32	25.15	<0.000 1
浸种水温 A	0.54	1	0.54	42.05	<0.000 1
曝气时距 B	0.92	1	0.92	71.77	<0.000 1
浸种时间 C	1.20	1	1.20	93.66	<0.000 1
AB	5.000×10^{-3}	1	5.000×10^{-3}	0.39	0.543 2
AC	5.000×10^{-3}	1	5.000×10^{-3}	0.39	0.543 2
BC	0.080	1	0.080	6.24	0.026 7
A^2	0.016	1	0.016	1.21	0.290 6
B^2	0.14	1	0.14	10.59	0.006 3
C^2	2.614×10^{-4}	1	2.614×10^{-4}	0.020	0.888 7
回归	0.17	13	0.013		
失拟	0.087	5	0.017	1.73	0.232 8
纯误差	0.080	8	0.01		
总和	3.07	22			
决定系数 R^2	0.945 7				

由表 3.9 可知，绥粳 27 平均根长模型项 F 值为 25.15，失拟项 F 值为 1.73，失拟项检验 $P=0.232\ 8(>0.05)$，为不显著，表明绥粳 27 平均根长回归模型具有显著性。

从各因素对试验结果影响的显著程度来看，A、B、C 因素显著性检验 $P<0.05$，表明浸种水温、曝气时距、浸种时间均对平均根长产生显著影响，比较表 3.9 中各因素 F 值，可知各因素的影响由强到弱的顺序为 C、B、A。从 3 个因素所代表的浸种环境因素分析，上述结果表明对于绥粳 27，氧气、温度和水分均会对根长产生显著影响，水分条件与氧气条件相对于水温条件对根长的影响更显著。AB 与 AC 交互项显著性检验 $P>0.05$，说明其对根长无显著交互影响。BC 交互项显著性检验 $P<0.01$，说明氧气与水分的交互作用对根长有极显著影响。

由多项方差分析结果可知，模型标准差为 0.11，均值为 1.60，可得变异系数为 8.06%，决定系数 R^2 为 0.945 7，模型拟合度高。信噪比为 20.219，该值大于 4 表明数据信号充足，该模型用于曝气增氧浸种催芽平均根长参数优化结果可靠。

剔除不显著项后，可得绥粳 27 平均根长 Y_3 的多元回归方程：

$$Y_3=-1.022+0.089A-0.055B+0.021C+0.000\ 1AB+0.000\ 4AC-0.001BC-0.001A^2+0.002B^2+0.000\ 02C^2 \tag{3.10}$$

以稻种发芽率为响应值，将因素之一固定为中心水平，以其余因素为自变量，绘制响应面图和等高线图，可获得两两因素交互作用对发芽率的影响。

浸种水温和曝气时距对绥粳 27 平均根长的响应面图及二维等高线图如图 3.16 所示。由图 3.16(a)可知，无论曝气时距处于高水平或低水平，平均根长均随着浸种水温的升高而增加；无论浸种水温处于较高或较低水平，平均根长均随着曝气时距的缩短而增加。由此可知，浸种水温和曝气时距之间无交互作用。由图 3.16(b)可知，平均根长较大值位于浸种水温较高、曝气时距较短的三角形区域。

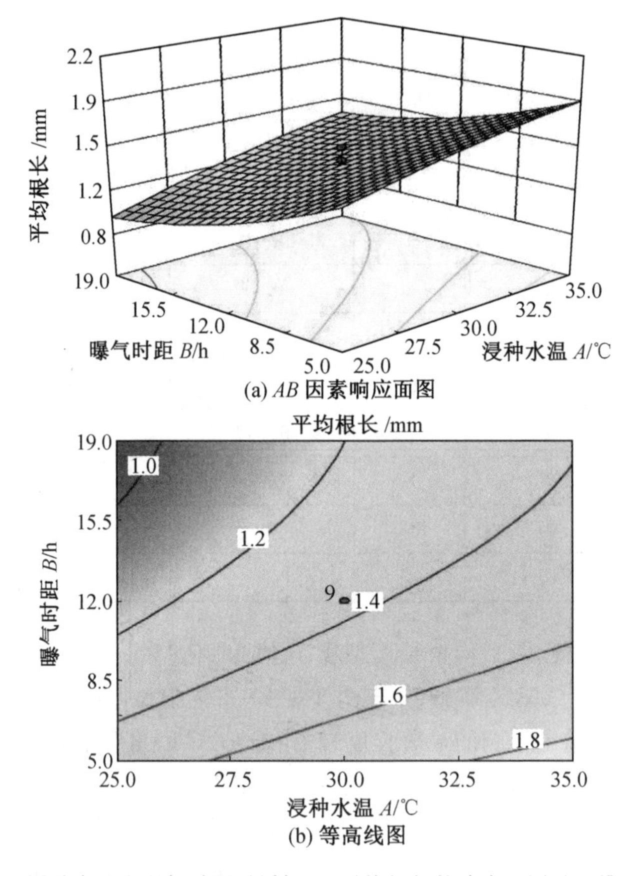

图 3.16 浸种水温和曝气时距对绥粳 27 平均根长的响应面图及二维等高线图

浸种水温和浸种时间对绥粳 27 平均根长的响应面图及二维等高线图如图 3.17 所示。由图 3.17(a)可知，平均根长随着浸种时间变长和浸种水温升高，均呈现单向增加的变化规律。由此可知，浸种水温和浸种时间之间无明显交互作用。由图 3.17(b)可知，在浸种水温高且浸种时间长的三角形区域，平均根长最大。

曝气时距和浸种时间对绥粳 27 平均根长的响应面图及二维等高线图如图 3.18 所示。由图 3.18(a)可知，不同浸种时间条件下，浸种时间较短时，平均根长随着曝气时距的缩短平缓增加；浸种时间较长时，平均根长随着曝气时距的缩短而快速增加。不同曝气时距条件下，曝气时距短时，平均根长随着浸种时间的变长而快速增加；曝气时距较长时，平均根长随着浸种时间的变长而平缓增加。由此可知，曝气时距和浸种时间之间具有明显交互作用。由图 3.18(b)可知，平均根长较大值位于浸种时间长、曝气时距短的三角形区域。

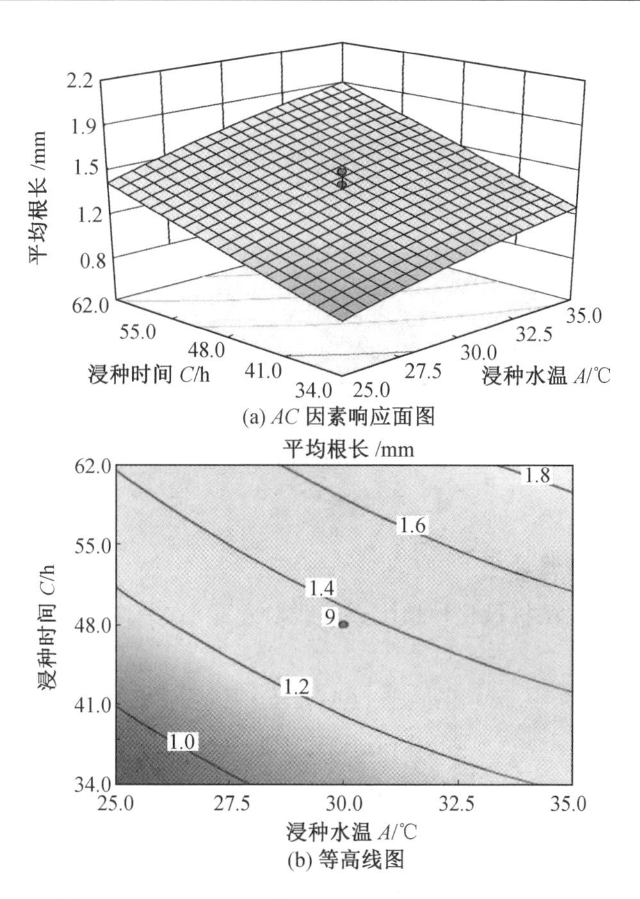

图 3.17　浸种水温和浸种时间对绥粳 27 平均根长的响应面图及二维等高线图

整体来看，对于绥粳 27 而言，浸种水温、曝气时距和浸种时间对芽种平均根长有显著影响，平均根长随着浸种水温升高、曝气时距缩短和浸种时间变长而增加。经分析，*A*、*B* 因素及 *A*、*C* 因素间均无交互作用，*B*、*C* 因素间交互作用显著。上述结果表明，根长同时受水温、氧气及水分因素影响，氧气和水分因素对根长有交互作用。

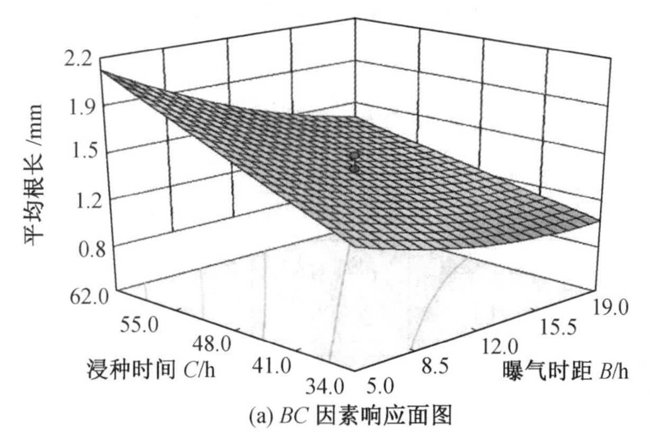

图 3.18　曝气时距和浸种时间对绥粳 27 平均根长的响应面图及二维等高线图

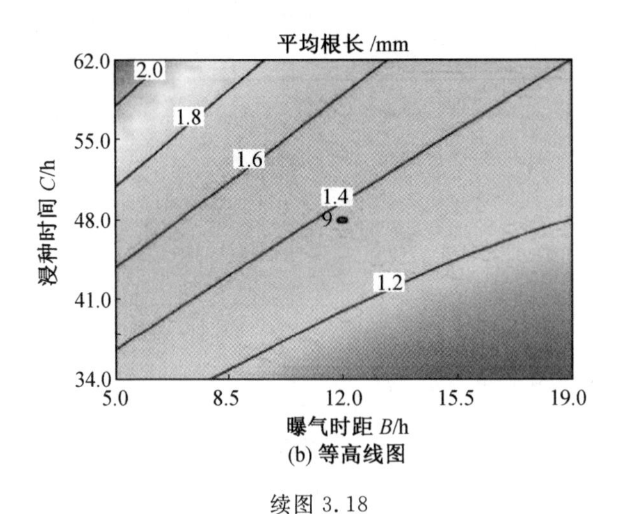

(b) 等高线图

续图 3.18

4. 参数优化及试验验证

根据黑龙江垦区水稻机械化种植生产实践对发芽率、平均芽长和平均根长的要求设定优化目标为

$$\begin{cases}\max Y_1(A,B,C) \\ 1.8\ \text{mm} \leqslant Y_2 \leqslant 1.9\ \text{mm} \\ 1.8\ \text{mm} \leqslant Y_3 \leqslant 1.9\ \text{mm}\end{cases} \tag{3.11}$$

可获得同时满足以上条件的曝气增氧浸种催芽最佳环境控制条件参数：浸种水温为 31.53 ℃，曝气时距为 0 h，浸种时间为 40.09 h。经试验验证，该参数条件下，平均芽长为 1.90 mm，平均根长为 1.86 mm，发芽率为 91.4%。为了便于控制，实际生产中可将水、气、热条件控制如下：浸种水温为 31 ℃，浸种时间为 40 h，采用连续曝气增氧方式。经试验验证，该控制条件下，平均芽长为 1.9 mm，平均根长为 1.9 mm，发芽率为 91.2%，远高于常规浸种试验发芽率 78.5%。

3.2.3 龙粳 31 曝气增氧浸种催芽性能分析

龙粳 31 曝气增氧浸种催芽试验的试验组合参数及试验结果见表 3.10。采用 Design-Expert 软件对试验结果进行二次回归分析，并进行多元回归拟合，在得到各试验响应指标的回归方程后检验其显著性。

表 3.10 龙粳 31 曝气增氧浸种催芽试验的试验组合参数及试验结果

序号	水温 A/℃	曝气时距 B/h	浸种时间 C/h	发芽率 /%	平均芽长 /mm	平均根长 /mm
1	25	5	34	60.2	0.7	1.0
2	35	5	34	87.7	1.5	1.2
3	25	19	34	51.9	0.7	0.5

续表3.10

序号	水温 A/℃	曝气时距 B/h	浸种时间 C/h	发芽率 /%	平均芽长 /mm	平均根长 /mm
4	35	19	34	81.0	1.3	0.9
5	25	5	62	88.2	2.4	1.7
6	35	5	62	93.7	3.4	2.0
7	25	19	62	71.6	2.8	1.0
8	35	19	62	76.2	3.3	1.2
9	22	12	48	42.1	0.6	0.6
10	38	12	48	68.5	2.2	1.4
11	30	0	48	97.3	2.0	1.8
12	30	24	48	70.5	2.0	1.1
13	30	12	24	71.5	0.5	0.6
14	30	12	72	92.1	4.0	1.6
15	30	12	48	81.6	2.1	1.2
16	30	12	48	80.8	1.9	1.2
17	30	12	48	82.4	1.9	1.1
18	30	12	48	82.4	1.8	1.1
19	30	12	48	81.1	2.0	1.1
20	30	12	48	86.2	1.9	1.0
21	30	12	48	84.9	2.1	1.2
22	30	12	48	84.8	1.9	1.2
23	30	12	48	82.3	1.8	1.2

1. 发芽率分析

龙粳 31 发芽率试验结果方差分析见表 3.11。

表 3.11　龙粳 31 发芽率试验结果方差分析

方差来源	平方和	自由度	均方	F 值	P
模型	3 718.10	9	413.12	72.32	<0.000 1
浸种水温 A	903.80	1	903.80	158.23	<0.000 1
曝气时距 B	649.37	1	649.37	113.68	<0.000 1
浸种时间 C	511.08	1	511.08	89.47	<0.000 1
AB	0.061	1	0.061	0.011	0.919 1

续表3.11

方差来源	平方和	自由度	均方	F 值	P
AC	270.28	1	270.28	47.32	<0.000 1
BC	45.60	1	45.60	7.98	0.014 3
A^2	1 318.25	1	1 318.25	230.78	<0.000 1
B^2	15.99	1	15.99	2.80	0.118 2
C^2	1.08	1	1.08	0.19	0.670 8
回归	74.26	13	5.71		
失拟	45.57	5	9.11	2.54	0.115 7
纯误差	28.68	8	3.59		
总和	3 792.35	22			
决定系数 R^2	0.980 4				

由表 3.11 可知，龙粳 31 模型项 F 值为 72.32，失拟项 F 值为 2.54，失拟项检验 $P=0.115\ 7(>0.05)$，为不显著，表明龙粳 31 回归模型具有显著性。

从各因素对试验结果影响的显著程度来看，A、B、C 显著性检验 $P<0.01$，表明浸种水温、曝气时距和浸种时间对稻种发芽率均有极显著影响，比较表 3.11 中各因素 F 值，可知各因素的影响由强到弱的顺序为 A、B、C。AC 交互项显著性检验 $P<0.01$，表明浸种水温与浸种时间交互作用影响极显著。BC 交互项显著性检验 $P<0.05$，表明曝气时距与浸种时间交互作用影响显著。AB 交互项显著性检验 $P>0.05$，表明浸种水温与曝气时距交互作用影响不显著。

由多项方差分析结果可知，模型标准差为 2.39，均值为 78.22，可得变异系数为 3.06%，决定系数 R^2 为 0.980 4，表明模型拟合度高。信噪比为 34.189，该值大于 4 表明数据信号充足，该模型用于曝气增氧浸种催芽发芽率参数优化结果可靠。

剔除不显著项后，可得龙粳 31 发芽率 Y_1 的多元回归方程：

$$Y_1=-429.684\ 30+27.443\ 04A-0.382\ 04B+3.092\ 69C-0.0830\ 36AC-0.024\ 362BC-0.364\ 34A^2 \tag{3.12}$$

以稻种发芽率为响应值，将因素之一固定为中心水平，以其余因素为自变量，绘制响应面图和等高线图，可获得两两因素交互作用对发芽率的影响。

浸种水温和曝气时距对龙粳 31 发芽率的响应面图和等高线图如图 3.19 所示。由图 3.19(a)可知，不同浸种水温条件下，稻种发芽率均随着曝气时距的缩短而增大；不同曝气时距条件下，发芽率均随着浸种水温的升高呈现先增大后减小的变化趋势，稻种发芽率存在最佳浸种水温。由此可见，浸种水温和曝气时距之间无交互作用。由图 3.19(b)可知，发芽率较高值位于曝气时距小于 6 h、浸种水温为 30～35 ℃的半椭圆形区域。

浸种水温和浸种时间对龙粳 31 发芽率的响应面图和等高线图如图 3.20 所示。由图 3.20(a)可知，不同浸种水温条件下，浸种水温较低时，发芽率随着浸种时间的变长而

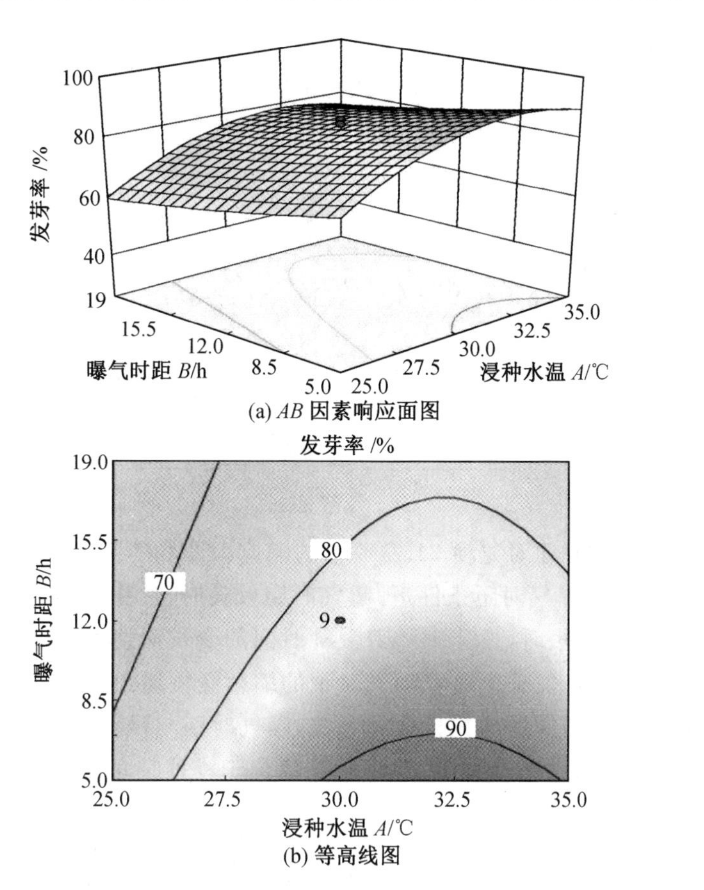

图 3.19　浸种水温和曝气时距对龙粳 31 发芽率的响应面图和等高线图

快速增大；浸种水温较高时，发芽率随着浸种时间的变长几乎不变。不同浸种时间条件下，浸种时间较短时，发芽率随着浸种水温均呈现快速增大后平缓减小的变化规律；浸种时间较长时，发芽率随着浸种水温升高而先增大后减小。由此可知，浸种水温和浸种时间之间存在一定交互作用。由图 3.20(b)可知，发芽率较高值出现在浸种时间 55 h 以上、浸种水温为 28～33 ℃的椭圆形区域。

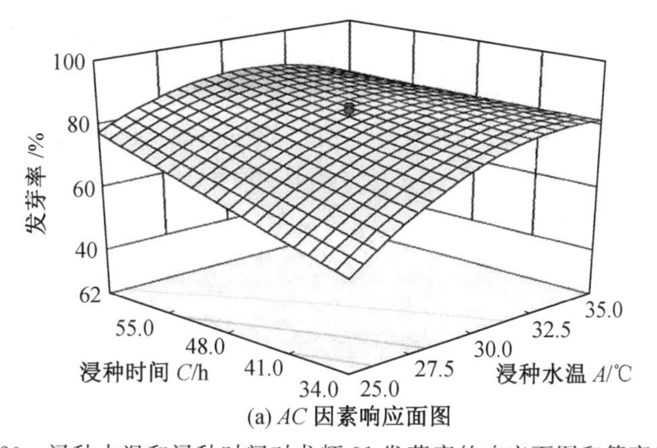

图 3.20　浸种水温和浸种时间对龙粳 31 发芽率的响应面图和等高线图

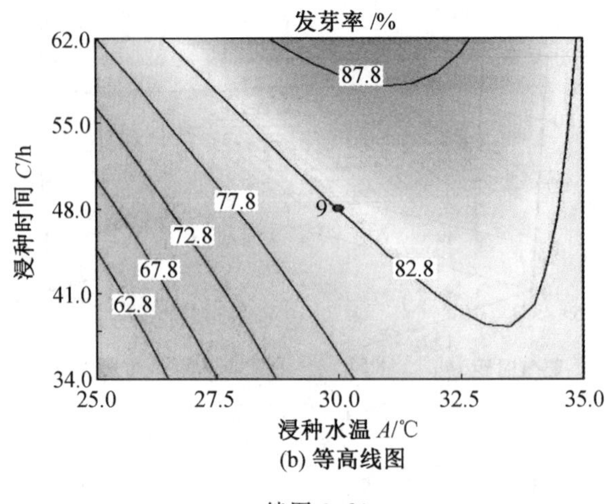

(b) 等高线图

续图 3.20

曝气时距和浸种时间对龙粳 31 发芽率的响应面图和等高线图如图 3.21 所示。由图 3.21(a)可知，不同曝气时距条件下，曝气时距较长时，发芽率随着浸种时间的变长而平缓增大；曝气时距较短时，发芽率随着浸种时间的变长而快速增大。不同浸种时间条件下，浸种时间较短时，发芽率随着曝气时距的缩短缓慢增大；浸种时间较长时，发芽率随着曝气时距的延长而快速增大。由此可知，曝气时距与浸种时间之间存在交互作用。图 3.21(b)也体现了该变化规律，发芽率较高值位于浸种时间长且曝气时距短的三角形区域。

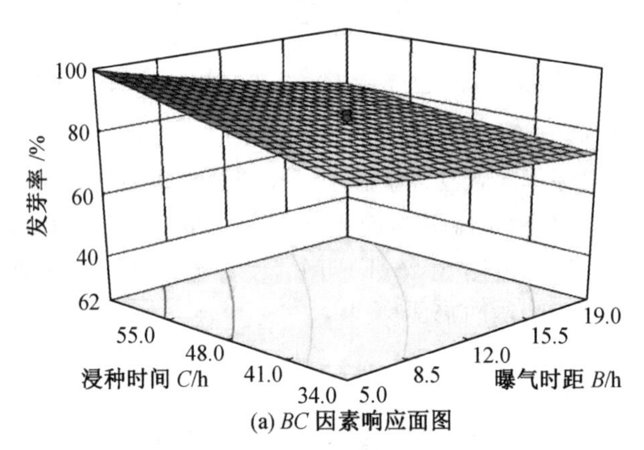

(a) BC 因素响应面图

图 3.21　曝气时距和浸种时间对龙粳 31 发芽率的响应面图和等高线图

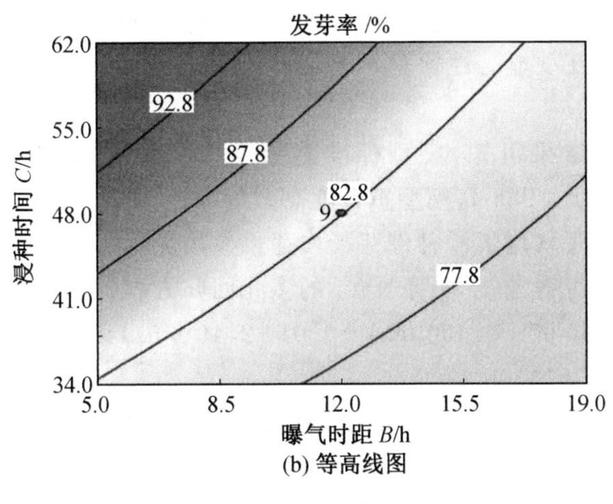

(b) 等高线图

续图 3.21

2. 平均芽长分析

龙粳 31 平均芽长试验结果方差分析见表 3.12。

表 3.12　龙粳 31 平均芽长试验结果方差分析

方差来源	平方和	自由度	均方	F 值	P
模型	16.67	9	1.85	104.55	<0.000 1
浸种水温 A	2.29	1	2.29	129.22	<0.000 1
曝气时距 B	7.322×10^{-4}	1	7.322×10^{-4}	0.041	0.842 0
浸种时间 C	13.52	1	13.52	763.09	<0.000 1
AB	0.061	1	0.061	3.46	0.085 7
AC	1.250×10^{-3}	1	1.250×10^{-3}	0.071	0.794 7
BC	0.031	1	0.031	1.76	0.206 9
A^2	0.41	1	0.41	23.30	0.000 3
B^2	0.041	1	0.041	2.33	0.150 7
C^2	0.31	1	0.31	17.43	0.001 1
回归	0.23	13	0.018		
失拟	0.13	5	0.026	2.08	0.170 0
纯误差	0.10	8	0.013		
总和	16.90	22			
决定系数 R^2	0.986 4				

由表 3.12 可知，龙粳 31 平均芽长模型项 F 值为 104.55，失拟项 F 值为 2.08，失拟项检验 $P=0.170\ 0$（>0.05），为不显著，表明龙粳 31 平均芽长回归模型具有显著性。

从各因素对试验结果影响的显著程度来看，A、C 因素显著性检验 $P<0.01$，B 因素显著性检验 $P=0.842\ 0$（>0.05），表明浸种水温和浸种时间均对平均芽长有极显著影响，曝气时距对平均芽长影响不显著。比较表 3.12 中各因素 F 值，可知各因素的影响由

强到弱的顺序为 C、A、B。在浸种水温和浸种时间因素中，浸种时间对平均芽长的影响更大。AB、AC 和 BC 交互项显著性检验 $P>0.05$，表明各项因素两两之间的交互项对种芽生长均无显著影响。

由多项方差分析结果可知，模型标准差为 0.13，均值为 1.95，可得变异系数为 6.83%，决定系数 R^2 为 0.986 4，模型拟合度高。信噪比为 39.452，该值大于 4 表明数据信号充足，该模型用于曝气增氧浸种催芽平均芽长参数优化结果可靠。

剔除不显著项后，可得龙粳 31 芽长 Y_2 的多元回归方程：

$$Y_2=-8.237\,97+0.490\,06A-0.010\,214C-6.445\,99\times10^{-3}A^2+7.110\,75\times10^{-4}C^2 \tag{3.13}$$

以稻种发芽率为响应值，将因素之一固定为中心水平，以其余因素为自变量，绘制响应面图和等高线图，可获得两两因素交互作用对发芽率的影响。

浸种水温与曝气时距对龙粳 31 平均芽长的响应面图及等高线图如图 3.22 所示。由图 3.22(a)可知，在不同曝气时距条件下，平均芽长均随着浸种水温升高而快速增加。在不同浸种水温条件下，平均芽长随着曝气时距缩短微幅变动。由此可知，浸种水温与曝气时距之间无交互作用。由图 3.22(b)可知，除较大平均芽长(2.2 mm)位于浸种水温较高、曝气时距较短的三角形区域外，其余平均芽长值均随着浸种水温呈阶梯式分布。这说明平均芽长随着浸种水温升高而增加，曝气时距对种芽生长影响较小。

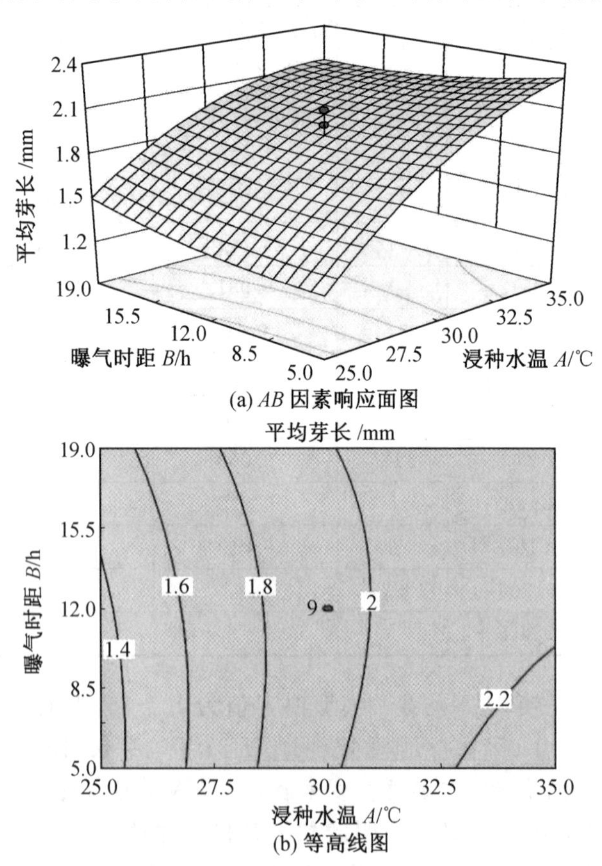

(a) AB 因素响应面图

(b) 等高线图

图 3.22　浸种水温与曝气时距对龙粳 31 平均芽长的响应面图及等高线图

浸种水温与浸种时间对龙粳 31 平均芽长的响应面图和等高线图如图 3.23 所示。由图 3.23(a)可知，不同浸种时间条件下，平均芽长均随着浸种水温升高而缓慢增加。不同浸种水温条件下，平均芽长随着浸种时间变长而平缓增加。由此可知，浸种水温和浸种时间之间无交互作用。由图 3.23(b)可知，平均芽长随着浸种时间呈现斜向阶梯状分布，较大平均芽长位于浸种时间较长、浸种水温较高的狭长三角形区域。

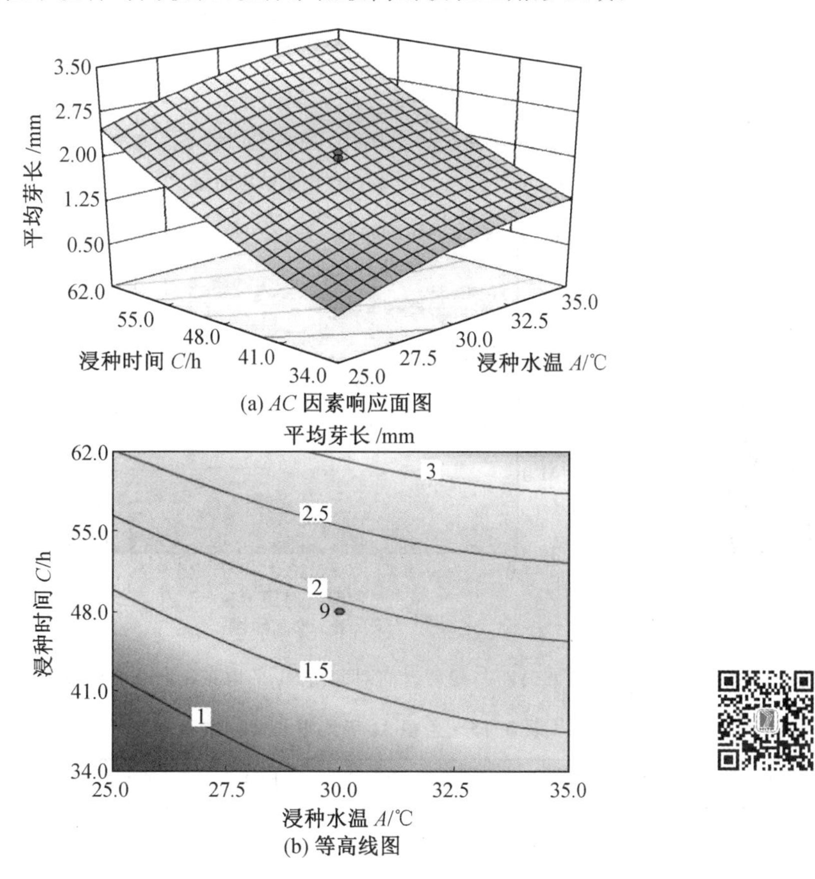

图 3.23　浸种水温与浸种时间对龙粳 31 平均芽长的响应面图和等高线图

曝气时距与浸种时间对龙粳 31 平均芽长的响应面图和等高线图如图 3.24 所示。由图 3.24(a)可知，不同曝气时距条件下，平均芽长均随着浸种时间的变长而快速增加；不同浸种时间条件下，平均芽长随着曝气时距缩短几乎未发生变化。由此可知，曝气时距与浸种时间之间无交互作用。由图 3.24(b)可知，稻种平均芽长随着浸种时间变长呈阶梯状分布，平均芽长较大值位于浸种时间较长的狭长矩形区域。

3. 平均根长分析

龙粳 31 平均根长试验结果方差分析见表 3.13。

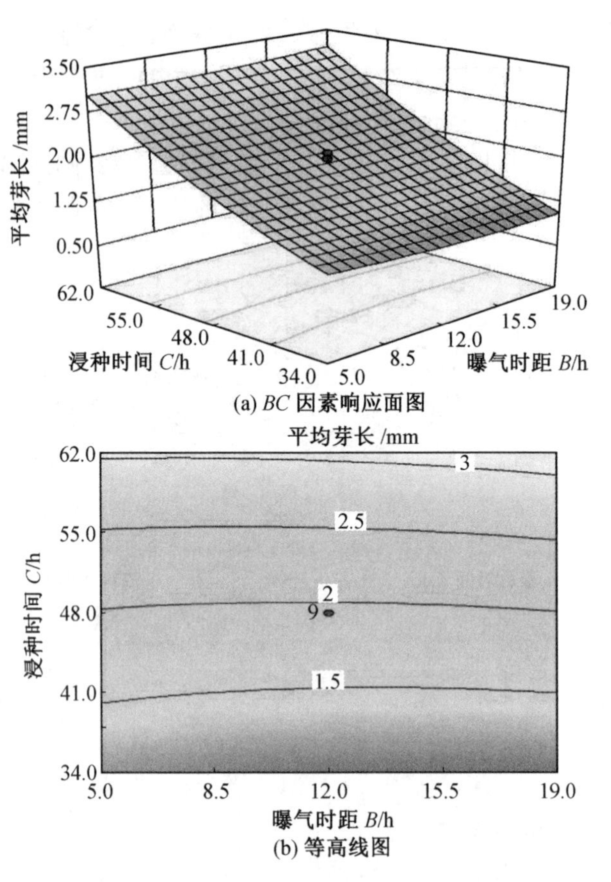

(a) BC 因素响应面图

(b) 等高线图

图 3.24　曝气时距与浸种时间对龙粳 31 平均芽长的响应面图和等高线图

表 3.13　龙粳 31 平均根长试验结果方差分析

方差来源	平方和	自由度	均方	F 值	P
模型	2.78	9	0.31	37.17	<0.000 1
浸种水温 A	0.44	1	0.44	52.68	<0.000 1
曝气时距 B	0.89	1	0.89	106.52	<0.000 1
浸种时间 C	1.16	1	1.16	139.68	<0.000 1
AB	1.250×10^{-3}	1	1.250×10^{-3}	0.15	0.704 4
AC	1.250×10^{-3}	1	1.250×10^{-3}	0.15	0.704 4
BC	0.061	1	0.061	7.37	0.017 7
A^2	0.041	1	0.041	4.91	0.045 1
B^2	0.19	1	0.19	22.47	0.000 4
C^2	3.738×10^{-3}	1	3.738×10^{-3}	0.45	0.514 2
回归	0.11	13	0.008		
失拟	0.066	5	0.013	2.49	0.120 3

续表3.13

方差来源	平方和	自由度	均方	F 值	P
纯误差	0.080	8	0.01		
总和	2.89	22			
决定系数 R^2	0.962 6				

由表 3.13 可知，龙粳 31 平均芽长模型项 F 值为 37.17，失拟项 F 值为 2.49，失拟项检验 $P=0.120\ 3(>0.05)$，为不显著，表明龙粳 31 平均根长回归模型具有显著性。

从各因素对试验结果影响的显著程度来看，A、B、C 因素显著性检验 $P<0.01$，表明浸种水温、曝气时距、浸种时间对平均根长均产生极显著影响，比较表 3.13 中各因素 F 值，可知各因素的影响由强到弱的顺序为 C、B、A。AB 和 AC 交互项显著性检验 $P>0.05$，说明其对根长无显著影响。BC 交互项显著性检验 $P<0.05$，说明曝气时距与浸种时间交互作用对根长有显著影响。

由多项方差分析结果可知，模型标准差为 0.091，均值为 1.17，可得变异系数为 7.79%，决定系数 R^2 为 0.962 6，模型拟合度高。信噪比为 24.129，该值大于 4 表明数据信号充足，该模型用于曝气增氧浸种催芽平均根长参数优化结果可靠。

剔除不显著项后可得龙粳 31 根长 Y_3 的多元回归方程：

$$Y_3=-2.822\ 69+0.161\ 76A-0.057\ 327B+0.044\ 410C-8.928\ 57\times10^{-4}BC-2.027\ 76\times10^{-3}A^2+2.212\ 35\times10^{-3}B^2 \tag{3.14}$$

以稻种发芽率为响应值，将因素之一固定为中心水平，以其余因素为自变量，绘制响应面图和等高线图，可获得两两因素交互作用对发芽率的影响。

浸种水温和曝气时距对龙粳 31 平均根长的响应面图及等高线图如图 3.25 所示。由图 3.25(a)可知，在不同曝气时距条件下，平均根长均随着浸种水温升高平缓增加；在不同浸种水温条件下，平均根长均随着曝气时距的缩短而快速增加。由此可知，浸种水温和曝气时距之间无交互作用。由图 3.25(b)可知，平均根长较大值位于浸种水温较高、曝气时距较短的三角形区域。

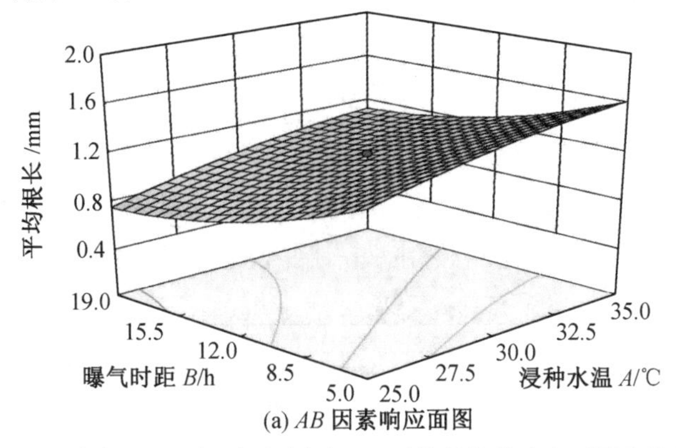

(a) AB 因素响应面图

图 3.25 浸种水温和曝气时距对龙粳 31 平均根长的响应面图及等高线图

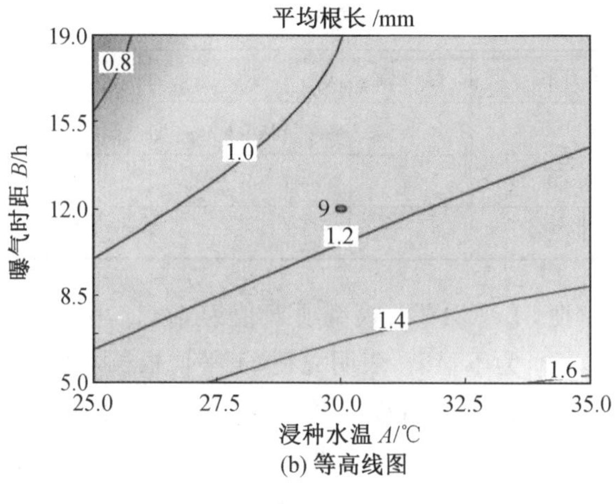

(b) 等高线图

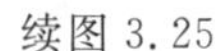
续图 3.25

浸种水温和浸种时间对龙粳 31 平均根长的响应面及等高线图如图 3.26 所示。由图 3.26(a)可知，稻种平均根长随着浸种时间的变长和浸种水温升高均呈现单向增加的变化规律。由此可知，浸种水温和浸种时间之间无交互作用。由图 3.26(b)可知，浸种水温高且浸种时间长的三角形区域，平均根长值较大。

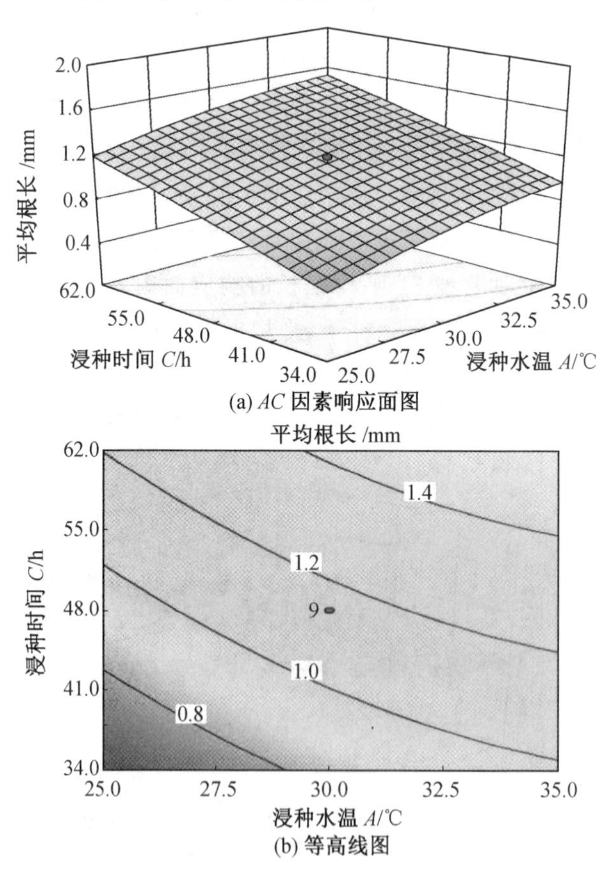

(b) 等高线图

图 3.26　浸种水温和浸种时间对龙粳 31 平均根长的响应面及等高线图

曝气时距和浸种时间对龙粳 31 平均根长的响应面图及等高线图如图 3.27 所示。由图 3.27(a)可知，在不同浸种时间条件下，浸种时间较短时，平均根长随着曝气时距的缩短平缓增加；浸种时间较长时，平均根长随着曝气时距的缩短而快速增加。不同曝气时距条件下，曝气时距较短时，平均根长随着浸种时间的变长而快速增加；曝气时距较长时，平均根长随着浸种时间的变长而平缓增加。由此可知，曝气时距和浸种时间之间存在交互作用。由图 3.27(b)可知，平均根长较大值位于浸种时间较长、曝气时距较短的三角形区域。

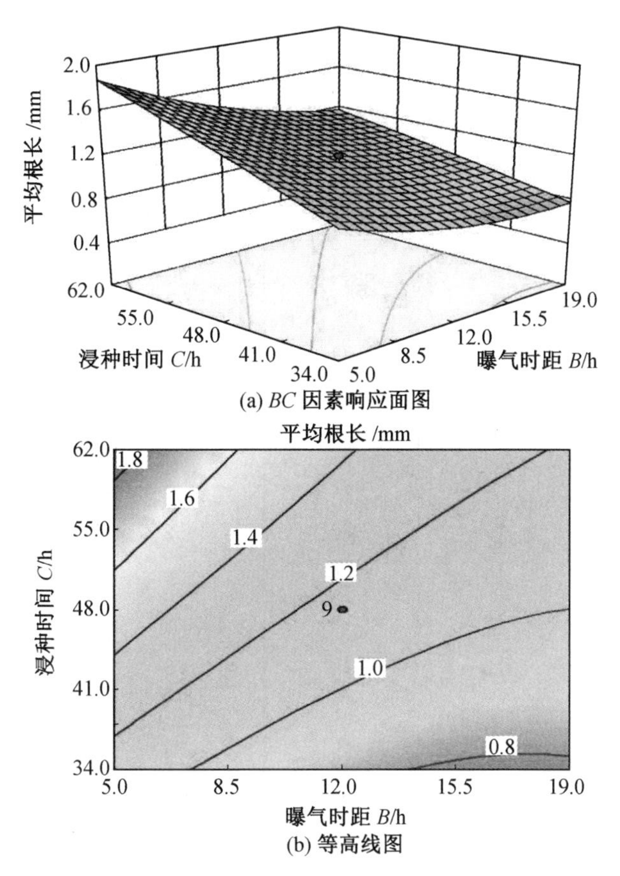

图 3.27　曝气时距和浸种时间对龙粳 31 平均根长的响应面图及等高线图

4. 参数优化及试验验证

根据黑龙江垦区水稻机械化种植生产实践对发芽率、平均芽长和平均根长的要求设定优化目标为

$$\begin{cases}\max Y_1(A,B,C)\\ 1.8\ \text{mm}\leqslant Y_2\leqslant 1.9\ \text{mm}\\ 1.8\ \text{mm}\leqslant Y_3\leqslant 1.9\ \text{mm}\end{cases}\tag{3.15}$$

可获得同时满足以上条件的曝气增氧浸种催芽最佳环境控制条件参数：浸种水温为 30.46 ℃，曝气时距为 0 h，浸种时间为 44.42 h。经试验验证，该参数条件下，平均芽长为

1.90 mm，平均根长为 1.80 mm，发芽率为 95.85%。为了便于控制，实际生产中可将水、气、热条件控制如下：浸种水温为 30 ℃，浸种时间为 44 h，采用连续曝气增氧方式。经试验验证，该控制条件下平均芽长为 1.88 mm，平均根长为 1.79 mm，发芽率为 94.41%，远高于常规浸种试验发芽率 82.32%。

3.2.4　龙粳 46 曝气增氧浸种催芽性能分析

龙粳 46 曝气增氧浸种催芽试验的试验组合参数及试验结果见表 3.14。采用 Design－Expert 软件对试验结果进行二次回归分析，并进行多元回归拟合，在得到各试验响应指标的回归方程后检验其显著性。

表 3.14　龙粳 46 曝气增氧浸种催芽试验的试验组合参数及试验结果

序号	水温 A/℃	曝气时距 B/h	浸种时间 /C/h	发芽率 /%	平均芽长 /mm	平均根长 /mm
1	25	5	34	30.8	0.5	0.4
2	35	5	34	37.7	0.8	0.6
3	25	19	34	1.8	0.1	0
4	35	19	34	25.8	0.5	0.2
5	25	5	62	84.0	1.3	1.1
6	35	5	62	93.7	2.4	2.3
7	25	19	62	48.2	1.3	1.1
8	35	19	62	78.6	1.9	1.7
9	22	12	48	24.9	0.4	0
10	38	12	48	57.8	1.1	0.7
11	30	0	48	93.1	1.7	1.7
12	30	24	48	48.2	1.2	1.0
13	30	12	24	7.0	0.2	0.0
14	30	12	72	91.3	2.3	1.9
15	30	12	48	79.9	1.4	1.1
16	30	12	48	77.9	1.3	1.1
17	30	12	48	82.3	1.6	1.4
18	30	12	48	80.6	1.5	1.3
19	30	12	48	80.7	1.5	1.3
20	30	12	48	80.4	1.4	1.2
21	30	12	48	83.1	1.5	1.3
22	30	12	48	81.2	1.5	1.3
23	30	12	48	80.2	1.4	1.3

1. 发芽率结果分析

龙粳 46 发芽率试验结果方差分析见表 3.15。

表 3.15　龙粳 46 发芽率试验结果方差分析

方差来源	平方和	自由度	均方	F 值	P
模型	17 980.24	9	1 997.80	525.17	<0.000 1
浸种水温 A	1 168.61	1	1 168.61	307.20	<0.000 1
曝气时距 B	2 049.77	1	2 049.77	538.83	<0.000 1
浸种时间 C	8 978.83	1	8 978.83	2 360.30	<0.000 1
AB	178.60	1	178.60	46.95	<0.000 1
AC	10.58	1	10.58	2.78	0.119 3
BC	12.50	1	12.50	3.29	0.093 0
A^2	3 261.97	1	3 261.97	857.49	<0.000 1
B^2	250.30	1	250.30	65.80	<0.000 1
C^2	2 127.15	1	2 127.15	559.17	<0.000 1
回归	49.45	13	3.80		
失拟	32.05	5	6.41	2.95	0.084 4
纯误差	17.40	8	2.17		
总和	18 029.70	22			
决定系数 R^2	0.997 3				

由表 3.15 可知，龙粳 46 模型项 F 值为 525.17，失拟项 F 值为 2.95，失拟项检验 $P=0.084\ 4(>0.05)$，为不显著，表明龙粳 46 回归模型具有显著性。

从各因素对试验结果影响的显著程度来看，A、B、C 因素显著性检验 $P<0.01$，浸种水温、曝气时距和浸种时间均对种子发芽率有极显著影响，比较表 3.15 中各因素 F 值，可知各因素的影响由强到弱的顺序为 C、B、A。AB 交互项显著性检验 $P<0.01$，表明 AB 交互作用对发芽率影响极显著。AC 及 BC 交互项显著性检验 $P>0.05$，表明 AC 和 BC 交互作用对发芽率影响不显著。

由多项方差分析结果可知，模型标准差为 1.95，均值为 63.01，可得变异系数为 3.10%，决定系数 R^2 为 0.997 3，表明模型拟合度高。信噪比为 73.313，该值大于 4 表明数据信号充足，该模型用于曝气增氧浸种催芽发芽率优化结果可靠。

剔除不显著项后，可得龙粳 46 发芽率 Y_1 的多元回归方程：

$$Y_1=-640.242+33.829A-3.244B+7.159C+0.135AB+0.165AC-0.013BC-0.573A^2-0.081B^2-0.059C^2 \tag{3.16}$$

以稻种发芽率为响应值，将因素之一固定为中心水平，以其余因素为自变量，绘制响应面图和等高线图，可获得两两因素交互作用对发芽率的影响。

浸种水温和曝气时距对龙粳 46 发芽率的响应面图和等高线图如图 3.28 所示。由图 3.28(a)可知,不同浸种水温条件下,种子发芽率均随着曝气时距的缩短而平缓增大;不同曝气时距条件下,曝气时距较短时,发芽率随着浸种水温的升高呈现先增大后减小的变化趋势;曝气时距较长时,发芽率随着浸种水温的升高呈现先快速后平缓的增长形态。由此可知,浸种水温和曝气时距之间存在交互作用。由图 3.28(b)可知,发芽率较高值位于曝气时距小于 10 h、浸种水温为 27～34 ℃的半椭圆形区域。

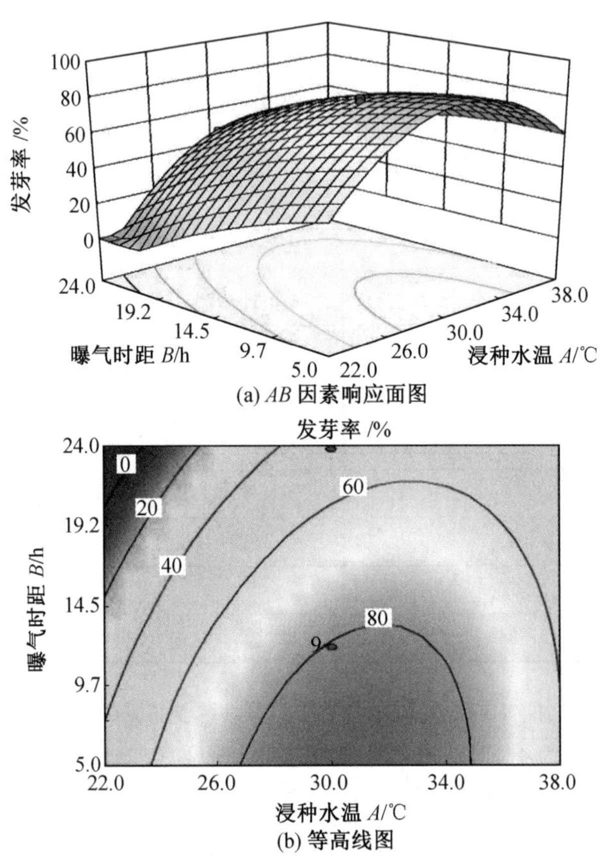

图 3.28 浸种水温和曝气时距对龙粳 46 发芽率的响应面图和等高线图

浸种水温和浸种时间对龙粳 46 发芽率的响应面图和等高线图如图 3.29 所示。由图 3.29(a)可知,响应面呈现中间高四周低的形态。不同浸种水温条件下,发芽率随着浸种时间的变长而先快速增大,达到峰值后又减小的变化规律。不同浸种时间条件下,发芽率随着浸种水温升高也呈现先增大,至极值后又减小的变化规律。由此可知,浸种水温和浸种时间之间无交互影响。由图 3.29(b)可知,高发芽率出现在浸种时间为 45～72 h、浸种水温为 27～37 ℃的椭圆形区域。

曝气时距与浸种时间对龙粳 46 发芽率的响应面图及等高线图如图 3.30 所示。由图 3.30(a)可知,不同曝气时距条件下,发芽率均随着浸种时间的变长呈现先快后慢增大的变化规律。不同浸种时间条件下,发芽率均随着曝气时距的缩短而平缓增大。由此可知,曝气间隔与浸种时间之间无明显交互作用。由图 3.30(b)可知,高发芽率位于浸种时

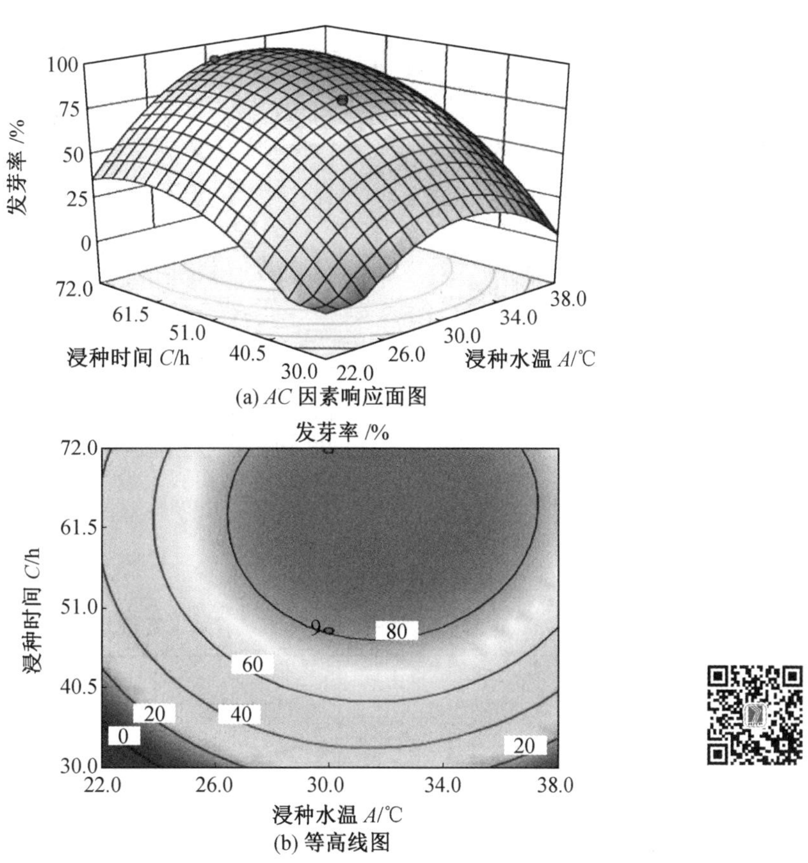

(a) AC 因素响应面图

(b) 等高线图

图 3.29　浸种水温和浸种时间对龙粳 46 发芽率的响应面图和等高线图

间较长、曝气时距较短的 1/4 椭圆形区域。

整体来看，浸种水温、曝气时距及浸种时间均对龙粳 31 发芽率有显著影响。该品种种子发芽率随着浸种水温升高、曝气时距缩短及浸种时间变长而增大。经分析，A、B 因素间交互作用显著，A、C 因素和 B、C 因素间交互作用不显著，这与方差分析结论一致。上述结果表明，龙粳 31 种子发芽率受温度、氧气和水分条件的共同影响，温度和氧气条件对稻种发芽率存在极显著交互影响。

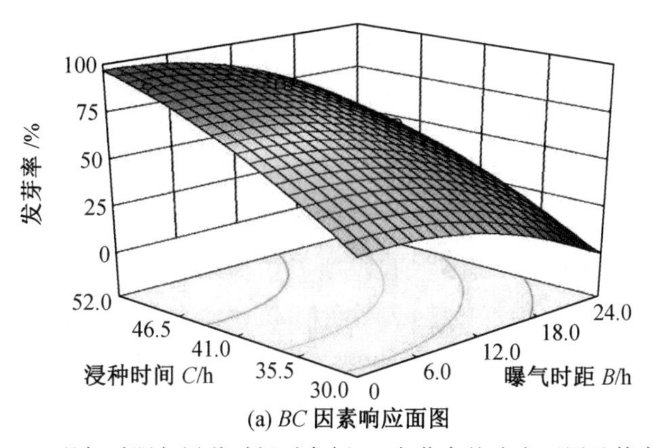

(a) BC 因素响应面图

图 3.30　曝气时距与浸种时间对龙粳 46 发芽率的响应面图及等高线图

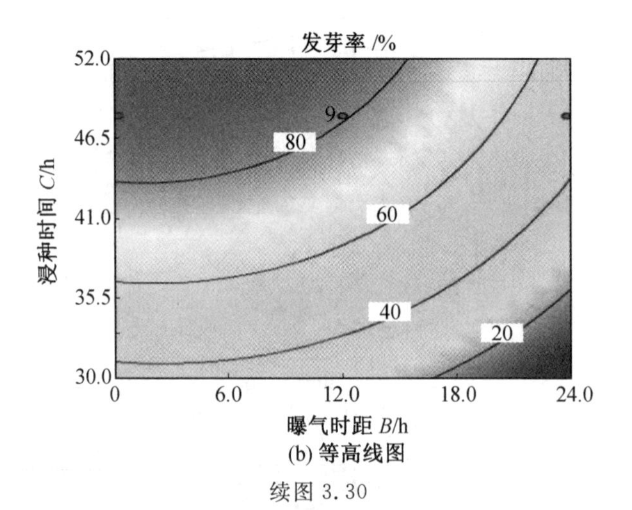

(b) 等高线图

续图 3.30

2. 平均芽长分析

龙粳 46 平均芽长试验结果方差分析见表 3.16。

表 3.16 龙粳 46 平均芽长试验结果方差分析

方差来源	平方和	自由度	均方	F 值	P
模型	7.86	9	0.87	82.04	$<0.000\,1$
浸种水温 A	0.94	1	0.94	88.03	$<0.000\,1$
曝气时距 B	0.30	1	0.30	28.65	0.000 1
浸种时间 C	5.33	1	5.33	500.75	$<0.000\,1$
AB	0.020	1	0.020	1.88	0.193 7
AC	0.12	1	0.12	11.74	0.004 5
BC	5.000×10^{-3}	1	5.000×10^{-3}	0.47	0.505 1
A^2	1.04	1	1.04	97.81	$<0.000\,1$
B^2	1.145×10^{-3}	1	1.145×10^{-3}	0.11	0.748 2
C^2	0.100	1	0.100	9.36	0.009 1
回归	0.14	13	0.011		
失拟	0.076	5	0.015	1.96	0.189 9
纯误差	0.062	8	0.008		
总和	8.00	22			
决定系数 R^2	0.982 7				

由表 3.16 可知，龙粳 46 平均芽长模型项 F 值为 82.04，失拟项 F 值为 1.96，失拟项检验 $P=0.189\,9(>0.05)$，为不显著，表明龙粳 46 平均芽长回归模型具有显著性。

从各因素对试验结果影响的显著程度来看，A、B、C 因素显著性检验 $P<0.01$，表明浸种水温、曝气时距和浸种时间均对平均芽长有极显著影响，比较表 3.16 中各因素 F 值，可知各因素的影响由强到弱的顺序为 C、A、B。从 3 个因素所代表的浸种环境因素分

析，浸种时间影响程度远高于浸种水温和氧气条件，浸种水温、氧气条件和浸种时间均对种芽生长影响显著。在影响显著的因素中，浸种时间对平均芽长的影响更大。AC 交互项显著性检验 $P<0.05$，说明浸种水温和浸种时间对种芽生长有显著影响。AB 和 BC 交互项显著性检验 $P>0.05$，表明其对种芽生长无显著影响。

由多项方差分析结果可知，模型标准差为 0.10，均值为 1.25，可得变异系数为 8.24%，决定系数 R^2 为 0.982 7，模型拟合度高。信噪比为 31.121，该值大于 4 表明，数据信号充足，该模型用于曝气增氧浸种催芽平均芽长参数优化结果可靠。

剔除不显著项后，可得龙粳 46 平均芽长 Y_2 的多元回归方程：

$$Y_2=-9.968+0.598A+0.013B+0.027C-0.001AB+0.002AC+0.002BC-0.010A^2-0.0001B^2-0.0004C^2 \tag{3.17}$$

以稻种发芽率为响应值，将因素之一固定为中心水平，以其余因素为自变量，绘制响应面图和等高线图，可获得两两因素交互作用对发芽率的影响。

浸种水温与曝气时距对龙粳 46 平均芽长的响应面图及等高线图如图 3.31 所示。由图3.31(a)可知，在不同曝气时距条件下，平均芽长均呈现随着浸种水温的升高至峰值后又减小的变化规律。在不同浸种水温条件下，平均芽长均随着曝气时距的缩短微幅增加。由此可知，浸种水温与曝气时距之间无交互作用。由图 3.31(b)可知，较大平均芽长分布在浸种水温为 30～36 ℃，曝气时距小于 8 h 的半椭圆形区域。

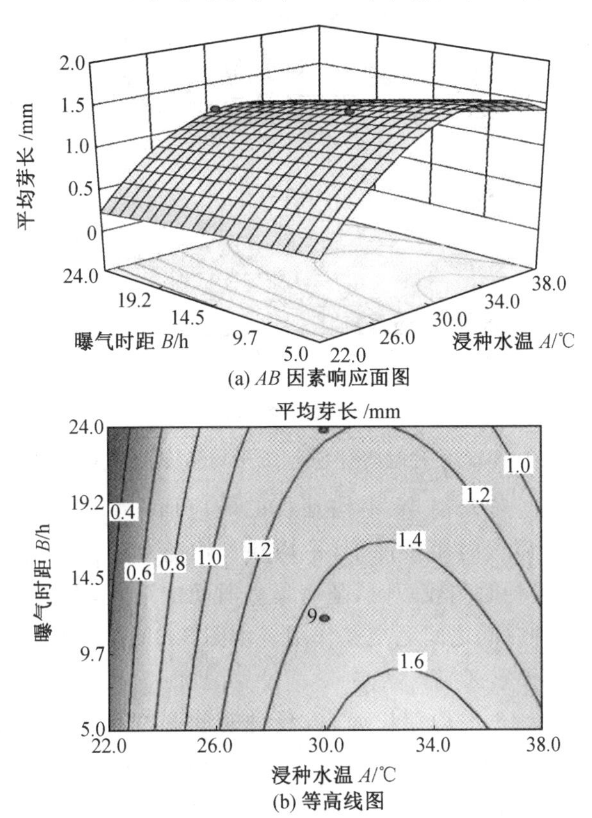

图 3.31　浸种水温与曝气时距对龙粳 46 平均芽长的响应面图及等高线图

浸种水温与浸种时间对龙粳 46 平均芽长的响应面图和等高线图如图 3.32 所示。由图 3.32(a)可知，不同浸种时间条件下，浸种时间较短时，平均芽长均随着浸种水温升高而先增加后减小；在浸种时间较长时，平均芽长随着浸种水温升高先快速后平缓增加。不同水温条件下，浸种水温较低时，平均芽长随着浸种时间的变长而平缓增加；浸种水温较高时，平均芽长随着浸种时间的变长快速增加。由此可知，浸种水温和浸种时间之间存在明显交互作用。由图 3.32(b)可知，较高平均芽长位于浸种时间较长、浸种水温较高的椭圆形区域。

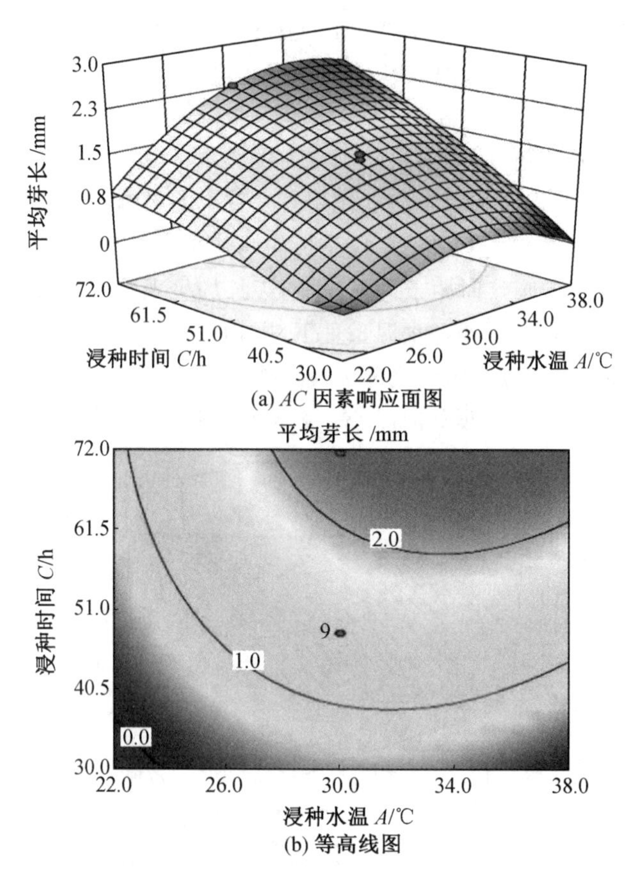

图 3.32　浸种水温与浸种时间对龙粳 46 平均芽长的响应面图和等高线图

曝气时距与浸种时间对龙粳 46 平均芽长的响应面图和等高线图如图 3.33 所示。由图 3.33(a)可知，不同曝气时距条件下，平均芽长均随着浸种时间的变长而快速增加；不同浸种时间条件下，浸种时间较短时，随着曝气时距的缩短，平均芽长均微幅增加。由此可知，曝气时距与浸种时间之间无交互作用。由图 3.33(b)可知，平均芽长较大区域位于浸种时间较长的狭长梯形区域。

整体来看，对于龙粳 46 平均芽长而言，浸种时间和浸种水温对试验结果有显著影响，平均芽长随着浸种时间变长和浸种水温升高而增加。曝气时距无显著影响。A、C 因素间存在交互作用，A、B 因素及 B、C 因素间均无交互作用。上述结果表明，种芽的生长主要受水分和温度条件影响，氧气条件对其影响有限。

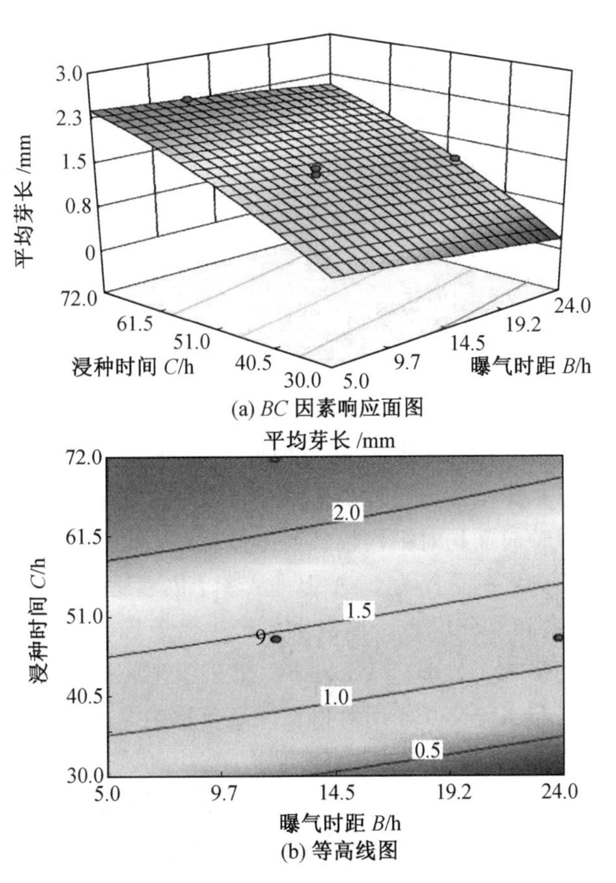

(a) BC 因素响应面图

(b) 等高线图

图 3.33　曝气时距与浸种时间对龙粳 46 平均芽长的响应面图和等高线图

3. 平均根长分析

龙粳 31 平均根长试验结果方差分析见表 3.17。

表 3.17　龙粳 31 平均根长试验结果方差分析

方差来源	平方和	自由度	均方	F 值	P
模型	8.21	9	0.91	69.37	<0.000 1
浸种水温 A	0.84	1	0.84	63.55	<0.000 1
曝气时距 B	0.49	1	0.49	37.01	<0.000 1
浸种时间 C	4.92	1	4.92	374.21	<0.000 1
AB	0.045	1	0.045	3.42	0.087 1
AC	0.24	1	0.24	18.64	0.000 8
BC	5.000×10^{-3}	1	5.000×10^{-3}	0.38	0.548 0
A^2	1.50	1	1.50	113.83	<0.000 1
B^2	0.035	1	0.035	2.64	0.128 3
C^2	0.14	1	0.14	10.84	0.005 8

续表3.17

方差来源	平方和	自由度	均方	F值	P
回归	0.17	13	0.013		
失拟	0.089	5	0.018	1.72	0.234 8
纯误差	0.082	8	0.010		
总和	8.38	22			
决定系数R^2	0.969 6				

由表3.17可知，龙粳31平均芽长模型项F值为69.37，失拟项F值为1.72，失拟项检验$P=0.234\ 8(>0.05)$，为不显著，表明龙粳31平均根长回归模型具有显著性。

从各因素对试验结果影响的显著程度来看，A、B、C因素显著性检验$P<0.05$，表明浸种水温、曝气时距、浸种时间均对平均根长产生显著影响，比较表3.17中各因素F值，可知各因素的影响由强到弱的顺序为C、A、B。从3个因素所代表的浸种环境因素分析，上述结果表明氧气、温度和水分均会对种根生长产生显著影响，水分条件相对于温度与氧气条件对种子根长的影响更显著。AB与BC交互项显著性检验$P>0.05$，说明水温与氧气交互作用及氧气与水分交互作用对根长无显著影响。AC交互项显著性检验$P<0.01$，说明水温与水分的交互作用对根长有显著影响。

由多项方差分析结果可知，模型标准差为0.11，均值为1.04，可得变异系数为10.99%，决定系数R^2为0.979 6，模型拟合度高。信噪比为28.972，该值大于4表明数据信号充足，该模型用于曝气增氧浸种催芽平均根长参数优化结果可靠。

剔除不显著项后可得龙粳46平均根长Y_3的多元回归方程：

$$Y_3=-11.010+0.692A-0.002B+0.011C-0.002AB+0.003AC+0.000\ 3BC-0.012A^2+0.001B^2-0.000\ 5C^2 \tag{3.18}$$

以稻种发芽率为响应值，将因素之一固定为中心水平，以其余因素为自变量，绘制响应面图和等高线图，可获得两两因素交互作用对发芽率的影响。

浸种水温和曝气时距对龙粳46平均根长的响应面图及等高线图如图3.34所示。由图3.34(a)可知，在不同曝气时距条件下，平均根长均呈现随着浸种水温升高至峰值后又减小的变化规律；在不同浸种水温条件下，平均根长均随着曝气时距的缩短而微幅增加。由此可知，浸种水温和曝气时距之间无交互作用。由图3.34(b)可知，较大平均根长位于浸种水温为30～36 ℃、曝气时距小于7 h的椭圆形区域。

浸种水温和浸种时间对龙粳46平均根长的响应面及等高线图如图3.35所示。由图3.35(a)可知，不同浸种水温条件下，浸种水温较低时，平均根长随着浸种时间的变长平缓增加；浸种水温较高时，平均根长随着浸种时间的变长快速增加。不同浸种时间条件下，平均根长随着浸种水温升高先增加后减小，浸种时间较长时平均根长的变化幅度更大。由此可知，浸种水温和浸种时间之间存在明显交互作用。由图3.25(b)可知，较大平均根长出现在浸种水温为30～36 ℃、浸种时间大于55 h的椭圆形区域。

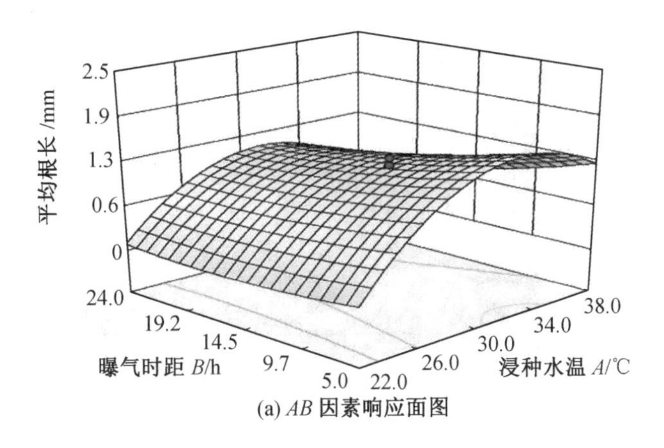

(a) AB 因素响应面图

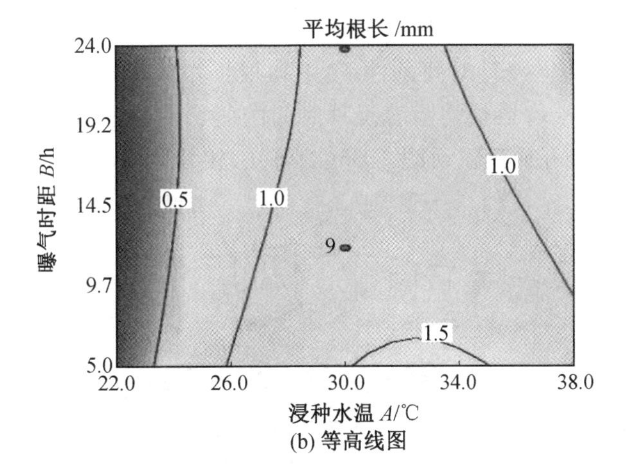

(b) 等高线图

图 3.34　浸种水温和曝气时距对龙粳 46 平均根长的响应面图及等高线图

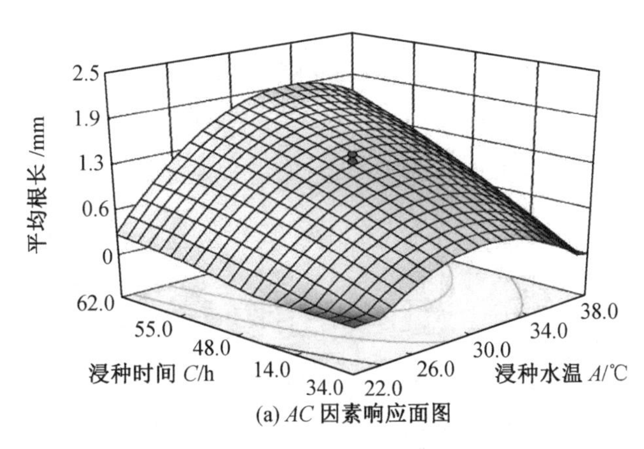

(a) AC 因素响应面图

图 3.35　浸种水温和浸种时间对龙粳 46 平均根长的响应面及等高线图

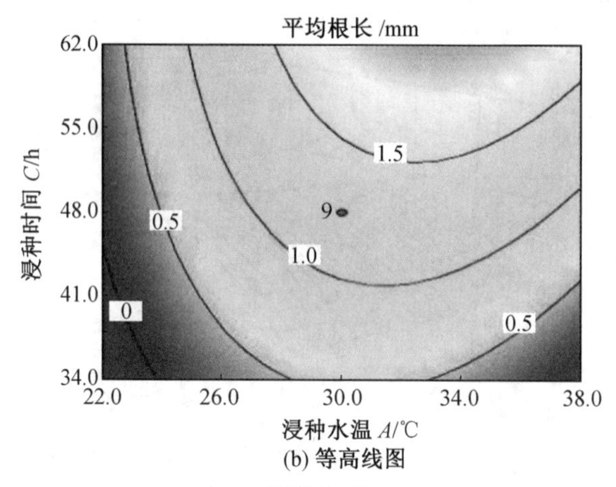

(b) 等高线图

续图 3.35

曝气时距和浸种时间对龙粳 46 平均根长的响应面图及等高线图如图 3.36 所示。由图 3.36(a)可知，在不同浸种时间条件下，平均根长均随着曝气时距的缩短平缓增加。不同曝气时距条件下，平均根长均随着浸种时间的变长而快速增加。由此可知，曝气时距和浸种时间之间无交互作用。由图 3.36(b)可知，较大平均根长位于浸种时间长、曝气时距短的三角形区域。

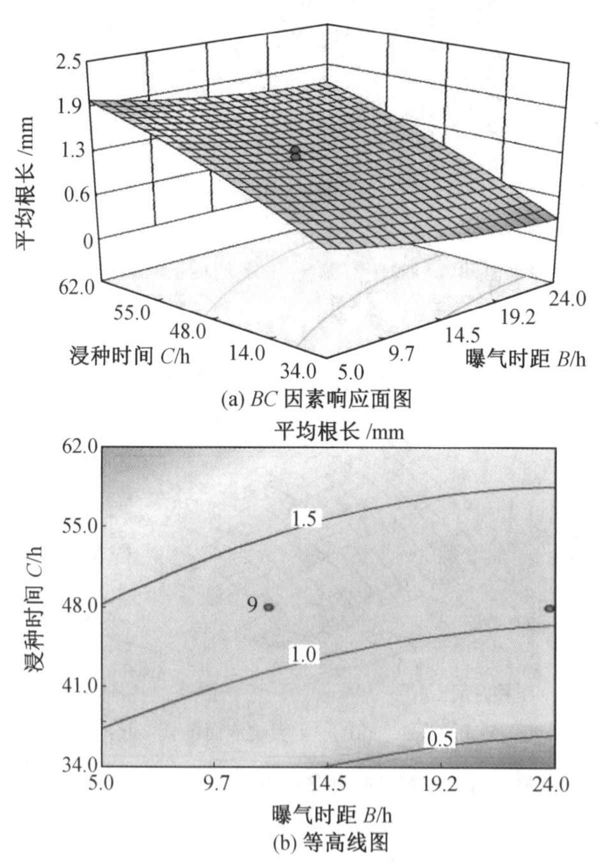

(a) BC 因素响应面图

(b) 等高线图

图 3.36　曝气时距和浸种时间对龙粳 46 平均根长的响应面图及等高线图

整体来看，对于龙粳 46 而言，浸种水温、曝气时距和浸种时间对芽种平均根长有显著影响，平均根长随着浸种水温升高、曝气时距缩短和浸种时间变长而增加。A、B 因素及 B、C 因素间均无交互作用，A、C 因素间交互作用显著。上述结果表明，根长同时受水温、氧气及水分因素影响，其中温度和水分因素对根长存在显著交互作用。

4. 参数优化及试验验证

根据黑龙江垦区水稻机械化种植生产实践对发芽率、平均芽长和平均根长的要求设定优化目标为

$$\begin{cases}\max Y_1(A,B,C)\\ 1.8\ \text{mm}\leqslant Y_2\leqslant 1.9\ \text{mm}\\ 1.8\ \text{mm}\leqslant Y_3\leqslant 1.9\ \text{mm}\end{cases}\tag{3.19}$$

可获得同时满足以上条件的曝气增氧浸种催芽最佳环境控制条件参数：浸种水温为 29.02 ℃，曝气时距为 0.16 h，浸种时间为 53.51 h。经试验验证，该参数条件下，平均芽长为 1.80 mm，平均根长为 1.80 mm，发芽率为 99.1%。为了便于控制，实际生产中可将水、气、热条件控制如下：浸种水温为 29 ℃，浸种时间为 54 h，采用连续曝气增氧方式。经试验验证，该控制条件下平均芽长为 1.80 mm，平均根长为 1.80 mm，发芽率为 99.0%，远高于常规浸种条件下龙粳 46 发芽率 81.6%。

3.3　试验结果总结

通过对 4 个寒区典型品种水稻进行曝气增氧浸种催芽试验、种子耗氧及吸水规律试验，获得了水稻种子在萌发过程中水分吸收规律、氧气消耗规律及种子萌发效果等信息。萌动发芽是种子吸收水分和氧气的结果，三者间存在必然内在联系。对比各品种水稻的吸水规律、耗氧规律和发芽结果，可以总结出水稻种子正常萌发所需水、气、热条件。

曝气增氧浸种发芽率试验已经得出了各品种种子萌发的最佳浸种水温、曝气时距及浸种时间条件，梳理后见表 3.18。

表 3.18　种子萌发最佳条件

序号	水稻品种	浸种水温/℃	曝气时距	浸种时间/h
1	绥粳 18	31	连续曝气	41
2	绥粳 27	31	连续曝气	40
3	龙粳 31	30	连续曝气	44
4	龙粳 46	29	连续曝气	54

由表 3.18 可知，不同品种水稻适宜浸种水温均在 30 ℃左右，均宜采用连续曝气方式，浸种时间因品种而异。

种子浸种后的萌发时间可通过是否开始吸收氧气推断，浸种水溶氧量下降时刻可认为是种子开始萌发的时间，由这个时间可在种子含水率曲线中对应查得其萌发所需的水

分条件。

以 30 ℃的最佳浸种水温为准，分别获得各品种种子的萌发开始时间及种子含水率，相关结果梳理后见表 3.19。

表 3.19 浸种水温为 30 ℃时种子萌发起始时间及含水率

序号	水稻品种	萌发起始时间/h	萌发起始含水率/%
1	绥粳 18	8	22.9
2	绥粳 27	8	23.8
3	龙粳 31	8	23.6
4	龙粳 46	17	20.9

由表 3.19 可知，不同品种水稻浸种过程中萌发起始时间及含水率存在差异。特别是，对于增氧浸种催芽方法而言，对种子实施曝气增氧的时间可设定表 3.19 中所示萌发起始时间，过早曝气对种子萌发并无实际作用。

3.4 溶氧量衰减规律试验研究

上述试验结果表明，稻种萌发效果与浸种水溶氧量情况密切相关。在生产实践中，稻种通常被装入种袋后放置于浸种箱中进行浸种催芽。当种袋尺寸较大时，由于稻种逐渐消耗氧气，会使种袋内溶氧量由边缘向中心方向逐渐下降。种袋尺寸过大时，可能会使种袋中心处的稻种处于缺氧状态。因此，需获得由种袋外缘向内部的溶氧量衰减规律。

3.4.1 材料与方法

供试品种：绥粳 18、绥粳 27、龙粳 31、龙粳 46。

试验仪器：微孔曝气增氧泵、溶氧量测定仪(雷磁 JPSJ－605)。

为了获得溶氧量随着稻种厚度增加的衰减规律，特设计制作试验装置，溶解氧消耗衰减试验装置结构(单位：mm)如图 3.37 所示。

如图 3.37 所示，用厚 5 mm 的透明亚克力板制作 25 cm 高的矩形槽，中间用 40 目金属纱网将矩形槽分为若干区格。最左侧区格为曝气增氧区，其后每隔 10 cm 设置一个 5 cm宽的稻种区，稻种区格右侧 10 cm 宽的区格为测氧区。

试验方法：为了获得稻种耗氧旺盛状态的溶氧量变化规律，本章试验稻种需处于萌发状态。不同水温稻种耗氧强度不同，溶氧量衰减规律也不同。本章试验参考前文确定的最佳浸种水温，为了便于控制取 30 ℃为试验水温。具体步骤如下：

①取足量稻种预先浸种 24 h，其间实施连续曝气增氧。

②另取水桶将浸种水温调至 30 ℃后加入试验水槽，槽内水位高 15 cm。

③将预浸好的稻种放入稻种区格，确保稻种顶面略高于水面。

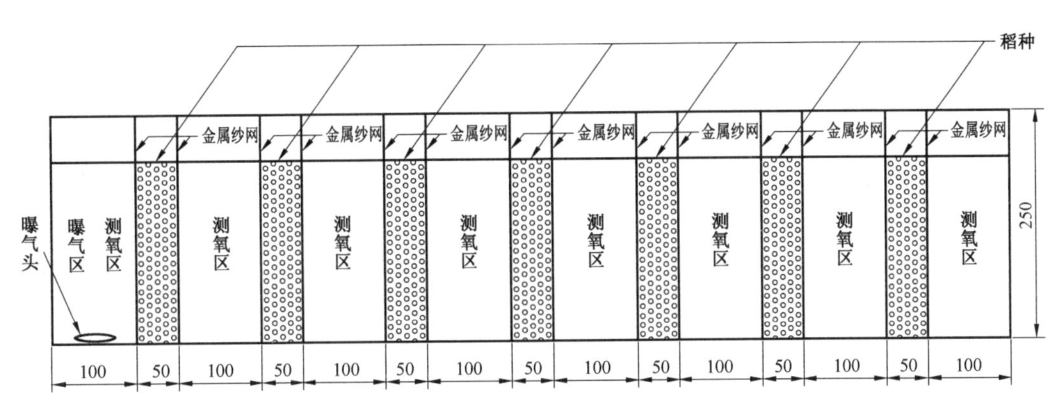

图3.37　溶解氧消耗衰减试验装置结构（单位:mm）

④向水中加入亚硫酸钠除氧，药剂加入量由计算[122]和预试验综合确定，20 min即可除去水中的全部溶解氧。

⑤用微孔曝气增氧泵在曝气区实施连续增氧，曝气5 min后开始计时，并测量该区格溶氧量。

⑥每隔30 min测量各测氧区内的溶氧量。待各测氧区溶氧量基本稳定后即停止试验，试验重复3次。

溶氧量衰减试验过程如图3.38所示。

图3.38　溶氧量衰减试验过程

3.4.2　试验结果及分析

绥粳18、绥粳27、龙粳31及龙粳46溶氧量衰减规律如图3.39所示。

由图3.39(a)可知，0 min曲线只有2个数值，0时刻曝气区溶氧量达到11.5 mg/L，处于超饱和状态，5 cm稻种后的测氧区溶氧量为0，氧气传质尚未开始。30 min曲线显示，曝气区溶氧量几乎未变，5 cm稻种后测氧区溶氧量升至6.58 mg/L，10 cm稻种后测氧区溶氧量为2.21 mg/L，15 cm稻种后溶氧量为0，表明曝气30 min后氧气向稻种内部传递至10 cm厚度处。同理，60 min曲线显示，曝气60 min后溶解氧向稻种内部传递至15 cm厚处。90 min曲线显示，20 cm处溶氧量约为3.74 mg/L，表明曝气90 min后溶解氧传递深度超过20 cm。120 min曲线与90 min曲线几乎重合，表明90分钟时溶解氧传质距离已达极限。

绥粳27、龙粳31及龙粳46溶氧量衰减曲线与绥粳18接近。由此可知，两个稻种在

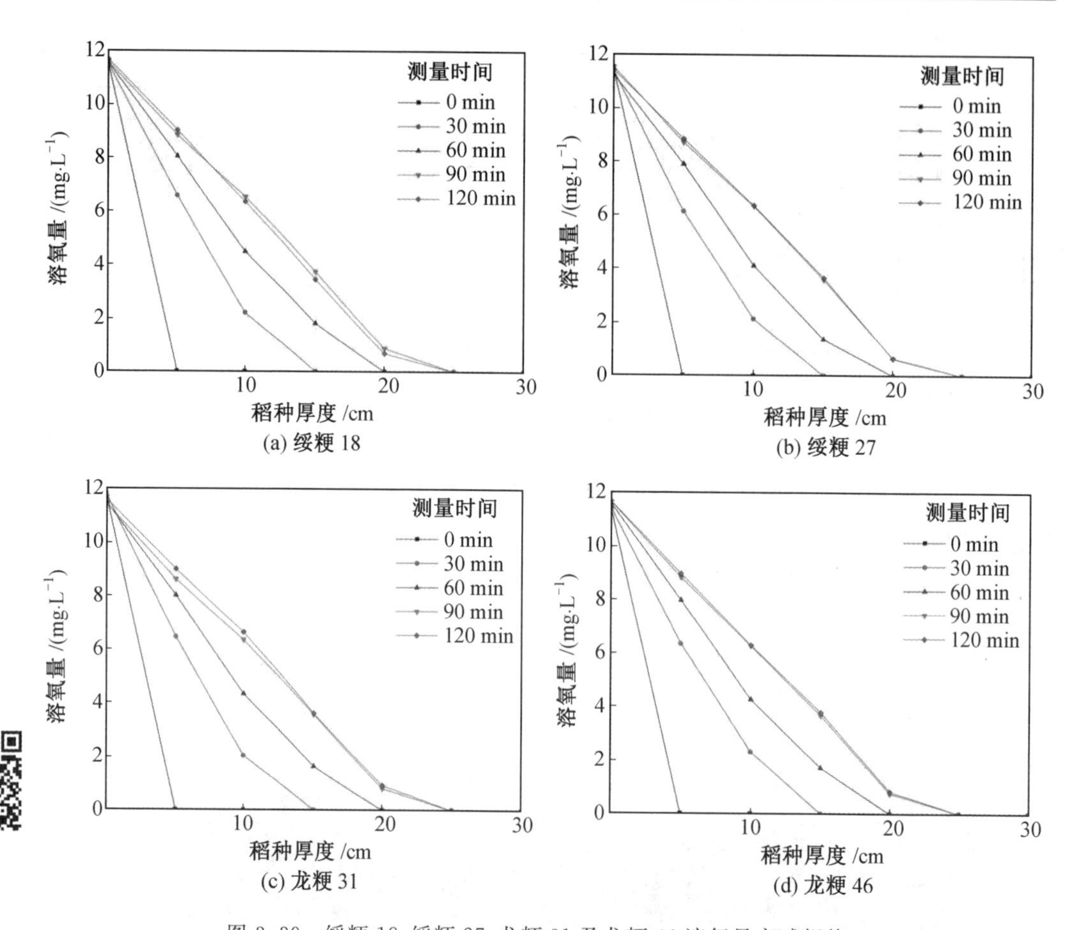

图 3.39　绥粳 18、绥粳 27、龙粳 31 及龙粳 46 溶氧量衰减规律

持续曝气状态下，浸种水溶解氧随着稻种厚度呈衰减变化规律，溶解氧在稻种中最大可传至 20 cm 深处。

常规浸种方法一般是将种子装入编织袋后，堆放在浸种箱内进行浸种催芽。增氧浸种方法需考虑种子从水中吸收溶解氧的需要，种袋应选用透气性更好的纱网袋。根据上文结论，考虑种袋可从两侧同时向内部传递溶解氧，种袋宽度可取 40 cm，故选用规格为 60 cm×40 cm(长×宽)的 30 目纱网袋作为种袋，孔眼直径约为 0.55 mm，可确保网袋外溶解氧与网袋边缘种子充分接触。

3.5　本章小结

采用二次回归正交旋转组合试验设计方案，以浸种水温、曝气时距和浸种时间为试验因素，测试了曝气增氧条件下绥粳 18、绥粳 27、龙粳 31 和龙粳 46 的发芽率、平均根长和平均芽长，得出结论如下：

①稻种发芽率与浸种水温、曝气时距和浸种时间存在显著相关关系；平均芽长与浸种水温和浸种时间存在显著相关关系，与曝气时距无相关关系；平均根长与浸种水温、曝

气时距及浸种时间存在显著相关关系。说明水稻种芽生长不受氧气条件影响。

②以实际生产要求为目标，对供试稻种的试验因素进行优化，分别得到了上述稻种曝气增氧浸种催芽最佳控制条件。绥粳 18：浸种水温为 31 ℃，浸种时间为 41 h，连续曝气增氧；绥粳 27：浸种水温为 31 ℃，浸种时间为 40 h，连续曝气增氧；龙粳 31：浸种水温为 30 ℃，浸种时间为 44 h，连续曝气增氧；龙粳 46：浸种水温为 29 ℃，浸种时间为 54 h，连续曝气增氧。

③基于试验及优化结果可知，以浸种水温、曝气时距和浸种时间为控制条件对稻种进行曝气增氧浸种催芽，可使稻种在浸水状态下快速萌发。与传统浸种催芽方法相比，该方法浸种催芽时间短、流程简单、易于操作，具有明显优势。

④试验分析了浸种水溶氧量随稻种厚度变化的规律。结果表明：曝气增氧条件下，浸种水溶氧量随着稻种厚度增加而逐渐下降，浸种水溶解氧可向稻种内部传递，最大传递距离为 20 cm。

第4章 浸种箱内温度场及微气泡分布仿真分析

依照第3章确定的水稻曝气增氧浸种催芽方法，稻种浸种催芽将在浸种箱内完成。浸种箱内需设置曝气设施和温度维持系统，为稻种提供氧气和温度条件。曝气设施除了向浸种水增氧外还起到搅拌作用，其布设位置影响浸种箱内氧气场和温度场分布。温度维持系统用水泵将水从浸种箱内抽出，加热后通过注水口返至浸种箱，从而使浸种水处于合理水温范围内。加热后的高温水会在注水管出口处聚集，通过曝气羽流搅拌作用使其在浸种箱内混匀，注水管口位置也对浸种箱内温度场分布产生影响。由此可知，需根据浸种箱内温度场和氧气场均衡分布要求确定曝气设施和注水管位置。

按照第3章中稻种萌发连续曝气增氧要求，曝气设施处于常开状态，而温度维持系统根据浸种箱水温条件开启或关闭。因此，浸种箱运行包括两个工况：

(1)温度维持系统关闭工况。

当浸种箱内水温在正常温度阈值范围内时，无须对浸种水加热，此时仅曝气增氧系统开启。通过曝气羽流搅拌作用使浸种箱内水体处于运动状态，曝气设施位置会影响浸种箱内微气泡分布，可由此确定曝气口合理布设位置。

(2)温度维持系统开启工况。

当浸种箱内水温低于正常工作温度阈值下限时，温度维持系统开启，水泵将水从浸种箱底部中心出水口抽出，经加热器升温后通过注水管返至浸种箱中。注水管位置将影响浸种箱内温度场分布，可由此确定注水管合理布设位置。

4.1 流体力学数值分析方法简介

数值分析方法相对于试验模型和实物原型上开展试验获取数据的方法而言，具有投入少、耗时短、数据全面、简单易操作及结果直观等诸多优点。其基本过程如下：

①建立数学模型；

②选定工作参数与计算方法；

③计算分析；

④结果显示与后处理。

目前，市面上已有许多实用性强、界面友好、人机交互方便、计算准确的商业软件用于工程问题数值模拟分析。

作为连续介质力学的一个分支，流体力学主要研究流体(包含气体及液体)静止状态和运动状态下的流动现象及相关的力学行为。1738年，瑞士物理学家伯努利在其专著《流体动力学》里，首次正式提出了流体动力学这个物理学概念，并在书中基于能量守恒定律提出了“流速增加、压力降低”的伯努利原理；到了19世纪末和20世纪初，飞机的出现使得科学家们对空气流动逐渐产生了兴趣。在此过程中，随着航空事业的发展，空气动力学和气体动力学得到了蓬勃发展，并逐渐形成了流体力学一个重要的分支。人们概括总结了这些知识，建立了统一的知识体系，形成了现代流体力学体系的基础。

在流体力学发展的过程中，人们研究流体力学问题的方法主要有理论分析研究、试验模拟研究和数值模拟方法研究。在经典流体力学理论建立的早期，流体力学的理论分析是科学家们进行相关研究的主要方法。科学家们根据流体流动的规律，建立流体等研究对象的力学模型，基于物理学基本定律如能量守恒、动量守恒等，利用数学的方法推导流体力学的方程并获得方程组的解析解，研究流体的运动现象。在理论分析过程中，能很好地解释流体流动的内在规律，具有普遍适用性，但这种分析方法适用范围非常有限，只能分析比较简单的流动，而对于自然界常见的湍流问题和工程上常见的复杂现象这种分析方法都难以进行研究。试验研究是人们认识自然界流体流动的最初手段，从而总结出了许多流体流动的规律。随着流体实验室的建立和相似理论的发展，人们逐渐建立了流体模拟试验系统，基于现代的流体测量技术，分析流体的试验数据，通过试验中流体的流动状态研究实际问题中流体流动特性。在现代的流体力学试验中，具有代表性的试验有风洞试验、水池试验等。虽然试验结果能直接反映实际工程中的实际流动规律，试验结果十分准确可信，但在流体试验中存在试验周期长、试验难度大及试验要求高等不足，而且试验研究的方法只能针对具体问题进行研究，不一定具有普遍适用性。而在数值研究中，人们基于理论分析得到流体力学的基本数学方程，将其简化和数值离散化，编写相应的计算程序数值求解流体力学基本方程组。该方法的优点在于能弥补理论分析方法和试验分析方法的不足，有效分析计算理论分析无法求解的数学方程或者流体试验较为复杂困难的物理问题，具有普遍的适用性。随着计算机技术的快速发展，数值模拟流体流动的分析方法也得到了长足进步。目前，数值研究已经成为应用最为广泛的一种研究方法，也成为了解决现代工程流动问题的有力武器。数值研究方法也发展出了一种新兴学科——计算流体动力学(computational fluid dynamics，CFD)。

CFD是流体力学和计算机科学相互融合的一门新兴交叉学科，它以流体力学的基本方程组为基础，基于计算机的计算能力，数值求解流体的控制方程组。随着数学物理方法和高性能计算机技术的蓬勃发展，基于数值方法求解流体力学的纳维－斯托克斯方程[87]和基本控制方程，已经成为科学家们研究流体流动和流体传热的最主要的一种方法。CFD方法的发展历史很短，但是已经被广泛地应用于流体力学的各个分支学科和工业领域。目前，基于CFD方法的应用程序在全球已经成为一种标准化的模拟分析工具，被广泛地应用于航空航天等许多工业领域。在航空航天、能源化工等领域涉及流体流动及流体传热的问题，尤其在某些依靠传统试验手段无法获得试验结果的情况下，基于数值分析的CFD方法可以发挥十分重要的作用。与此同时，CFD方法本身，诸如数学物理模型、数值方法和网格技术等也在不同领域的应用过程中得到不断发展和优化，模拟精确度不断提高，计算收敛速度不断加快，适用领域也在不断扩大。

一般认为，CFD方法肇始于20世纪初英国气象学家Lewis Richardson，他曾试图用离散中心格式模拟求解大气流动过程。1904年，德国物理学家Ludwig Prandtl基于理论研究和试验观察，首先提出了边界层的概念，建立了湍流传热的物理概念，奠定了现代流体力学的基石。1928年，美国数学家 Richard Courant 等为了求解 Euler 方程提出了 Courant Number 准则，即通过时间步长与空间步长的相对关系来调节 CFD 方法计算的稳定性和收敛性，第一次给出了判别流体流动计算稳定的参考标准，具有划时代的意义。1959年，Godunov 创新地提出了一阶迎风格式，通过 Riemann 分解的方式建立了相应的 CFD 方法格式。随后的数十年内，科学家提出了大量 CFD 方法与求解模型，包括二阶精度和中心差分的 Lax－Wendroff 格式、MacCormack 格式及 FDS 格式等。

自20世纪70年代以后，随着高性能处理器技术及电子计算机技术的迅速进步，CFD 方法进入了黄金的快速发展时期。英国 Spalding 教授带领开发的 PHOENICS 程序首先登上历史舞台，在随后的发展中，逐渐形成了大型通用 CFD 方法求解程序并且得到了广泛的应用，成为世界上第一套计算流体与计算传热学的商业软件。在能源化工等工业和研究领域的应用过程中，CFD 方法本身也同时得到了不断的完善和发展，在流体和传热相关的工业领域中开发出了越来越多的优秀通用程序（例如 FLUENT、CFX、Star－CD 等）并且得到了广泛的应用。自1983年 FLUENT 程序问世以来，采用了多种求解模型和多重网格加速收敛技术，在数值计算中能达到最佳的收敛速度和求解精度，被广泛地应用于航空航天、能源、汽车、生物等领域。

4.2 FLUENT 程序及计算模型简介

随着计算机软件技术的不断飞跃和硬件设备的高速发展，近年来适用于计算流体流动与传热分析的软件也层出不穷。目前，CFD 方法工程分析中主流的商业软件主要有 ANSYS FLUENT、Phoenics 程序、COMSOL Multiphysics 多物理场软件及 STAR－CCM＋等。FLUENT 程序是目前应用较多的流体力学计算分析软件，提供了从不可压缩流到可压缩流、从层流到湍流、从单相流到多相流的不同流态模拟方式，在热量传递、多相流及化学反应等领域的应用中展现了良好的稳定性、适用性和精确度。

本章中的流体计算问题比较复杂，不仅包括曝气增氧过程中浸种箱内产生气液二相流问题，还包括浸种水循环加热过程中的热量扩散问题。本书选用 ANSYS 公司旗下的商业 CFD 软件 FLUENT 程序作为浸种水温和氧气场耦合分析工具。韩占忠[123]研究表明，FLUENT 程序在这类问题的分析中，具有强大计算能力。在进行 CFD 模型网格划分时，采用 ANSYS 网格划分工具 ICEM 程序，基于后处理软件 CFD－Post 对耦合程序中的 FLUENT 程序计算结果进行图形和数据的后处理。ANSYS 公司旗下的 ICEM 程序具有先进的 O 型网格技术，可以显著提高曲率较大处的网格质量，能够有效针对石墨慢化通道式熔盐堆进行六面体结构化网格的划分，显著地提高了网格质量和降低了堆芯的网格数量，有利于提高数值计算的精度和收敛速度。后处理软件 CFD－Post 能够有效处理耦合程序中 FLUENT 程序的计算数据，具有强大的云图功能，非常适用于 FLUENT 程序的后处理过程。

网格处理：FLUENT 程序具有强大的网格支持能力，能够在同一网格界面上兼容不连续网格与混合网格，支持界面动网格、变形网格及滑动网格。FLUENT 程序还拥有多种基于解的网格的自适应、动态自适应技术，以及动网格与网格动态自适应相结合的技术。FLUENT 程序具备良好的网格处理能力，保证了在计算复杂网格算例时的最佳收敛速度和求解精度。

求解算法：FLUENT 程序拥有大量求解算法以供选择，在目前商用软件中覆盖范围最广，包含非耦合隐式、耦合显式、耦合隐式算法。FLUENT 程序内含基于压力和密度的多种求解器，这使得 FLUENT 程序可以确保得到很好的收敛性、稳定性和精度，求解更广泛的流体流动问题。

物理模型：在 FLUENT 程序中含有多种湍流计算模型，如最常用的标准湍流模型、直接模拟湍流方法和分离涡模型等，可以广泛地模拟不同情况下的流体湍流情况。FLUENT 程序含有丰富的多相流模型，如离散型模型和流体体积模型，也适用于模拟分析流体的相变情况。为了满足不同用户的计算需求，在 FLUENT 程序中还允许用户依据计算需求，修改部分物理模型的修正参数，扩展了 FLUENT 程序的使用范围。FLUENT 程序的多种物理模型能够有效满足浸种箱内温度场及氧气场分析的基本需求。

二相流是两种不同相物质混合在一起的流动。本书针对气泡与水混合的气液二相流，选择欧拉—欧拉(Eulerian—Eulerian)类模型下的混合模型。该模型允许各相具有不同的速度，同时各相也可以彼此进行交叉，能够模拟相对完全混合的二相流，并对其整体进行计算。其中，二相流的欧拉模型控制方程[124]如下：

1. 体积分数方程

欧拉模型中二相流各相互相影响，但体积不重叠，可用体积分数来描述二相流模型：

$$V_q = \int_V \alpha_q \mathrm{d}V \tag{4.1}$$

式中　V_q——q 相流体体积，m^3；

α_q——q 相流体体积分数，%。

q 相流体体积分数 α_q 满足：

$$\sum_{q=1}^{2} \alpha_q = 1 \tag{4.2}$$

2. 三大守恒定律

质量守恒方程：

$$\frac{\partial}{\partial t}(\alpha_q \rho_q) + \nabla(\alpha_q \rho_q \bar{\nu}_q) = \sum_{p=1}^{2}(\dot{m}_{pq} - \dot{m}_{qp}) + S_q \tag{4.3}$$

式中　$\bar{\nu}_q$——q 相流体速度，m/s；

$\dot{m}_{pq}$——p 相向 q 相的质量传递，kg/s；

$\dot{m}_{qp}$——q 相向 p 相的质量传递，kg/s；

S_q——质量源项，kg/s；

ρ_q——q 相流体密度，kg/m^3。

动量守恒方程：

$$\frac{\partial}{\partial t}(\alpha_q\rho_q\bar{\nu}_q)+\nabla(\alpha_q\rho_q(\bar{\nu}_q)^2)=-\alpha_q\nabla p+\nabla\bar{\bar{\boldsymbol{\tau}}}_q+\alpha_q\rho_q\bar{q}_q+$$

$$\sum_{p=1}^{n}(\bar{R}_{pq}+\dot{m}_{pq}\nu_{pq}-\dot{m}_{qp}\nu_{qp})+(\bar{F}+\bar{F}_{lift,q}+\bar{F}_{vm,q}) \tag{4.4}$$

式中 ν_{pq}、ν_{qp}——相间速度，m/s；

p——各相共同压力，Pa；

$\bar{F}$、$\bar{F}_{lift,q}$、$\bar{F}_{vm,q}$——外部体积力、升力、虚拟质量力，N；

$\bar{R}_{pq}$——相间作用力，N；

$\bar{\bar{\boldsymbol{\tau}}}_q$——应力应变张量，Pa。

能量守恒方程：

$$\frac{\partial}{\partial t}(\alpha_q\rho_q h_q)+\nabla(\alpha_q\rho_q\bar{\nu}_q h_q)=-\alpha_q\frac{\partial p_q}{\partial t}+\nabla\bar{\nu}_q\bar{\bar{\boldsymbol{\tau}}}_q-\nabla\bar{q}_q+S_q+$$

$$\sum_{p=1}^{n}(\bar{Q}_{pq}+\dot{m}_{pq}h_{pq}-\dot{m}_{qp}h_{qp})+(\bar{F}+\bar{F}_{lift,q}+\bar{F}_{vm,q}) \tag{4.5}$$

式中 h_q——q 相的焓；

h_{pq}、h_{qp}——相间焓；

$\bar{q}_q$——热通量，$W\cdot m^{-2}$；

S_q——热量源项，W；

$\bar{Q}_{pq}$——相间热量交换轻度，W。

浸种箱内流态与污水处理曝气池接近，普遍为湍流。本书模型选择标准 $k-\varepsilon$ 湍流模型。具体方程如式(4.6)和式(4.7)所示。该模型是在单相 $k-\varepsilon$ 湍流基础上增加了多相体积分数改善后形成，王乐[125]采用该模型分析曝气池湍流，获得了良好的模拟结果。

湍流动能 k 方程：

$$\frac{\partial(\alpha_q\rho_q k_q)}{\partial t}+\nabla(\alpha_q\rho_q\nu_q k_q)=\nabla(\alpha_q\frac{\mu_{eff,q}}{\sigma_k}\nabla k_q)+\alpha_q G_{k,q}-\alpha_q\rho_q\varepsilon_q \tag{4.6}$$

湍流能耗率 ε 方程：

$$\frac{\partial(\alpha_q\rho_q\varepsilon_q)}{\partial t}+\nabla(\alpha_q\rho_q\nu_q\varepsilon_q)=\nabla(\alpha_q\frac{\mu_{eff,q}}{\sigma_k}\nabla\varepsilon_q)+\alpha_q\frac{\varepsilon_q}{k_q}(C_1G_{k,q}-C_2\rho_q\varepsilon_q) \tag{4.7}$$

式(4.6)和式(4.7)中 k_q——湍流动能，J/m^3；

ε_q——湍流能耗率，W/m^3；

ρ_q——流体密度，kg/m^3；

α_q——流体体积分数，%；

ν_q——流体速度，m/s。

4.3 浸种箱模型建立

由于浸种箱尺寸较大且内部设置复杂，采用三维空间模型网格会出现网格类型复杂、数量过多等问题，从而导致 FLUENT 程序计算不收敛。因此，本章将浸种箱简化为沿浸种箱宽度方向的平面问题。

黑龙江垦区农场水稻浸种催芽过程中，浸种箱内种子为成垛堆放。种垛布置方式为浸种箱横向排列 3 个种垛，纵向种垛数量根据浸种箱长度灵活布置，一般为横向种垛数量的 1～2 倍。种垛尺寸由种袋下部托盘尺寸决定，托盘宽度为 1 100 mm。实践中为了方便种垛存取，种垛间距一般为 500 mm，种垛与侧壁间距为 250 mm，种架空距浸种箱底部 100 mm。种垛高度由托盘承载力确定，一般高度为 1 200 mm，浸种水漫过种垛顶部 200 mm。浸种箱模型(单位：mm)如图 4.1 所示。

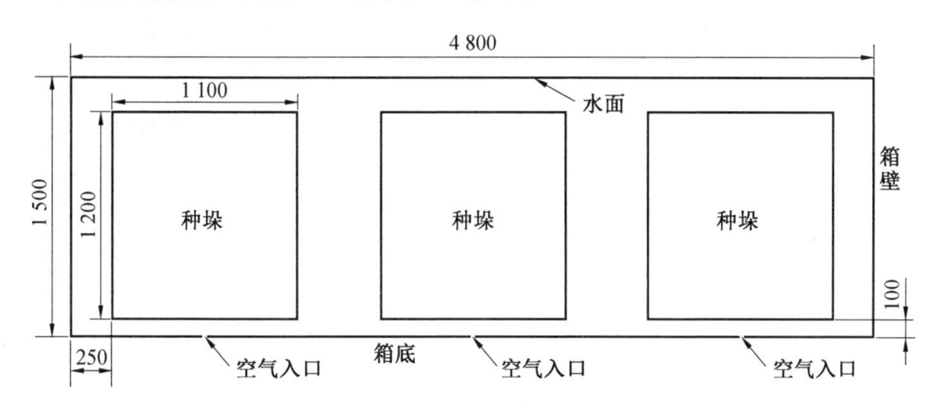

图 4.1　浸种箱模型(单位：mm)

对于温度维持系统关闭工况，为了使各种垛底部和两侧均有气泡分布，曝气出口位置布设考虑以下两种可能的情形：第一，仅在中间种垛下设置 1 个曝气出口；第二，3 个种垛各设置 1 个曝气出口。气泡直径设置为 0.4 mm。

对于温度维持系统打开工况，注水口位置根据对比分析要求，在浸种箱侧壁不同位置分别按单侧和双侧对称两种情况设置。出水口布置位置组合见表 4.1。

表 4.1　出水口布置位置组合

序号	位置	序号	位置
1	浸种箱侧壁上部单侧布置	4	浸种箱侧壁下部双侧布置
2	浸种箱侧壁上部双侧布置	5	浸种箱底部两侧边垛下部
3	浸种箱侧壁下部单侧布置	6	浸种箱底部中间种垛下部

表 4.1 中“单侧布置”意为在浸种箱一侧单独布设热水管出口，“双侧布置”意为注水管出口在浸种箱两侧对称布置。“上部”表示出水口设置在浸种箱侧壁水面处，“下部”表示出水口设置在浸种箱侧壁底角处。“浸种箱底部两侧边垛下部”指在两个边垛下分别布设一个注水管出口，“浸种箱底部中间种垛下部”指仅在中间种垛下布置注水管出口。

将浸种水初始水温设定为 26.85 ℃，水管注入水温设定为 31.85 ℃，模拟 5 ℃温差条件下浸种箱内温度场分布。计算域为水面、箱壁、箱底与种垛围成的区域。

参照 ICEM CFD 建模程序，依次进行 Geometry 创建、Block 划分、Mesh 划分后，得到网格划分结果。模型网格划分结果如图 4.2 所示。

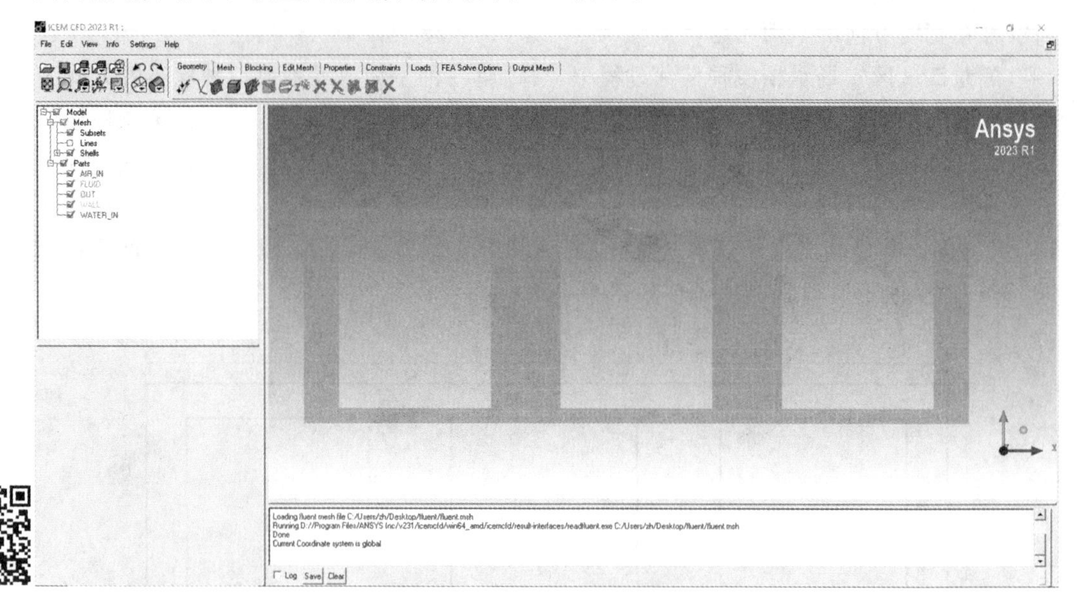

图 4.2　模型网格划分结果

采用非结构化四边形网格，网格总数为 32 400 个。为减小离散误差，计算域内均采用较密网格，网格长和宽均较接近。网格检查确定质量良好后，输出用于 FLUENT 程序的 MESH 文件。

用 FLUENT 程序导入 MESH 文件，设定模型比例并选择适用于低速水流的 PRESSURE－BASED 求解器，选定 MIXTURE 和标准 $k-\varepsilon$ 湍流模型，设定空气流量及热水流量数值边界条件后，分别对温度维持系统关闭和温度维持系统打开两种工况进行瞬态模拟，其中空气入口采用质量入口，热水入口采用速度入口，水面处设置为允许气体逃逸的 Degassing 边界。

4.4　仿真结果及分析

当浸种箱内水温在 29～31 ℃范围内时，满足种子正常萌发要求，无须开启温度维持系统。此时，仅需考虑曝气过程中氧气场分布及气泡羽流对浸种水的搅拌作用。由于无法在浸种箱内预设温度差异，需借助浸种水流速矢量图体现气泡羽流的均衡水温作用。

1. 温度维持系统关闭工况仿真结果及分析

温度维持系统关闭状态下，浸种箱内无外源热量，可分析曝气状态下浸种箱内微气泡分布及气泡羽流的搅拌作用。FLUENT 程序不能模拟溶氧量，浸种水溶氧量分布需借助空气体积百分数云图（以下简称空气云图）体现，空气体积百分数高表明，该区域微气泡数量较多，水体氧传质较强烈，区域溶氧量也相应较高。气泡羽流对水体搅拌作用可借助浸种水流速度矢量图（以下简称流速矢量图）体现。流速矢量图显示浸种箱内各点水体运动方向及流速大小，可反映气泡羽流对浸种水的搅拌作用强弱。

中间种垛(以下简称中垛)下设置 1 个曝气出口时的浸种水空气云图和流速矢量图如图 4.3 和图 4.4 所示。需要提前说明的是,空气体积百分数不能等同于溶氧量,空气体积百分数云图亦不等同于氧气场云图。FLUENT 程序并不能模拟水中溶氧量变化,但可提供空气百分数模拟结果。空气体积百分数高表明该区域气泡数量较多,意味着该处及其周边水体氧传质较强烈,溶氧量也相应较高。受限于饱和溶氧量,水气氧含量平衡后氧传质即会停止,水中实际溶氧量不会出现极端过高的情形。因此,仅可从空气体积百分数云图中获得气泡分布规律,进而推测溶氧量分布情况。流速矢量图所示为浸种箱内各点浸种水的流动情况,可反映气泡羽流对浸种水的搅拌作用强弱。

图 4.3　中垛下设置 1 个曝气出口时的浸种水空气云图

由图 4.3 可知,微气泡从曝气设施产生后,绕中垛两侧上浮至浸种水表面后向两侧扩散。从种垛周围气泡分布来看,中垛四周气泡数量较多;而左右两侧种垛顶部气泡较多,中下部气泡数量较少,表明该布置方式下浸种箱内氧气分布情况不理想,在浸种箱左右下角区域无气泡分布,可能出现溶氧量过低的情形。

由图 4.4 可知,该布置条件下浸种箱内不同位置浸种水均受到一定程度扰动,表明曝气增氧方法对浸种水确有搅拌作用,但搅拌作用不强烈。

3 个种垛中心分别设置曝气出口时的空气云图和流速矢量图如图 4.5 和图 4.6 所示。

由图 4.5 可知,微气泡产生后绕种垛向上浮动,在中垛两侧及两边种垛(以下简称边垛)外侧形成强烈羽流上升区,气泡羽流上升至水面并在水面汇集后沿边垛内侧向下运动。气泡羽流汇集处空气体积百分数较高,邻近区域空气含量渐次减小。气泡主要分布在种箱内水表面区域和曝气发生区,在种垛间少量区域气泡数量较少。总体来看,3 个种垛周边均有大量气泡分布,可知种垛周边氧气分布情况较好。

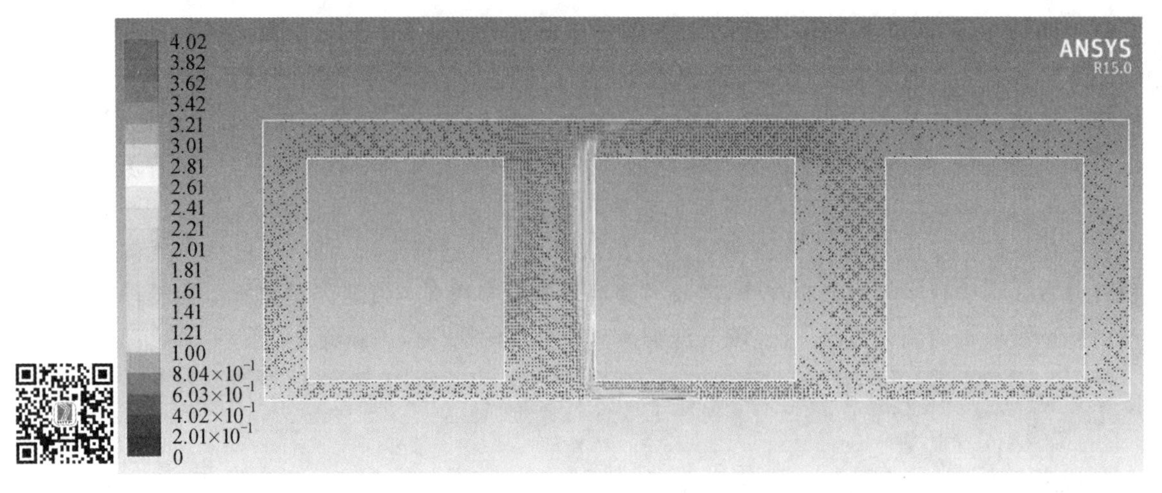

图 4.4　中垛下设置 1 个曝气出口时的浸种水流速矢量图

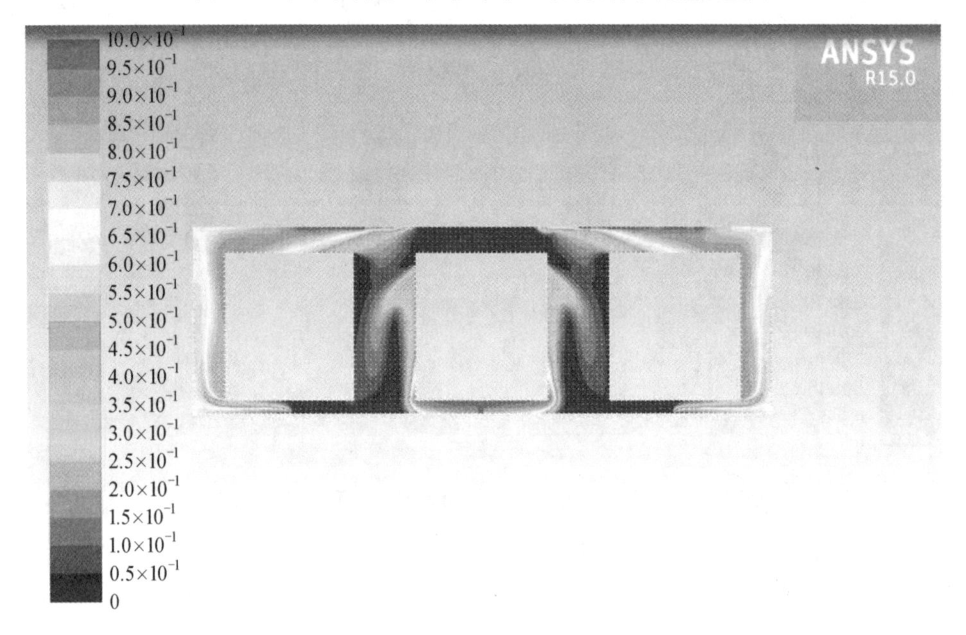

图 4.5　3 个种垛中心分别设置曝气出口时的空气云图

由图 4.6 可知，3 个种垛下分别设置曝气出口时，浸种箱内不同位置浸种水均受到强烈扰动，能够较好地实现浸种水中气泡混匀和温度均衡作用。与布置 1 根曝气管的情形相比，3 根曝气管对于浸种水的搅拌作用更强烈，能够更好地实现浸种水的混匀和温度均衡作用。

由以上对比可知，3 个种垛下分别设置曝气出口的布置方式，可使各种垛周围微气泡分布良好，浸种水得到充分搅拌。

2. 温度维持系统开启工况仿真结果及分析

温度维持系统注水管道沿浸种箱长边方向布设，可使加热后的水快速输送分配到各列种垛近旁。浸种箱长度较小而水泵输水速度较快，注水管首尾水温相差不大，故此处

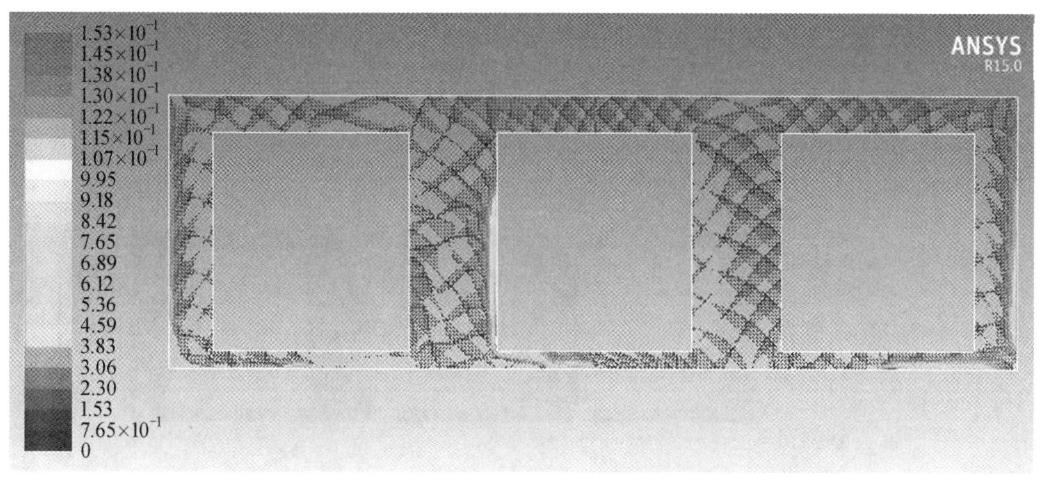

图 4.6　3 个种垛中心分别设置曝气出口时的流速矢量图

任取种垛分析不同布管位置对浸种箱温度场的影响。

本节将对不同注水管组合下的浸种水温度云图和空气云图进行对比分析。浸种水在微气泡羽流搅拌作用下拌和混掺，水温变化并非由热量传递引起，而是不同水温浸种水拌和混掺的结果。因此，温度云图既能体现温度分布状态，也能呈现水流运动扩散方向。

为了便于比较，本节将同时对注水管口在相同高度的单侧及双侧布管仿真结果进行分析讨论。

(1)侧壁上部布管。

侧壁上部单侧布设热水管的浸种水温度云图与空气云图如图 4.7 所示。由图 4.7(a)可知，温水从出水口注入浸种箱后，沿水面向中间扩散，在种垛空隙处向下运动至浸种箱底部后随气泡羽流运动扩散。温水主要在离出水口较近的边垛和中垛周围分布，水温扩散速度较慢。该布置方式下，浸种箱内温度场分布极不均衡，无法达到浸种水快速均衡升温的目的。由图 4.7(b)可知，微气泡产生后，在浸种箱内产生绕种垛上浮羽流，最终在水面汇集。3 个种垛边缘处均有大量微气泡分布，经过气泡扩散和氧传质后，可使种垛周围水体溶氧量均处于较高水平。

侧壁上部两侧对称布管的浸种水温度云图与空气云图如图 4.8 所示。由图 4.8(a)可知，温水从出水口注入浸种箱后，沿水面向浸种箱中部扩散，到种垛间隙处开始向下运动，至浸种箱底时沿边垛底部向侧壁扩散，最终沿侧壁上升返回水面。从水温分布来看，中垛两侧及边垛下部水温提升明显。由此可知，该布管方式相较于侧壁上部单侧布管温度场均衡度有所提升，但远未达到均衡状态。由图 4.8(b)可知，浸种水中气泡分散分布于种垛周围，并在这些区域扩散和传质，在种垛周围形成高溶氧量区域。

对比图 4.7 和图 4.8 可知，浸种箱底曝气口微气泡形成羽流上浮，会在浸种箱内产生浸种水环流，对温水扩散和气泡分布产生明显影响。按本节选定的布管方式，各股水流经冲突、混掺、合并及扩散后形成 4 个环流，如图 4.9 所示：中垛下曝气口产生的气泡羽流绕中垛两侧向上运动，左右边垛中间一侧的气泡羽流向下运动，在种垛间产生 2 个

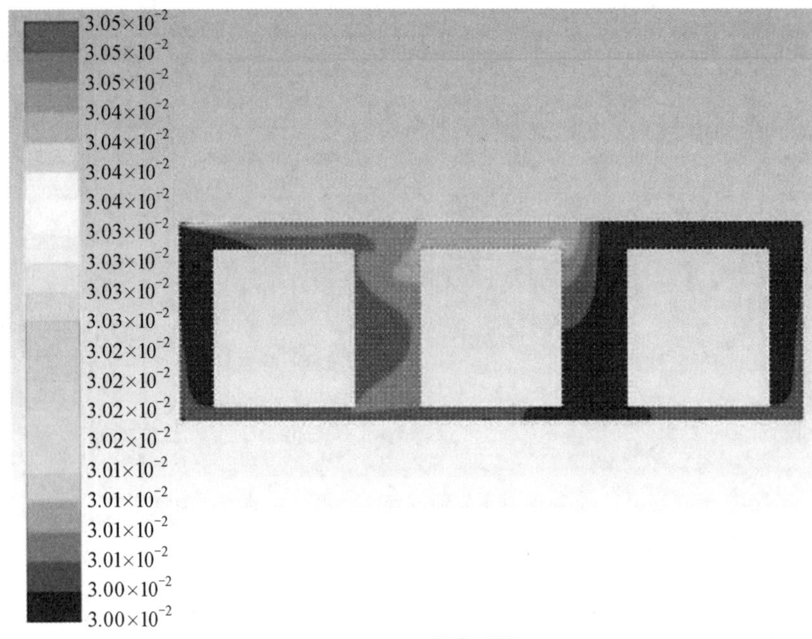

(a) 温度云图

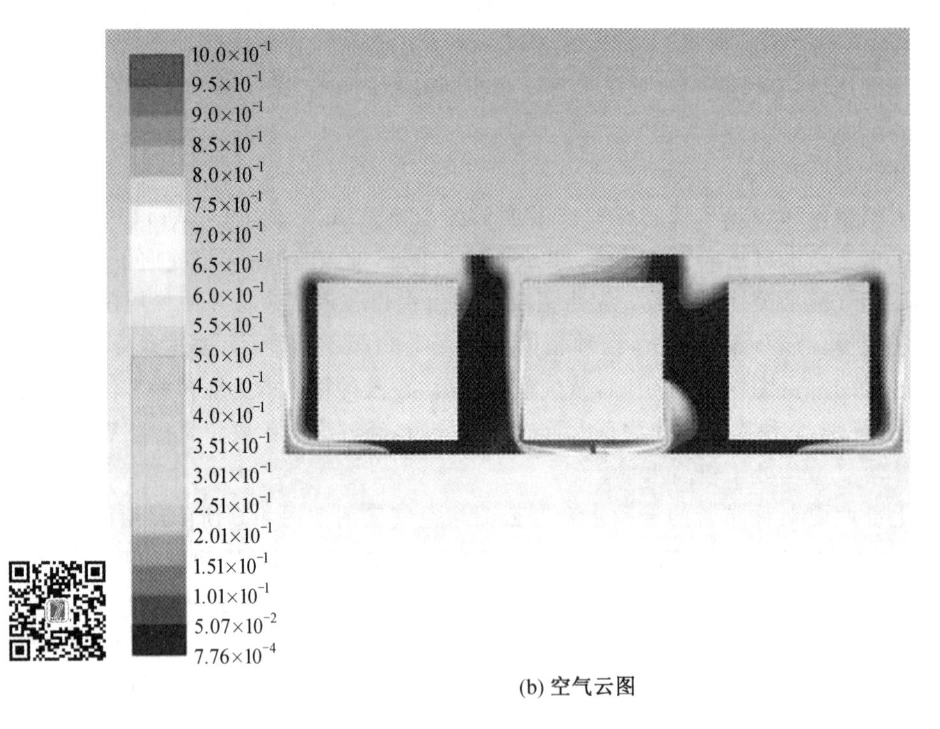

(b) 空气云图

图 4.7　侧壁上部单侧布设热水管的浸种水温度云图与空气云图

对称小环流(环流②和环流③)；左右边垛产生的羽流受垛间环流挤压，分别向浸种箱侧壁流动，产生一股沿侧壁上浮的羽流，到达水面后向浸种箱中部运动，并在种垛间空隙沿边垛侧边向下运动，形成 2 个对称大环流(环流①和环流④)。浸种箱内羽流总体保持这

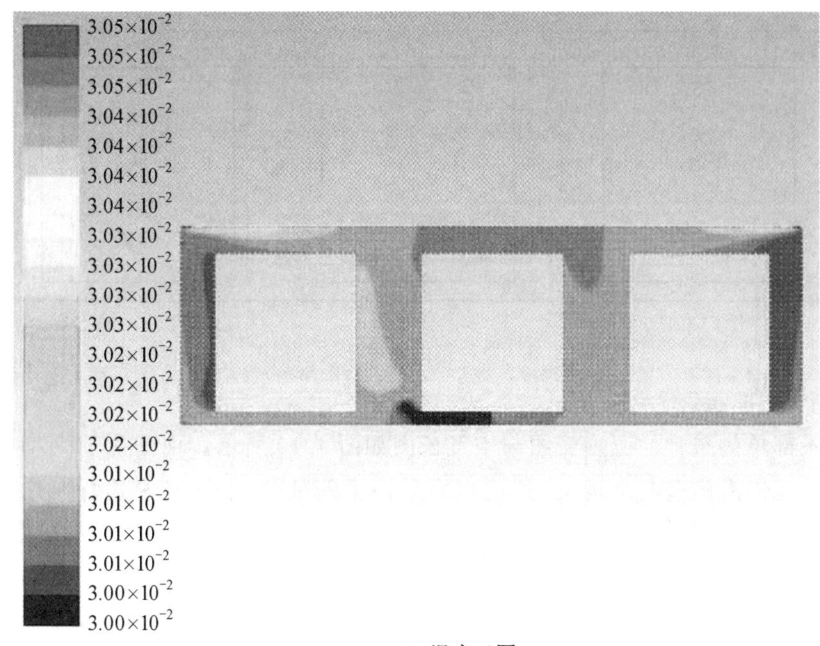

(a) 温度云图

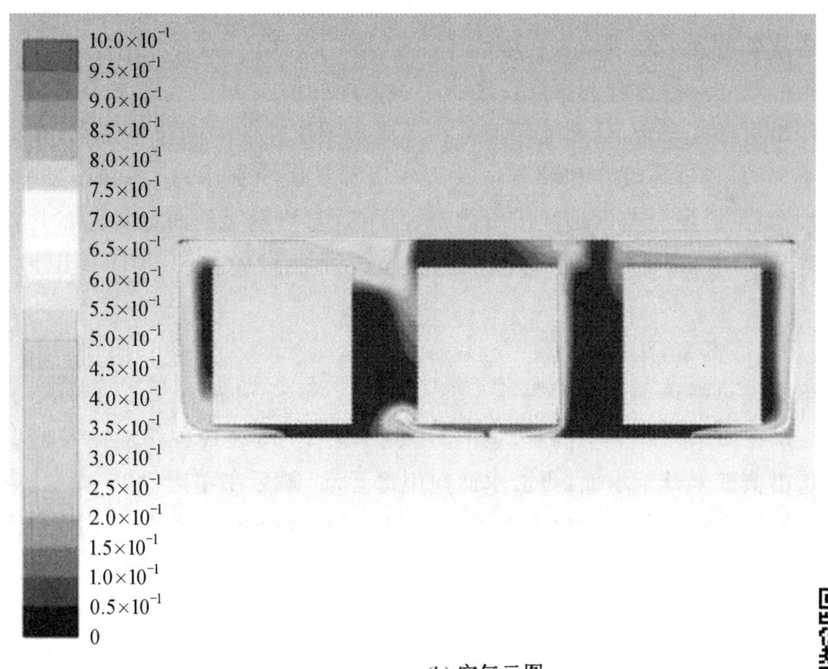

(b) 空气云图

图 4.8　侧壁上部两侧对称布管的浸种水温度云图与空气云图

种运动轨迹和形态，而管口注入箱内热水则会沿羽流轨迹扩散，图 4.7 中温水沿水面扩散及图 4.8 中温水沿水面运动并在种垛间向下扩散，均体现了这一运动规律。

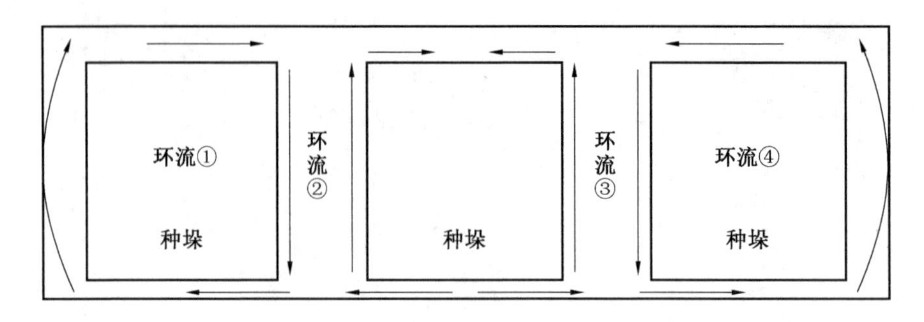

图 4.9　浸种箱内水体环流示意图

(2)侧壁下部布管。

侧壁下部单侧布管的温度云图与空气云图如图 4.10 所示。由图 4.10(a)可知,注水口温水随环流①沿侧壁向上运动,到达水面后向中间部位流动,在左边垛与中垛空隙处随环流②向下扩散,至浸种箱底后沿种垛底部向右侧扩散。水温也按照这个运动方向呈梯度变化:注水口所在的侧壁区域水温较高,左边垛顶部区域水温有所降低,左边垛、中垛空隙及中垛下部水温开始呈明显阶梯状下降变化,其他区域水温几乎无变化。整体来看,浸种水温度场非常不均衡。由图 4.10(b)可知,微气泡分布规律与箱壁上部布管时相似,气泡分散分布于种垛周围。进一步验证了箱壁上部布管时所述环流形态,其所代表的种垛周边溶氧量分布规律较为合理。

侧壁下部双侧对称布管的温度云图与空气云图如图 4.11 所示。由图 4.11(a)可知,温水从两侧出水口处开始,分别随环流①和环流④上浮并向中间位置运动,在边垛、中垛空隙处向下扩散,经过环流②和环流③及边垛底部扩散全部水域。此时,浸种箱内各处水温分布均衡,温度场分布远远优于单侧布管情形,与侧壁上部两侧对称布管相比,温度场也更合理。而图 4.11(b)所示的微气泡分布规律与前文一致,种垛周围微气泡分布合理。

(3)浸种箱底部布管。

中垛下布设单根热水管的浸种水温度云图与空气云图如图 4.12 所示。由图 4.12(a)可知,温水在出水口处被中间曝气出口一侧羽流携带,沿浸种箱底向左侧壁运动,然后随环流①沿侧壁上升至水面,再沿水面向中部运动,随后在左边垛、中垛空隙处向下扩散。右边垛周围水温几乎无变化。由图 4.12(b)可知,浸种水气泡分布总体合理。

两侧边垛下分别布管的浸种水温度云图与空气云图如图 4.13 所示。由图 4.13(a)可知,温水从出水口注入浸种箱后,被两侧曝气羽流携带沿浸种箱底向侧壁运动,分别随环流①和环流④向上运动至水面后沿水面向浸种箱中部流动,在中垛两侧空隙随环流②和环流③扩散。浸种箱内水温均匀度较高,温度场分布与侧壁下部双侧对称布管较为相似。由图 4.13(b)可知,箱体内气泡分布合理,曝气出口布置方式合理。

综上可知,两侧边垛下分别设置曝气管及侧壁下部对称布置曝气管两种方式均可使浸种箱内温度场均衡稳定、气泡分布分散均匀,均可满足不同位置种垛温度场、氧气场均衡一致的工作要求。曝气出口布置在侧壁下部可减少注水管与曝气出口的位置冲突,有

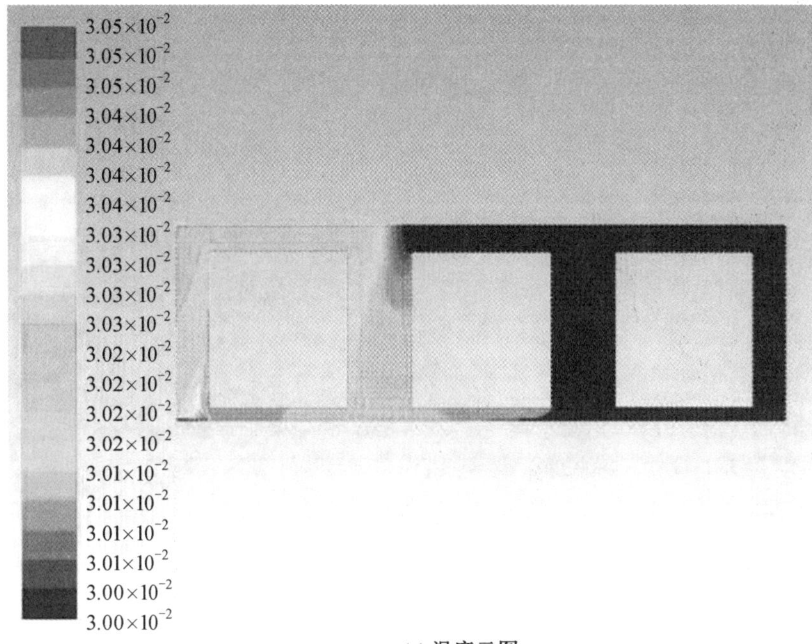

(a) 温度云图

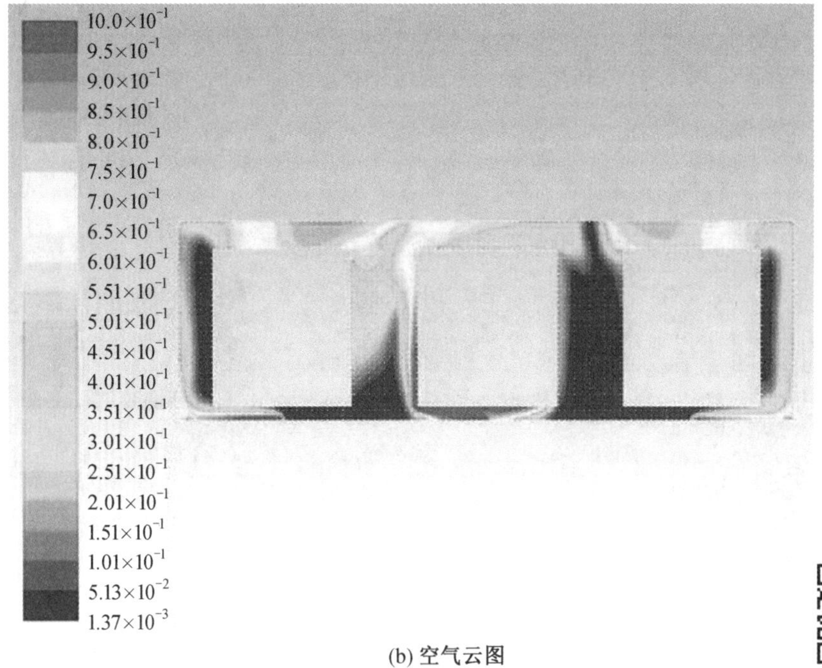

(b) 空气云图

图 4.10　侧壁下部单侧布管的温度云图与空气云图

利于浸种箱内管道维护。因此，本装置采用浸种箱侧壁下部布管方式，与前文拟定情况一致。

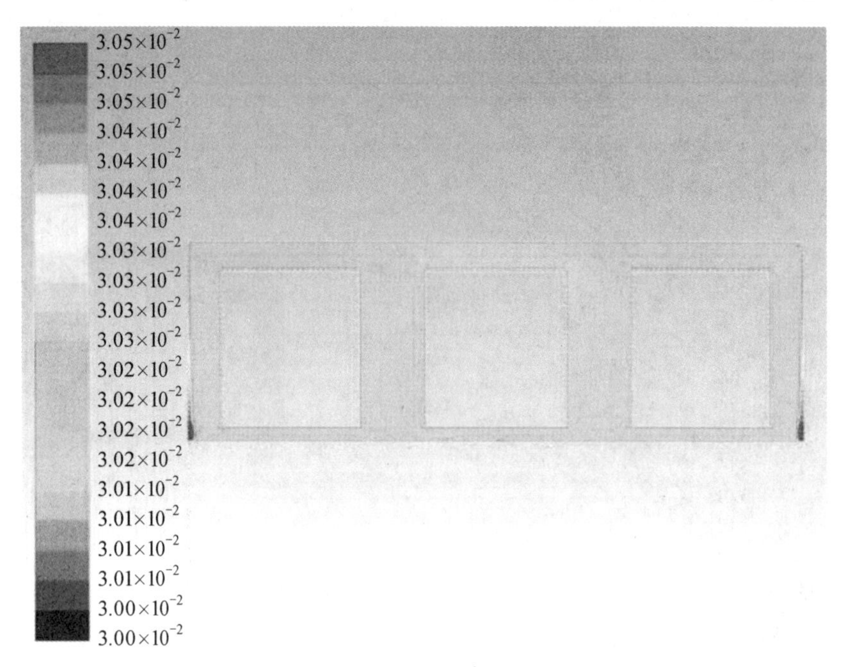

(a) 温度云图

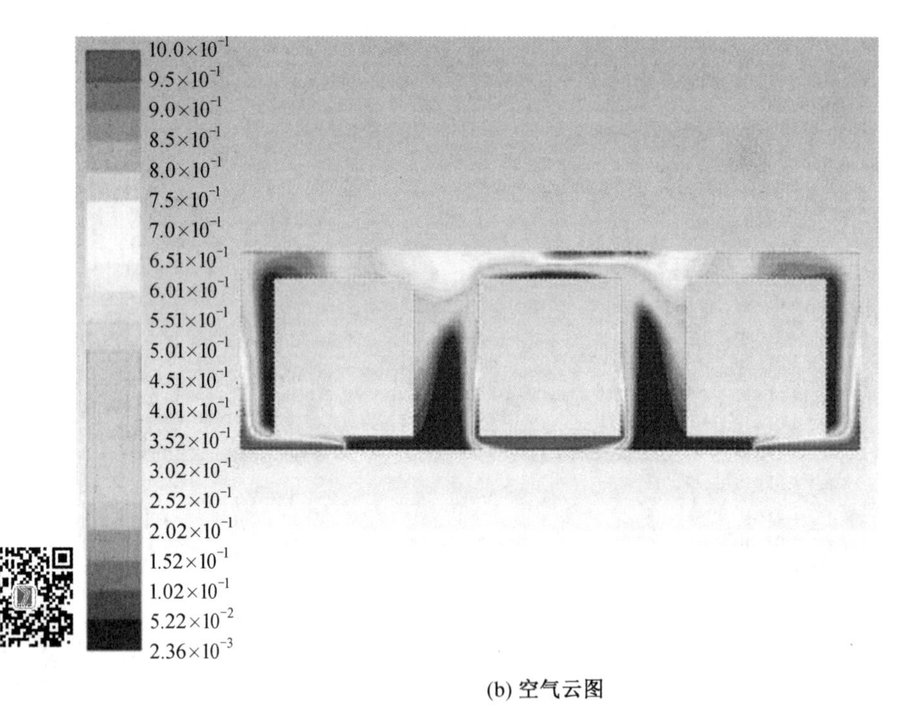

(b) 空气云图

图 4.11　侧壁下部双侧对称布管的温度云图与空气云图

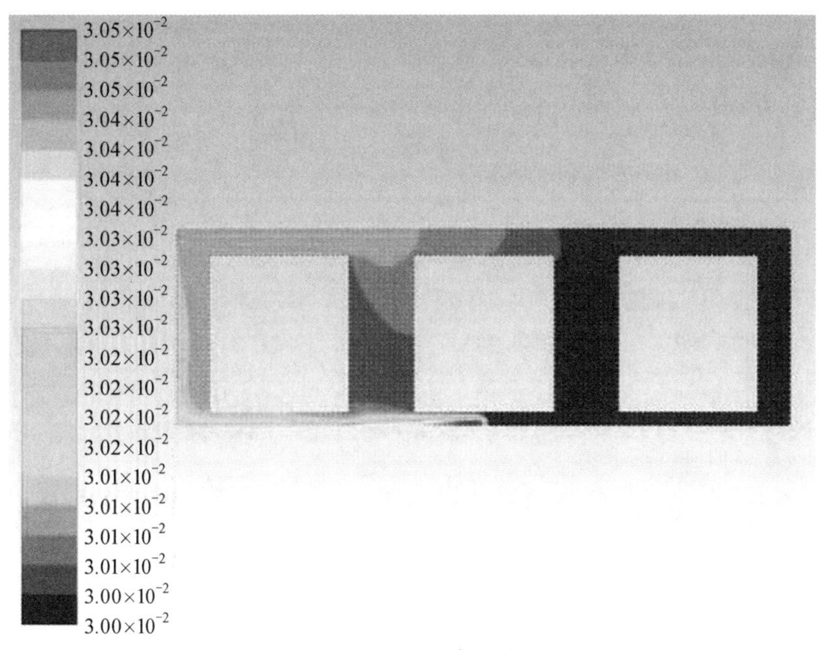

(a) 温度云图

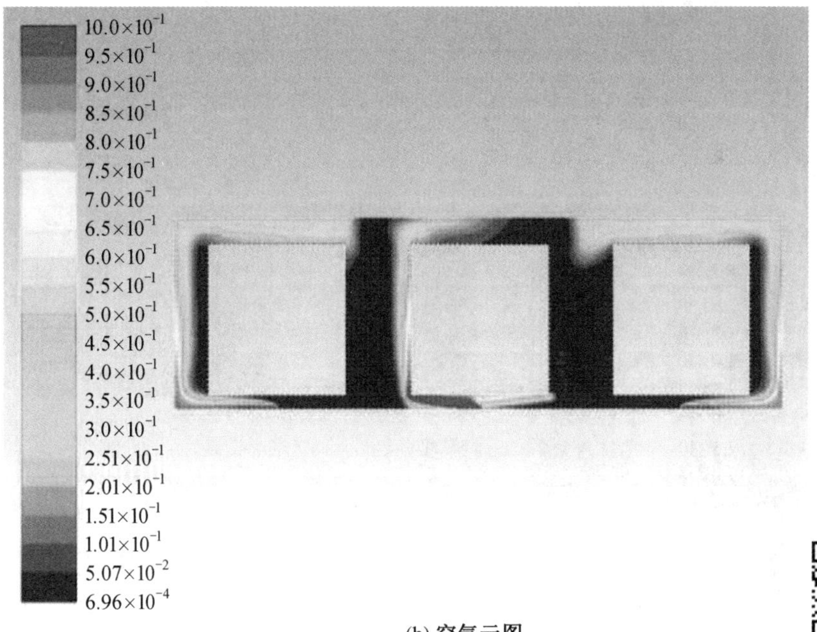

(b) 空气云图

图 4.12　中垛下布设单根热水管的浸种水温度云图与空气云图

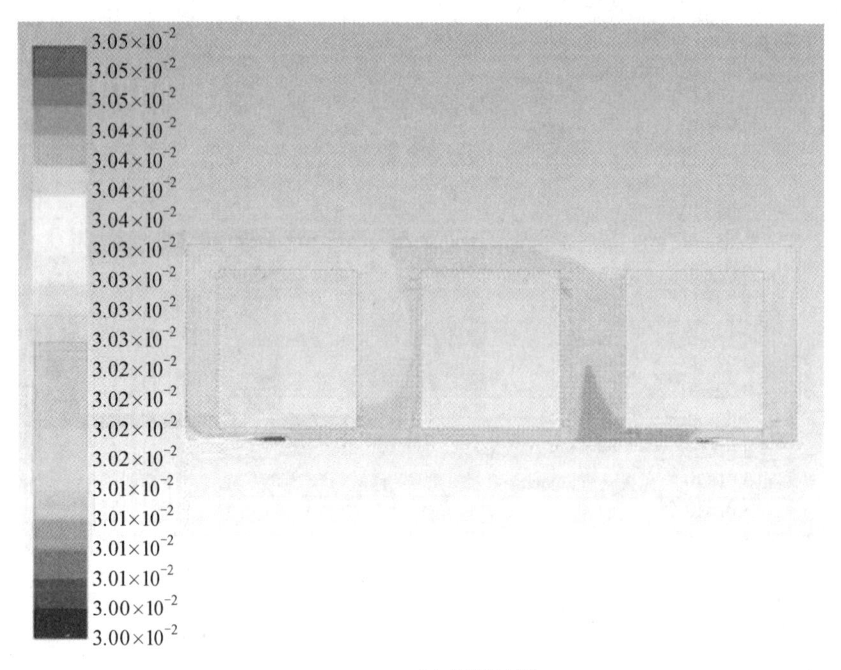

(a) 温度云图

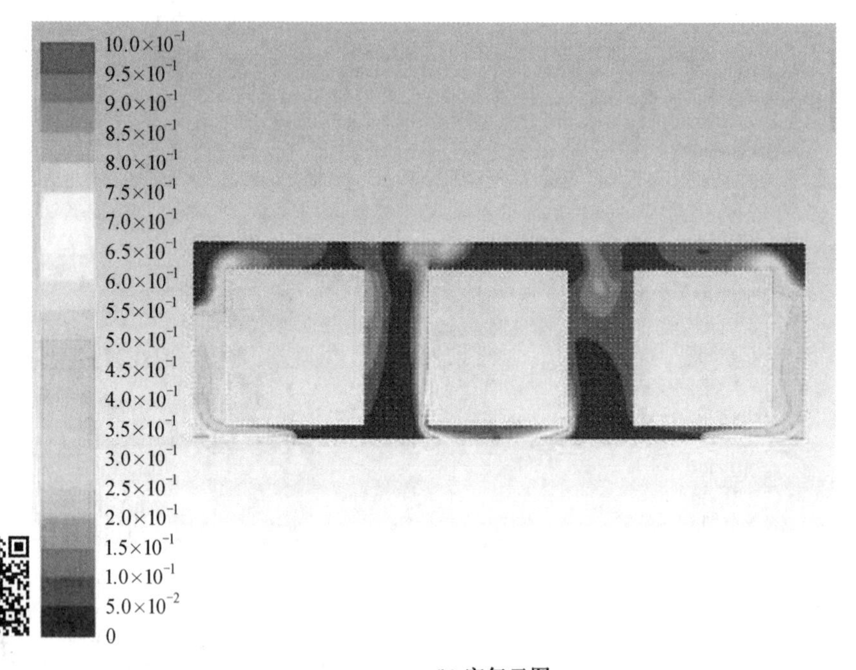

(b) 空气云图

图 4.13　两侧边垛下分别布管的浸种水温度云图与空气云图

4.5 本章小结

采用仿真分析软件，建立浸种箱宽度方向平面模型，分别对温度维持系统关闭工况和温度维持系统开启工况时浸种箱温度场和微气泡分布进行了仿真分析，结论如下：

①针对温度维持系统关闭工况，分析了浸种水空气云图及流速矢量图。结果表明，沿浸种箱宽度方向 3 个种垛下分别布置曝气出口，浸种箱内微气泡分布合理，微气泡羽流对浸种水搅拌作用强烈。

②针对温度维持系统开启工况，分析了不同注水管位置的浸种水温度云图及空气云图。结果表明，侧壁下部对称布置注水管时，浸种箱内温度场均匀，微气泡分布合理，种垛周围溶氧量处于较高水平。该布置方式下，注水管与曝气出口位置不冲突，检查维修方便。

第5章　稻种曝气增氧浸种催芽装置设计

前文中已经指出，黑龙江垦区水稻生产各环节先进性程度最高，各农场为适应寒地粳稻大规模种植和机械化生产的需要，配合芽种集中生产和统一供种要求，研发出了大型集中浸种催芽设备。这些设备通过锅炉、冷热水箱、浸种箱和输水管道等设施的合理布局，为种子萌发提供了适宜的水热环境。这些设施是基于传统浸种催芽两阶段方法，为满足低温浸种、高温破胸和适温催芽的生产要求设置的。现有浸种催芽设备在浸种阶段侧重于浸种箱内水分和温度的调节和控制，而催芽阶段注重室温条件和氧气供给。其在运行中具有三个重要特点：

①不同阶段的水、气、热控制条件不同，需在生产过程中不断调整和控制，操作较为复杂；

②浸种催芽期间，由于不同位置热量的耗散强度不同，浸种箱内不同位置水温不一致，温度场无法保持恒定，箱内种子易出现受热不均的情况；

③生产周期较长却对种子耗氧需求考虑不足，浸种催芽设备中未设置增氧设施，长期浸种易导致种子缺氧。

曝气增氧浸种催芽性能试验证实，适宜的环境条件可使稻种在浸水状态下快速萌发。基于这一结论设计出满足种子快速萌发所需水、气、热条件的曝气增氧浸种催芽装置，对促进浸种催芽同步实施方法的实践和最终提高黑龙江地区寒地水稻生产效率具有重要意义。本章以实现稻种萌发环境控制参数为目标，进行曝气增氧浸种催芽装置设计。

5.1　装置结构与工作流程

曝气增氧浸种催芽装置关键部件包括浸种箱、加热水箱、温度维持系统、曝气增氧系统、冷水加热系统和输送管道系统。曝气增氧浸种催芽装置整体布置图如图5.1所示。

在图5.1中，加热水箱与浸种箱等宽设置，采用“一字形”排布。为了便于装置运行管理，浸种箱集中排布于装置一端，加热水箱布置于另一端，锅炉、空气发生器及气罐布置于加热水箱外端。输水管道和输气管道集中分布于浸种箱一侧，另一侧用于运输车辆通行及停放。为了便于管理和检修，质量较轻的输气管道采用钢支架悬空布设，质量较大的输水管道布设于地面上。

为清晰起见，绘制了热水箱端和浸种箱端的等轴侧图，如图5.2和5.3所示。

除实现前文所确定的最佳水、气、热条件以外，还需满足浸种催芽过程中的实际作业要求。曝气增氧浸种催芽装置中的浸种箱、加热水箱及加热系统、水温维持系统、曝气增氧系统和管道输送系统等各组成部分的功能及确定思路如下所述：

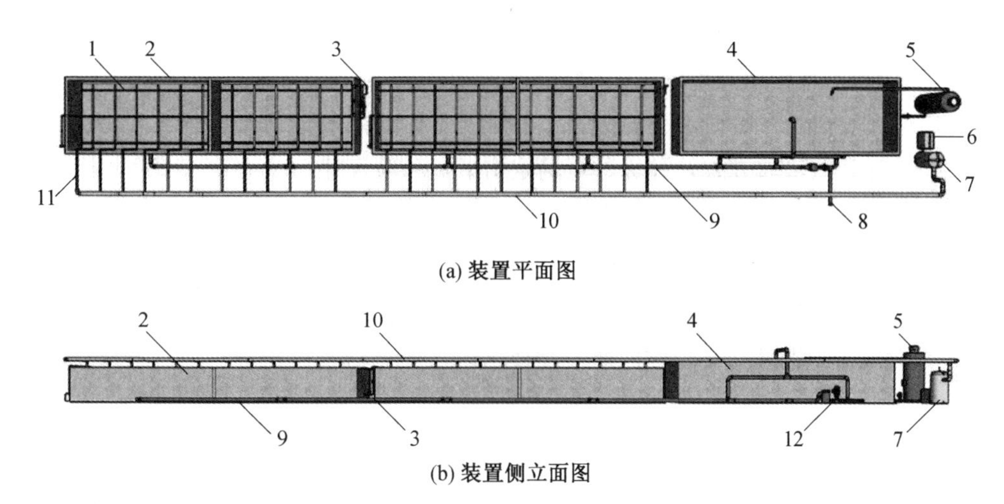

图 5.1　曝气增氧浸种催芽装置整体布置图

1—曝气管；2—浸种箱；3—维温水箱；4—加热水箱；5—锅炉；6—空气发生器；7—气罐；8—排水管；9—输水管道；10—输气管道；11—输气支管；12—水泵

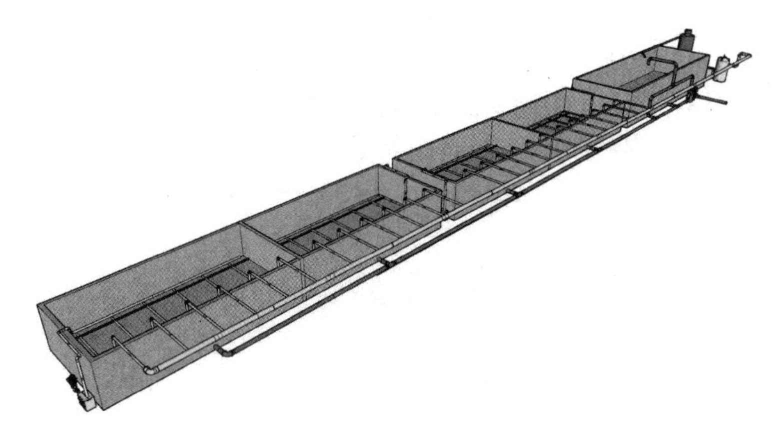

图 5.2　热水箱端的等轴侧图

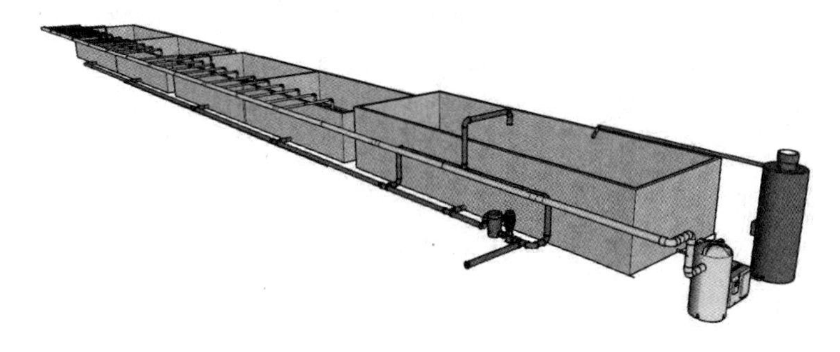

图 5.3　浸种箱端的等轴侧图

1. 浸种箱

为了便于搬运，种子须装袋后在浸种箱内成垛堆放。由于种子的消耗作用，由种袋外缘向中心方向水中溶氧量逐渐下降。过大的种袋宽度，可能会使种袋中心处的种子处于缺氧状态，导致达不到预期浸种催芽效果。因此，需获得溶解氧由种袋外缘向内部的含量变化规律，由种袋中心处种子溶解氧消耗需求确定种袋尺寸和堆放方式。充分考虑黑龙江垦区大规模生产需要和作业要求，可参照现有浸种催芽装置一般布置方式，由种袋尺寸、种袋间距、堆放方式及种垛数量确定增氧浸种箱尺寸。

2. 水温维持系统

适温水加入浸种箱后，会与芽种生产车间气温形成温度差，随着热量的逐渐散失，浸种水温也会逐渐下降。为保持浸种水的恒定温度，需设置水温维持系统。当水温低于适宜水温阈值时，水温维持系统开启，抽取浸种箱内水加热后返回浸种箱，直至水温达到阈值上限后停止。

3. 曝气增氧系统

由前文中的试验结论可知，为确保种子萌发具有最佳水、气、热环境，本装置拟采用连续曝气方式，对浸种水实施持续不间断增氧。在浸种过程中，无论如何布设热水出口及曝气管道位置，均无法天然地做到浸种箱内各点同步、同幅升温及增氧，种袋外的浸种水会出现水温不均和温度场不恒定的情形，同时还会出现溶氧量分布不均的情况。曝气增氧产生的羽流会对浸种水产生强制对流作用，使得浸种水中的热量和溶解氧充分交换，从而形成均匀的温度场和氧气场。水中曝气管道位置不同会产生不同程度的混匀效果。通过选择适当的曝气管道和最佳布设位置，形成曝气增氧系统布置方案，确保曝气过程中浸种箱内浸种水充分混匀，使浸种水形成均匀恒定的温度场和氧气场。

4. 冷水加热系统

黑龙江垦区水稻种植规模大，浸种催芽用水量总量和强度都很大，单批次用水超百吨，一般抽取井水（水温为 5～10 ℃）加热至适宜温度（约为 30 ℃）后使用。上百吨井水温度提升 20～25 ℃，需设置专门浸种水加热系统，实现对低温水的快速升温。

5. 输送管道系统

上述各系统各自独立，需要辅以输送管道系统将上述各系统连接为整体，才能使曝气增氧浸种催芽装置完成预定功能正常运行。输送管道系统分为氧气输配系统、浸种水加热循环系统和热水输排系统，分别实现浸种箱氧气输送调配、浸种箱水温维持、热水输送和废水排放。

曝气增氧浸种催芽装置工作流程如下：

①根据作业区水稻品种、芽种用量及播种时间安排，制订各稻种浸种催芽计划。

②用潜水泵将井水抽送至加热水箱。打开锅炉将水加热至 32 ℃。抽水及加热期间，将种袋固定于托盘上后在浸种箱内按预定位置排放整齐。

③将温水抽送至浸种箱，确保水面超出种垛顶部 20 cm，打开温度维持系统和曝气增氧系统，并在浸种箱顶上安放保温盖板。

④确保曝气增氧系统及水温维持系统运转正常，浸种箱内水温在（30±1）℃范围内。

⑤浸种时间达到预定时长后，撤除保温盖板，检查催芽效果。

⑥关闭曝气增氧系统和水温维持系统，打开输水管道水泵将浸种水排出。

⑦用吊运装置将种垛从浸种箱取出，完成一批次稻种浸种催芽。

5.2　关键部件设计

5.2.1　浸种箱设计

1.浸种箱容积尺寸确定

考虑稻种从水中吸收溶解氧的需要，种袋选用透气性更好的纱网袋。种袋可从两侧向内部传递溶解氧，依据溶氧量传递深度可达 20 cm 的试验结论，种袋宽度可取为 40 cm，故选用 60 cm×40 cm(长×宽)的 30 目纱网袋作为浸种种袋，装入稻种后厚度为 15 cm。

参照黑龙江垦区农场一般做法，本节采用将种袋整齐堆放并固定于货物托盘上的方式，由桥式吊车装取稻种。托盘尺寸为 130 cm×110 cm×15 cm(图 5.4(a))，静载承载力为4 000 kg。考虑向稻种传氧的需要，种袋间需留有一定间隙。由托盘尺寸和种袋尺寸可知，托盘上每层可放置 5 袋稻种。为防止种垛塌落，奇数层和偶数层种袋按照图 5.4(b)和(c)所示方式布置。

托盘静载承载力为 4 000 kg，考虑托盘在吊装过程承受动荷载，动载系数一般取1.3，可得托盘动载承载力为 3 076 kg。60 cm×40 cm 纱网袋可装干稻种 40 kg，考虑浸水后稻种吸收及种皮附着，每袋稻种质量预估为 80 kg，可得每层种袋质量为 400 kg。

托盘上允许装载的种袋层数可按式(5.1)计算：

$$N_{层}=\frac{P_{托}}{P_{层}} \tag{5.1}$$

式中　$N_{层}$——种袋层数，层；

$P_{托}$——托盘载质量，kg；

$P_{层}$——每层种袋质量，kg。

将托盘载重量和每层种袋质量带入式(5.1)，可算得种袋层数为 7.69，取整后确定种袋层数为 7 层。

种袋装入稻种后的平均厚度约为 15 cm，7 层种袋外加托盘厚度，可得种垛厚度约为 120 cm。最终确定种垛“长×宽×高”为 130 cm×110 cm×120 cm。

设定托盘长边沿浸种箱纵向布置，浸种箱长度 L、宽度 B 和高度 H 分别按式(5.2)、式(5.3)和式(5.4)计算：

$$L=n_{L}L_{垛}+(n_{L}-1)C_{中}+2C_{边} \tag{5.2}$$

式中　n_{L}——长度方向种垛数量，个；

$L_{垛}$——种垛长度，m；

$C_{中}$——种垛间距，m；

$C_{边}$——种垛距浸种箱侧壁距离，m。

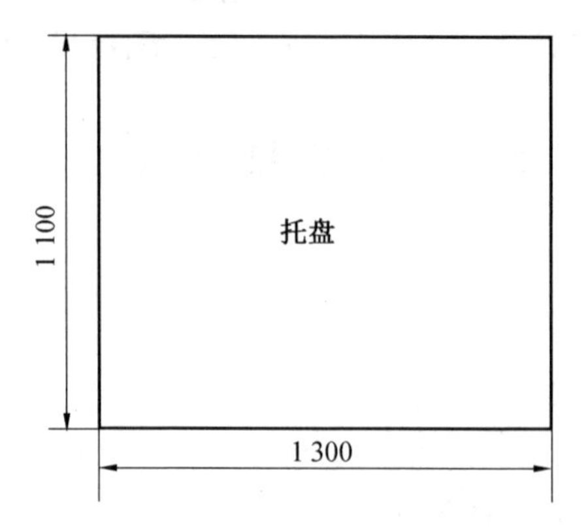

(a) 托盘尺寸 (单位：mm)

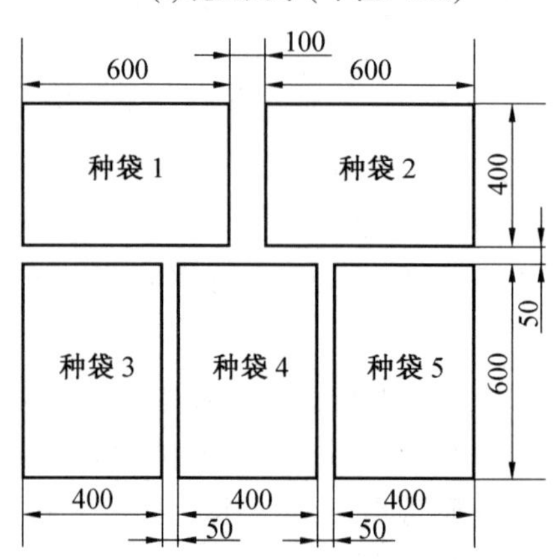

(b) 奇数层种袋布置及尺寸 (单位：mm)

(c) 偶数层种袋布置

图 5.4　托盘尺寸及种袋布置图

$$B=n_B B_{垛}+(n_B-1)C_{中}+2C_{边} \tag{5.3}$$

式中　n_B——宽度方向种垛数量，个；

$B_{垛}$——种垛宽度，m；

$C_{中}$——种垛间距，m；

$C_{边}$——种垛距浸种箱侧壁距离，m。

$$H = H_{垛} + H_{底} + H_{淹} + H_{超} \tag{5.4}$$

式中　$H_{垛}$——种垛高度，m；

$H_{底}$——底部管道安装层厚度，m；

$H_{淹}$——淹没水层厚度，m；

$H_{超}$——浸种箱侧壁安全超高，m。

参照黑龙江垦区农场芽种车间现有布置方式，设定浸种箱横向每列 3 个种垛，纵向种垛数量是横向种垛数量的 1～2 倍，曝气增氧浸种催芽装置按 2 倍取值，可得浸种箱纵向每行 6 个种垛。

曝气增氧浸种催芽装置拟采用连续曝气方式，为浸种不间断增氧，因此无须在种垛间留太厚水层作传氧媒介。为防止垂直吊运时种垛碰撞，种垛间距取 0.5 m，种垛与浸种箱侧壁的间距为 0.25 m。

种垛底部与浸种箱底部预留各类管道安装区的高度取为 0.1 m。种垛放入浸种箱后，种垛淹没水深为 0.2 m，浸种箱侧壁安全超高为 0.2 m。

将上述数值及种垛尺寸代入式(5.2)～式(5.4)，确定浸种箱容积为 10.8 m×4.8 m×1.7 m(长×宽×高)。浸种箱内种垛布置平面图(单位：mm)如图 5.5 所示。

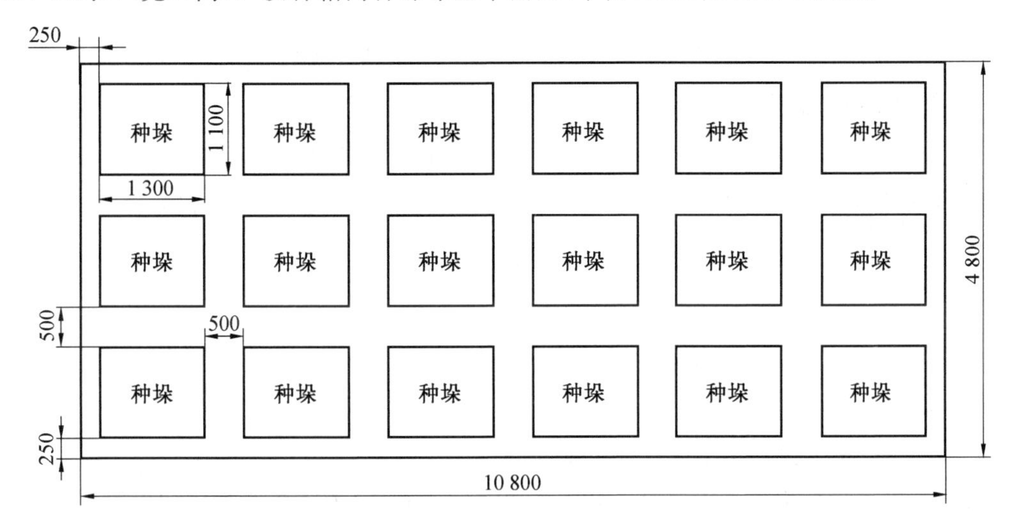

图 5.5　浸种箱内种垛布置平面图(单位：mm)

2. 浸种箱结构尺寸设计

曝气增氧浸种催芽装置要求浸种箱底部能够承担种垛重量及浸种水重量，这样会在浸种箱底局部出现较大集中荷载。此外，浸种箱内部需设置各类水、气、热管道设施。因此，曝气增氧浸种催芽装置参照钢筋混凝土消防水箱的设计方法，浸种箱采用现浇钢筋混凝土箱体。

为满足浸种箱底承受较大荷载和预埋输排水暗管的要求，取混凝土浸种箱底板厚度为 0.5 m。浸种箱侧壁仅承受单侧水压力作用，荷载值较小。可参照钢筋混凝土消防水箱的一般设计取值，取浸种箱侧壁厚度为 0.2 m。为减少浸种箱热量散失，在浸种箱侧壁外侧按建筑保温要求粘贴 0.1 m 厚的保温板。

为在浸种箱内实施曝气，需在浸种箱底部布设曝气管及输气管道。在浸种箱底铺设 0.1 m 高的钢格板将种垛架空，即可为上述管道留出布设空间。

综上所述，浸种箱宽度方向结构剖面图（单位：mm），如图 5.6 所示。

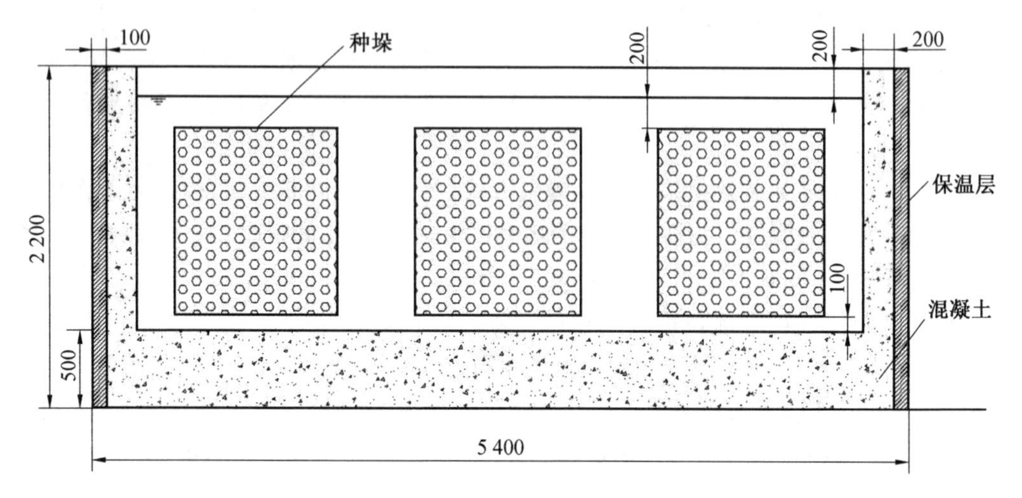

图 5.6　浸种箱宽度方向结构剖面图（单位：mm）

3. 浸种箱数量确定

曝气增氧浸种催芽装置以满足单个作业区水稻芽种需要量为产量目标进行设计。浸种箱数量可按式(5.5)计算：

$$N_{箱}=\frac{Q}{B_{批}\ P_{单}} \tag{5.5}$$

式中　$N_{箱}$——浸种箱数量，个；

Q——作业区芽种需求量，t；

$B_{批}$——浸种催芽批次，次；

$P_{单}$——单个浸种箱单次浸种产量，t。

目前，以水稻种植为主的黑龙江垦区东部管局各农场，为满足水稻大规模种植需要，水稻芽种采用“集中生产、统一供种”的生产管理方法。生产经验表明，每万亩(1 亩≈667 m^2)水稻需浸干稻种 48 t。各农场一般下设若干作业区，作业区面积约为 5 万亩。由此可知，一个作业区每年需要水稻芽种 240 t。

由前文可知，单个浸种箱可放置 18 个种垛，每个种垛由 35 个种袋堆叠而成，每袋干稻种质量约为 40 kg。由此可知，单个浸种箱每批次可生产稻种 25 t。

为确保播种农时，芽种供种期限一般为 1 周。曝气增氧浸种催芽性能试验结果表明，龙粳浸种耗时较长，浸种时长为 44 h。连续生产条件下，供种期限内可进行 3 批次曝气增氧浸种催芽作业。

将上述芽种需求量、浸种箱单批次产量及浸种催芽批次数代入式(5.5)，计算可得浸种箱数量为 3.2 个，取整后可确定曝气增氧浸种催芽装置的浸种箱数量为 4 个。

5.2.2　加热水箱设计

为节约建设成本和运营成本，曝气增氧浸种催芽装置拟配置 1 个加热水箱，并按“流水施工”原理为浸种箱提供适温浸种水。加热水箱具体工作流程如下：

①将 4 个浸种箱分为 A 和 B 两组，每组 2 个浸种箱。

②加热水箱首先加热 A 组浸种箱第一批次芽种所需浸种水。

③A 组浸种箱开始浸种，加热水箱加热 B 组浸种箱第一批次芽种所需浸种水。

④B 组浸种箱开始浸种，加热水箱加热 A 组浸种箱第二批次芽种所需浸种水。

⑤重复②～④步骤，直至芽种生产完成。

按上述流程，芽种生产总时长不变，但加热水箱可连续作业，从而有效提高其利用效率。由此可知，加热水箱容积仅需满足 2 个浸种箱的浸种催芽水量需求即可。

浸种箱内浸种催芽所需水量 $V_{浸种水}$ 可按式(5.6)计算：

$$V_{浸种水}=L_{箱}B_{箱}H_{水}-n_{垛}L_{垛}B_{垛}H_{垛}(1-P_{种}) \tag{5.6}$$

式中　$L_{箱}$——浸种箱长度，m；

$B_{箱}$——浸种箱宽度，m；

$H_{水}$——浸种箱内水深，m；

$n_{垛}$——浸种箱内种垛数量，个；

$L_{垛}$——种垛长度，m；

$B_{垛}$——种垛宽度，m；

$H_{垛}$——种垛高度，m；

$P_{种}$——稻种空隙率，%。

浸种箱内侧壁高度为 1.7 m，种垛顶部淹没水深为 0.2 m，可知浸种箱内水深为 1.5 m。种垛内稻种空隙率参照稻谷筒仓内最大空隙率[126]，则 $P_{种}$ 为 61%。将上述数值与浸种箱尺寸、种垛尺寸代入式(5.6)，可得 $V_{浸种水}$ 为 65.7 m^3，2 个浸种箱需水量为131.4 m^3。

加热水箱与浸种箱采取等宽布置，取加热水箱容积为 15 m×4.8 m×2.1 m(长×宽×高)，加热水箱安全超高为 0.2 m，加热水箱工作水位为 1.9 m，储存水量为 136.8 m^3(大于 131.4 m^3)，满足 2 个浸种箱浸种催芽水量要求。

为便于工作人员日常检查，加热水箱、A 组浸种箱及 B 组浸种箱间分别预留 1 m 宽间距，用于设置检查平台及附属楼梯。浸种箱及加热水箱整体布置(单位：mm)如图 5.7 所示。

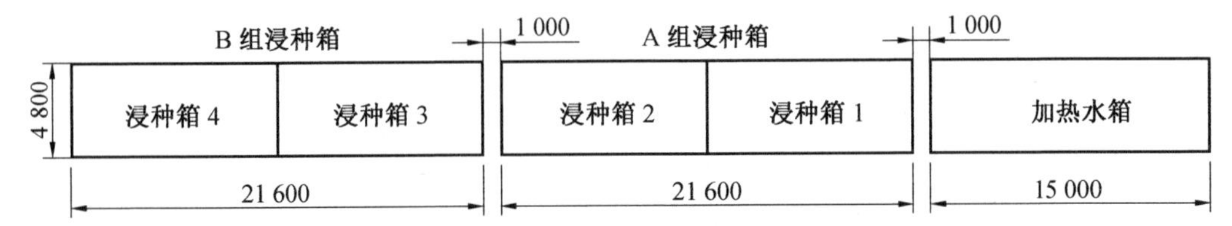

图 5.7　浸种箱及加热水箱整体布置图(单位：mm)

加热水箱的墙体材料、底板厚度、侧壁厚度、保温材料与浸种箱一致。加热水箱宽度方向剖面图(单位:mm)如图 5.8 所示。

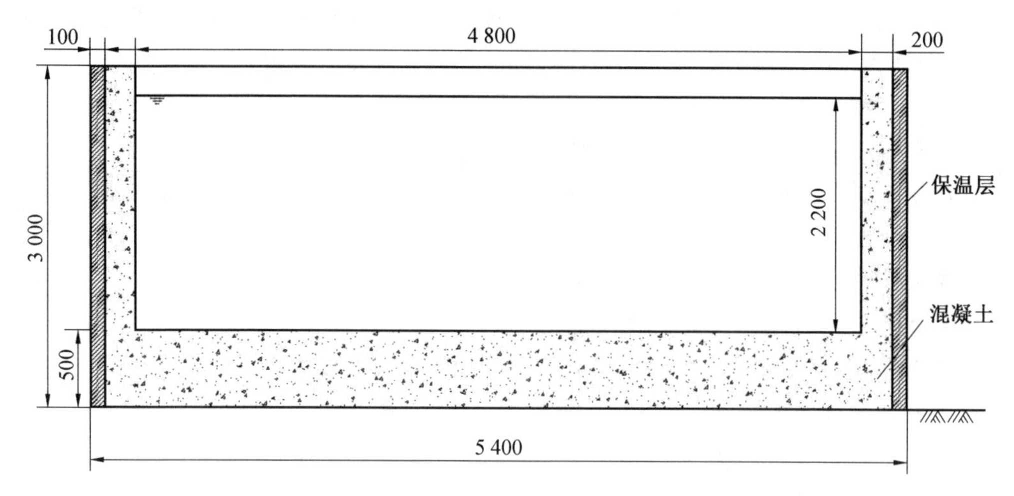

图 5.8 加热水箱宽度方向剖面图(单位:mm)

5.2.3 水温维持系统设计

黑龙江垦区水稻浸种催芽一般于每年 3 月下旬至 4 月上旬期间实施,此期间芽种生产车间室温最低可达 10 ℃。当浸种箱内水温为 30 ℃左右时,浸种箱内外会产生 20 ℃温差,浸种箱内水温会随热量散失而逐渐下降。

为减少热量散失,浸种箱采用现浇厚混凝土底板,箱壁四周采用混凝土墙体外加保温板,浸种箱顶部加设可拆卸保温盖板。具体材料与厚度:浸种箱混凝土底板厚为 0.5 m,混凝土箱壁厚为 0.2 m,保温板选取 0.1 m 厚挤塑聚苯乙烯泡沫塑料,保温盖板选用 10 mm 厚硬质 PVC 板。浸种催芽期间,浸种箱内热量主要通过底板、侧壁与顶面向外界散失,其散热问题可按稳态导热问题分析。

对于浸种箱四周侧壁,属于两层平壁传热问题,按传热学理论单位面积散热量 q 可按式(5.7)[127]计算:

$$q=\frac{t_1-t_2}{\frac{\delta_1}{\lambda_1}+\frac{\delta_2}{\lambda_2}} \tag{5.7}$$

式中 q——单位面积散热量,W/m^2;

t_1——高温侧外表面温度,℃;

t_2——低温侧外表面温度,℃;

δ_1——第 1 层平壁厚度,m;

δ_2——第 2 层平壁厚度,m;

λ_1——第 1 层平壁导热系数,W/(m · k);

λ_2——第 2 层平壁导热系数,W/(m · k)。

浸种箱侧壁内侧水温取 30 ℃,外侧气温取 10 ℃;混凝土厚度 δ_1 为 0.2 m,导热系数

λ_1 为 1.74 W/(m·k)；挤塑聚苯乙烯泡沫塑料板厚度 δ_2 为 0.1 m，导热系数 λ_2 为 0.028 W/(m·k)。将上述数值代入式(5.7)可得浸种箱侧壁单位面积散热量 q_1 为5.42 W/m^2。

浸种箱底和浸种箱顶属于单层平壁传热，可将式(5.7)简化为式(5.8)后应用：

$$q=\frac{t_1-t_2}{\frac{\delta}{\lambda}} \tag{5.8}$$

式中　q——单位面积散热量，W/m^2；

t_1——高温侧外表面温度，℃；

t_2——低温侧外表面温度，℃；

δ——平壁厚度，m；

λ——平壁导热系数，W/(m·k)。

浸种箱底部内侧水温取 30 ℃，外侧地温取 10 ℃；混凝土底座厚度为 0.5 m，混凝土导热系数为 1.74 W/(m·k)。将上述数值代入式(5.8)可得浸种箱底部单位面积散热量 q_2 为 69.6 W/m^2。

浸种箱顶部保温 PVC 盖板厚度为 0.01 m，导热系数为 0.160 W/(m·k)，内侧水温取 30 ℃，外侧地温取 10 ℃。将上述数值代入式(5.8)可得浸种箱顶部单位面积散热量 q_3 为 320 W/m^2。

浸种箱散热总量 Q 可按式(5.9)计算：

$$Q=q_1A_1+q_2A_2+q_1A_3 \tag{5.9}$$

式中　q_1——浸种箱侧壁单位面积散热量，W/m^2；

A_1——浸种箱侧壁总面积，m^2；

q_2——浸种箱底部单位面积散热量，W/m^2；

A_2——浸种箱底部总面积，m^2；

q_3——浸种箱顶部单位面积散热量，W/m^2；

A_3——浸种箱顶部总面积，m^2。

浸种箱侧壁总面积 A_1 可按式(5.10)计算：

$$A_1=2L_{箱}H_{箱}+2H_{箱}B_{箱} \tag{5.10}$$

浸种箱侧壁总面积 A_2 可按式(5.11)计算：

$$A_2=L_{箱}B_{箱} \tag{5.11}$$

浸种箱侧壁总面积 A_3 可按式(5.12)计算：

$$A_3=L_{箱}B_{箱} \tag{5.12}$$

式(5.10)至式(5.12)中　$L_{箱}$——浸种箱长度，m；

$B_{箱}$——浸种箱宽度，m；

$H_{箱}$——浸种箱高度，m。

将计算得到的 A_1、A_2 和 A_3 代入式(5.9)中，可得浸种箱散热总量 Q 为20 484.4 W。由此可知，为保证浸种箱内水温恒定，每小时需通过水温维持系统向浸种箱内加入

20 484.4 W热量。

水温维持系统设置于浸种箱体外，由维温水箱、水泵及管道系统组成。浸种过程中，由水泵将浸种箱内水抽送至加热水箱，通过维温水箱内电加热器加热后返回至浸种箱内。

1. 维温水箱设计

(1)电加热器选配与工作机制确定。

浸种箱每小时的散热量为 20 484.4 W，考虑到电加热器的热效率及与维温水箱的热损失，按照 80%工作效率计算，可得电加热器总功率应为 25 605.5 W。曝气增氧浸种催芽装置采用 5 个 6 kW 电加热器，其中 1＃、2＃、3＃电加热器为主加热器，4＃、5＃为备用加热器。

为了保证浸种箱内温度恒定，需根据浸种箱内实际水温，实时控制电加热器的启停。设定浸种箱正常工作水温为(30±1)℃，极限工作水温为(30±2)℃。浸种开始后，水温在 30 ℃以上时，1＃、2＃、3＃电加热器开始工作；当浸种箱内水温降低至 29 ℃时，4＃电加热器开始工作；当水温降低至 28 ℃时，5＃电加热器开始工作；当浸种箱内水温升高至 31 ℃时，4＃、5＃电加热器停止工作；当浸种箱内水温升至 32 ℃时，全部电加热器停止工作；当水温降至 30 ℃时，1＃、2＃、3＃电加热器开始工作。

(2)维温水箱尺寸。

维温水箱结构及尺寸(单位：mm)如图 5.9 所示。

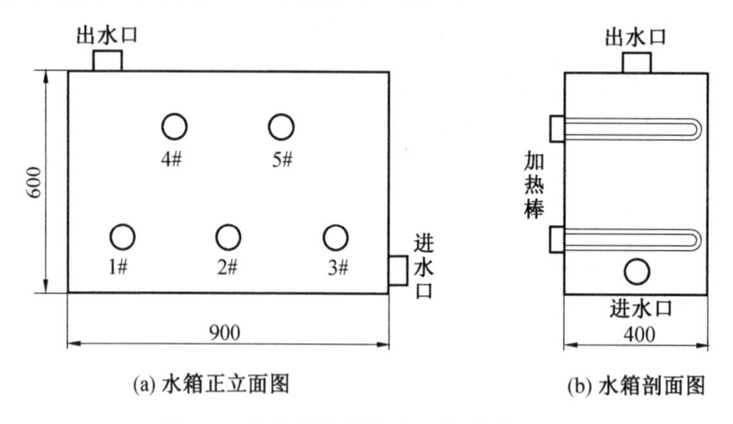

图 5.9　维温水箱结构及尺寸(单位：mm)

维温水箱尺寸主要考虑电加热器布置均匀，加热时换热良好。为使维温水箱结构紧凑，考虑将电加热器分两层布置，1＃、2＃、3＃电加热器布置在下层，4＃、5＃电加热器布置在上层。6 kW 电加热器长度约为 300 mm。为减少热流干扰，实践中电加热器间距常取 300 mm，电加热器距水箱侧壁取 150 mm。由此确定维温水箱的尺寸如下：高度为 600 mm，宽度为 1 200 mm，厚度为 400 mm。

2. 水泵及管道系统设计

(1)水泵选择。

水泵用于将浸种箱内水抽送至维温水箱，并使维温水箱内加热后的浸种水迅速返至浸种箱。浸种箱正常工作水温为(30±1)℃，所以，维温水箱正常工作时需将水温提高 2 ℃。此时，所需热量值 Q 可按式(5.13)计算：

$$Q=CM\Delta T \tag{5.13}$$

式中　Q——热量，J；

C——水的比热容，值为 4 200 J/(kg·℃)；

M——水的质量，kg；

ΔT——温度差，℃。

维温水箱容积为 0.216 m^3，对应水的质量为 216 kg。将上述数值代入式(5.13)可得水温提升 2 ℃所需热量 Q 为 1 814 400 J。

维温水箱内水温提升 2 ℃所需时间可按式(5.14)计算：

$$t=\frac{Q}{P\times 3\ 600} \tag{5.14}$$

式中　t——时间，h；

Q——热量，J；

P——功率，W。

在维温水箱极限工作条件下，5 个电加热器同时工作，电加热器总功率为 30 kW。由式(5.14)可得维温水箱内水温提升 2 ℃的最少用时为 0.014 h。

配套水泵流量应满足在 0.014 h 内将维温水箱 0.216 m^3 的水全部抽送至浸种箱内。由此可得，配套水泵设计流量为 15.4 m^3/h。

选择 ISG50－125I(A)型立式离心泵作为温度维持系统水泵，该水泵额定流量为 22.3 m^3/h，额定扬程为 16 m，额定功率为 2.2 kW，进出水口径为 50 mm。额定流量大于设计流量，可通过出口水阀调节为设计流量。

(2)管道系统设计。

管道系统包括输水管和注水管。根据水泵口径输水管选用 DN50 的 PVC 管。输水管进口段预埋于浸种箱混凝土底板内，出水管段沿箱壁外侧绕过墙顶后回到浸种箱内。注水管也选用 DN50 的 PVC 管。

为确保回水可被快速均匀分配给所有种垛，注水管在浸种箱内沿浸种箱长度方向布设，管内回水通过管壁的人工钻孔返至浸种箱。注水管壁人工孔直径为 10 mm，间距为 100 mm，孔口侧朝向种垛方向，端部用堵头封闭。

DN50 的 PVC 管内径为 0.045 m。管内最大水流速度 v 可按式(5.15)计算：

$$v=\frac{Q}{A\times 3\ 600} \tag{5.15}$$

式中　v——管内流速，m/s；

Q——流量，m^3/h；

A——管道净截面面积，m^2。

将设计流量及管道净截面面积代入式(5.15)，可得管内最大流速为 2.7 m/s，维温水箱拟布置于浸种箱短边侧壁外部，放置于地面上。

维温系统示意图如图 5.10 所示。

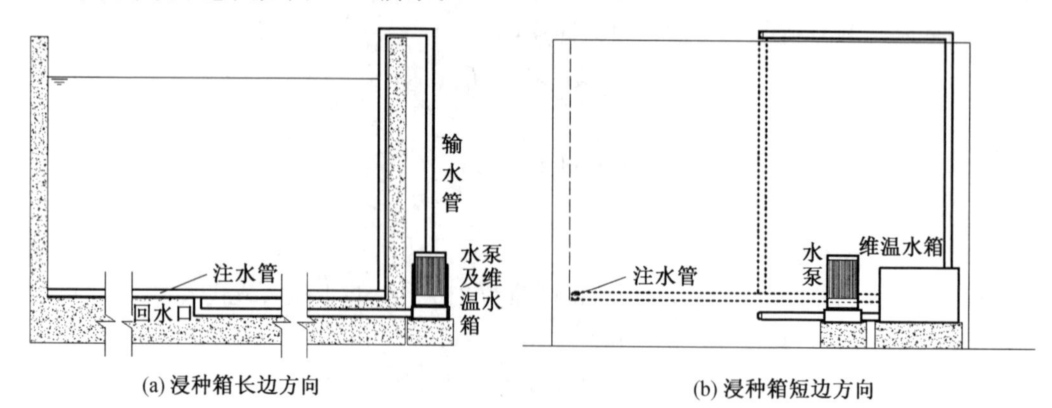

图 5.10　维温系统示意图

注水管在浸种箱内布设位置会影响浸种水搅拌混匀程度,第 4 章中已经确定注水管沿浸种箱长度方向布设于侧壁下部,即如图 5.10 中所示位置(浸种箱长边下角处)。由浸种箱尺寸估算可知:输水管长约为 10 m,注水管长约为 11 m,此时输水管道最长,管道水头损失最大。水头损失分为沿程水头损失 H_l 及局部水头损失 H_j。

沿程水头损失可按式(5.16)计算:

$$H_l=\lambda \frac{l}{d} \cdot \frac{\upsilon^2}{2g} \tag{5.16}$$

式中　H_l——沿程水头损失,m;

λ——沿程阻力系数,可通过计算获得;

υ——流速,m/s;

l——管道长度,m;

d——管道内径,m;

g——重力加速度,9.8 m/s^2。

沿程阻力系数 λ 需根据雷诺数 Re 判断水流流态后确定,雷诺数可按式(5.17)计算:

$$Re=\upsilon \frac{d}{\nu} \tag{5.17}$$

式中　Re——雷诺数,无量纲;

υ——流速,m/s;

d——管径,m;

ν——流体运动黏性系数,m^2/s。

流体运动黏性系数按 30 ℃水温取值为 0.804×10^{-6} m^2/s,将管内最大流速和管道内径代入式(5.17)可得管道 Re 值为 151 119.4,远大于 2 300,说明管内水流均为紊流状态。需根据相对光滑度$\frac{d}{K}$判断水流所属的紊流阻力区,进而确定沿程阻力系数 λ。

龙天渝等[128]给出了紊流阻力区判别标准:

$$\begin{cases} \text{紊流光滑区}:2\ 000<Re\leqslant 0.32\left(\dfrac{d}{K}\right)^{1.28} \\ \text{紊流过渡区}:0.32\left(\dfrac{d}{K}\right)^{1.28}<Re\leqslant 1\ 000\dfrac{d}{K} \\ \text{紊流粗糙区}:Re>1\ 000\dfrac{d}{K} \end{cases} \tag{5.18}$$

式中　Re——雷诺数，无量纲；

$\dfrac{d}{K}$——相对光滑度，无量纲。

DN50 的 PVC 管绝对粗糙度 K 按塑料管取值为 0.05 mm，相对光滑度$\dfrac{d}{K}$为 900。将上述数值代入式(5.18)计算可知：

$$0.32\left(\frac{d}{K}\right)^{1.28}=1\ 934.6<Re<1\ 000\frac{d}{K}=9\times 10^{5}$$

由此可知，管内水流处于紊流过渡区，由穆迪(Moody)图[129]查得沿程阻力系数 λ 为 0.023 6。

注水管为对称布置，可按任意一侧计算水头损失，管道长度取输水管和注水管总长 21 m，由式(5.16)可算得管道沿程水头损失为 4.1 m。

局部水头损失可按式(5.19)计算：

$$H_j=\xi\frac{v^2}{2g} \tag{5.19}$$

式中　H_j——局部水头损失，m；

ξ——局部阻力系数，可查表获得；

v——流速，m/s；

g——重力加速度，9.8 m/s^2。

浸种箱内注水管为对称布置，可任取一侧计算：共有弯管 4 个(局部阻力系数为 1.0)和 1 个分流三通管(局部阻力系数为 1.5)。由式(5.19)可算得局部水头损失为 2.1 m。

综上可知，管道总水头损失为 6.2 m。水泵将水从浸种箱抽出又返至浸种箱，静扬程为 0 m。水泵扬程仅需克服管道水头损失。总水头损失远小于水泵额定扬程(16 m)，水泵选型合理。

水温维持系统布置图如图 5.11 所示。

5.2.4　曝气增氧系统设计

增氧技术在水产养殖及污水处理中已有广泛应用。相对于机械增氧，微孔曝气增氧具有噪声低、能耗小、效率高等特点。曝气装置有多种类型，按材料可分为刚玉陶瓷曝气器和膜式曝气器，膜式曝气器又分为盘式和管式。刚玉陶瓷曝气器价格昂贵且清洗复杂，目前已经很少使用。盘式曝气器使用较早，存在搅拌性能差、布置密度低等问题，适用于曝气量比较小的情况。

微孔曝气管(以下简称曝气管)具有搅拌性能好、工程造价低和曝气量大等特点，应

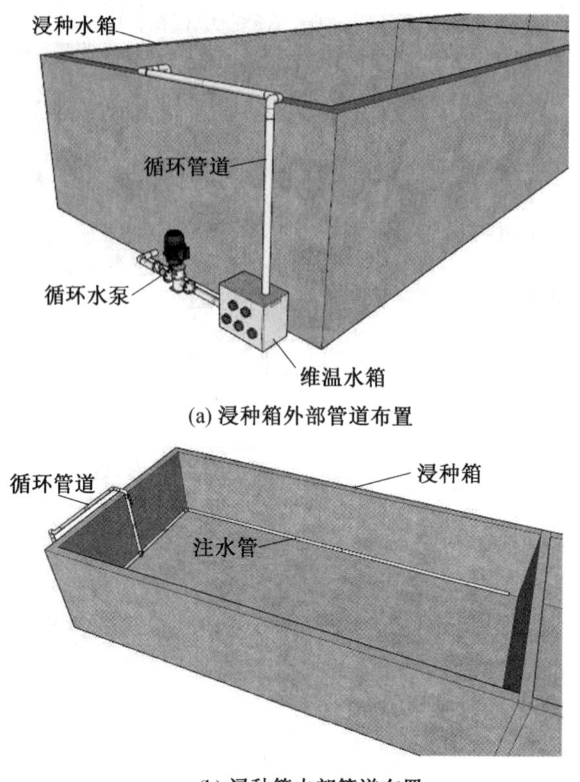

(a) 浸种箱外部管道布置

(b) 浸种箱内部管道布置

图 5.11　水温维持系统布置图

用较广。曝气管管壁内分布有 S 形迷宫式微孔，可在水中产生直径为 0.2～0.6 mm 的微气泡，能够实现上下层水体同步同幅增氧[130]，符合曝气增氧浸种催芽装置的应用要求。

曝气增氧浸种催芽装置的曝气增氧系统包括空气发生器、管道系统和气泡发生器。空气发生器一般采用漩涡气泵、罗茨风机或空气压缩机辅以气罐，三者的工况范围各不相同。管道系统是从空气发生器到曝气管间的干、支管道，管道材料选取经济适用性好的 PVC 管。

气泡发生器即为浸种箱底部布置的曝气管。浸种箱深度小于 2.5 m，一般选择外径×内径为 16 mm×10 mm 的高密度纳米曝气管，其工作参数如下：微孔密度为 700～1 200 个/m，微孔直径为 0.03～0.06 mm。每米管壁曝气流量为 0.1～0.4 $m^3/(h·m)$，可满足 2～8 m^2 面积的供氧需求。正常工作压力为 0.1 MPa，长期工作压力不超过0.2 MPa。

1. 曝气管长度确定

曝气管的管壁曝气流量与管内空气压力有关。管内压力越大，管壁曝气流量越大。曝气管首连接在输气管端，气压较大。随着空气从管壁渗漏，沿曝气管长方向管内空气压力逐渐减小。因此，在管首压力及曝气流量不变的前提下，曝气管上各段的曝气流量并非定值，而是会呈现出曝气流量沿曝气管长逐渐衰减的规律。若曝气管过长，管首和管尾处的管壁曝气流量差异过大，从而导致种垛周围氧气场不均，影响稻种的萌发效果。目前，关于管内气压、输气量与管壁曝气流量的关系尚未形成成熟计算理论，此处需通过曝气管管壁曝气流量试验揭示其相互关系，从而获得适宜曝气管长的相关参数。

(1)材料与方法。

试验仪器设备：双口瓶、40 L/min 气泵、量筒。

双口瓶内部结构及实物图如图 5.12 所示。

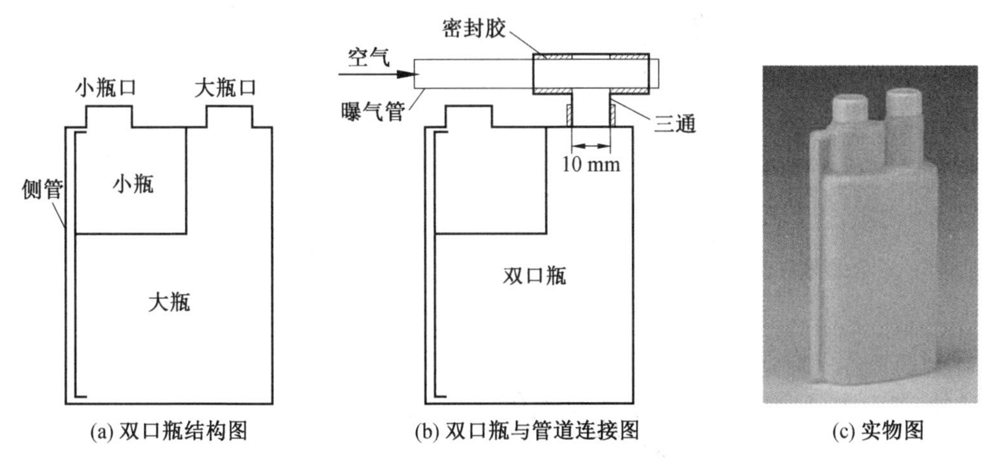

(a) 双口瓶结构图　(b) 双口瓶与管道连接图　(c) 实物图

图 5.12　双口瓶内部结构及实物图

在试验过程中，用变径三通管将曝气管与双口瓶如图 5.12 所示连接，在双口瓶内加水至与侧管上口齐平。打开小瓶口并通过大瓶口向瓶内通气，会将大瓶内的水向小瓶内挤压，排入小瓶内水的体积，即为该位置 1 cm 长曝气管管壁曝出的曝气体积。

(2)试验方案。

试验控制参数：气泵输气量选择 1.2 L/min、2.4 L/min、3.6 L/min、4.8 L/min 及 6.0 L/min 共计 5 个水平(对应的气罐压力为 0.1 MPa、0.2 MPa、0.3 MPa、0.4 MPa 和 0.5 MPa)；曝气管长选择 0.5 m、1.0 m、1.5 m、2.0 m、2.5 m 及 3.0 m 共计 6 个水平。曝气管首与气泵连接，以接口为起点，间距 25 cm 为 1 个测点，直至管尾。每个测点按图 5.12 所示方式连接双口瓶，用于测取该点的管壁曝气流量。以曝气管长和输气量为因素，以管壁曝气流量均匀度(以下简称曝气均匀度)为响应指标开展全因子试验。

曝气均匀度用克里斯琴森(Christiansen)公式[131]计算：

$$C_u = 1 - \frac{\sum_{i=1}^{n} |q_i - \bar{q}|}{n\bar{q}} \tag{5.20}$$

式中　C_u——曝气均匀度，%；

$\bar{q}$——平均曝气流量，L/min；

q_i——第 i 个测点管壁曝气流量，L/min；

n——测点数量，个。

(3)试验结果及分析。

不同长度曝气管在不同气泵输气量下各测点的管壁曝气流量试验结果如图 5.13 所示。

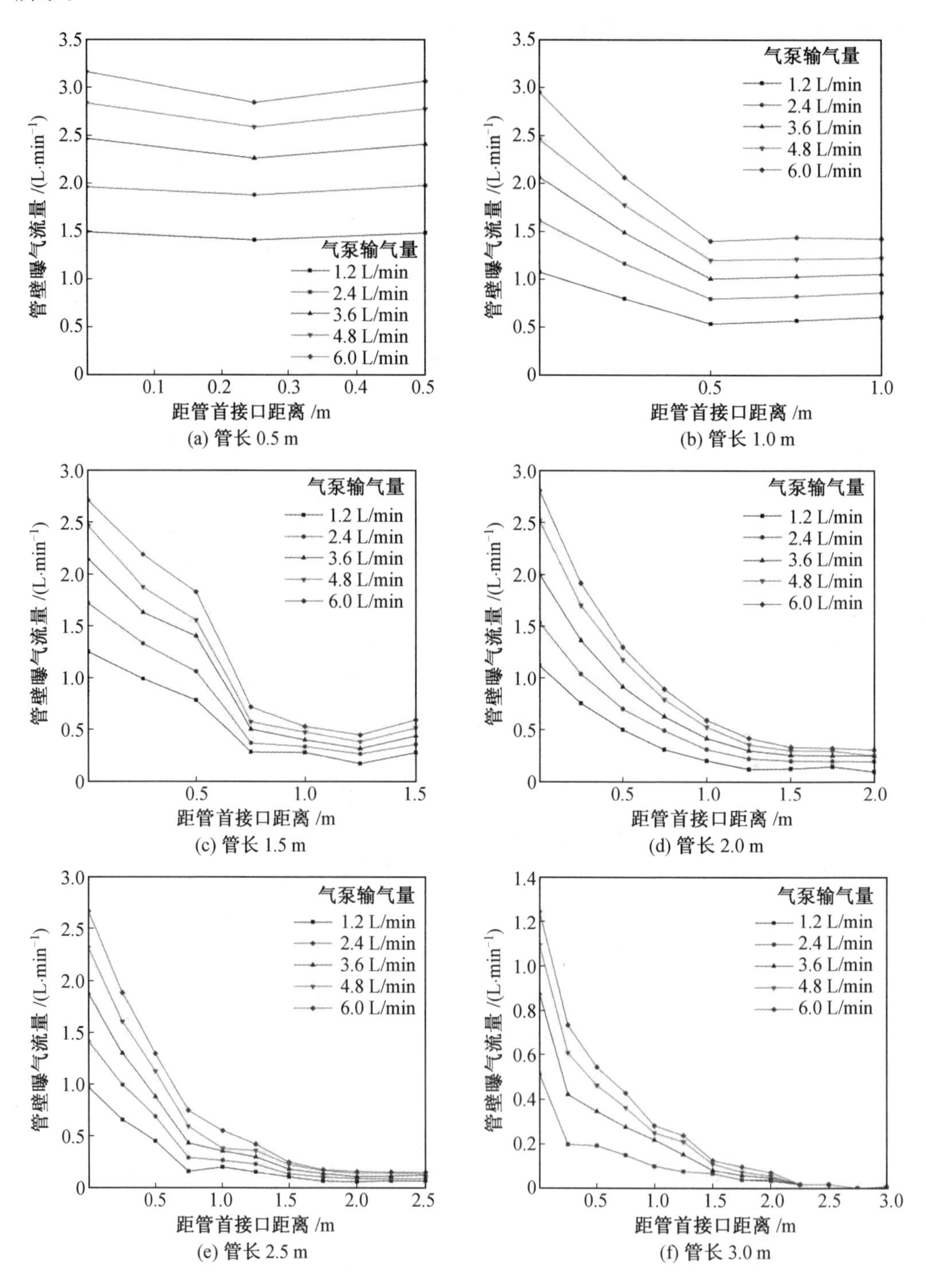

图 5.13　不同长度曝气管在不同气泵输气量下各测点的管壁曝气流量试验结果

由图5.13(a)可知,在1.2～6 L/min的气泵输气量下,各测点管壁曝气流量几乎相等,气泵输气量大则各测点管壁曝气流量也越大。0.5 m曝气管在各气泵输气量下的曝气气流均匀度均超过96%,曝气管曝气均匀度非常高。

由图5.13(b)可知,在不同气泵输气量下,管壁曝气流量均表现为管首接口处大,随着与管首接口距离的增加,曝气流量开始下降,到曝气管的后半段曝气流量开始保持在稳定值。对比不同气泵输气量下的曲线,可知气泵输气量大则各测点的管壁强度也较大。

由图5.13(c)可知,1.5 m曝气管管壁曝气流量变化规律也表现为,前半段随着与管首接口距离的增加曝气流量逐渐下降,后半段各测点曝气流量趋于恒定值。1.5 m曝气管在各气泵输气量下的曝气气流均匀度达到40%左右。

由图5.13(d)和(e)可知,2.0 m和2.5 m曝气管的管壁曝气流量曲线的变化规律与1.0 m和1.5 m曝气管类似,在距管首接口2.5 m处的曝气流量已经降至0.1 L/min的极低水平。从气流均匀度来看,2.0 m曝气管曝气气流均匀度已经降至30%左右,而2.5 m曝气管曝气气流均匀度已经低至15%左右。

由图5.13(f)可知,3.0 m曝气管的管壁曝气流量变化规律与2.5 m曝气管类似,但应注意到,在距管首接口2.75 m处的测点,管壁曝气流量已经趋近于零。曝气气流均匀度已降为10%左右,甚至出现低于10%的情形。该结果表明,曝气管过长时,尾部管段会出现不曝气的情况。因此,曝气管不宜设置过长。

综上分析可知,在不同曝气管长条件下,管壁曝气流量随着测点与管首接口距离的增加而减小,最终趋于稳定。气泵输气量越大,各测点管壁曝气流量也随之增大。

上述试验结果表明,管壁曝气流量与气泵输气量和管道长度有关。各试验组合下的曝气管曝气均匀度见表5.1。

表5.1　各试验组合下的曝气管曝气均匀度　　%

曝气管长	1.2 L/min	2.4 L/min	3.6 L/min	4.8 L/min	6 L/min
0.5 m	97.7	97.9	96.7	96.4	96.0
1.0 m	75.3	74.5	73.1	72.4	71.9
1.5 m	35.6	40.5	39.9	41.3	42.2
2.0 m	26.3	33.1	32.8	30.5	31.4
2.5 m	13.7	13.3	14.9	14.3	16.3
3.0 m	11.8	12.2	7.2	7.0	6.7

由表5.1可知,相同曝气管长条件下,曝气均匀度随着输气量的变化而小幅度波动:曝气管长0.5 m时的曝气均匀度波动范围为96.0%～97.7%;曝气管长1.0 m时的曝气均匀度波动范围为71.9%～75.3%;曝气管长1.5 m时的曝气均匀度波动范围为35.6%～42.2%;曝气管长2.0 m时的曝气均匀度波动范围为26.3%～33.1%;曝气管长2.5 m时的曝气均匀度波动范围为13.3%～16.3%;曝气管长3.0 m时的曝气均匀度

波动范围为6.7%～12.2%。显然，曝气均匀度随着曝气管长的缩短而快速升高。因此，可将曝气管长度作为调整曝气均匀度的重要手段。

(4)浸种箱内曝气管长度与布置方式确定。

为使浸种箱内各种垛曝气均匀，曝气管采用多点分布式布置，通过干、支管系统将空气均匀输送到种垛位置，由多点分布的曝气管实施曝气。这种布置方式的特征是通过干、支管系统将空气输送到预定位置，末端连接短曝气管，由短曝气管实施均匀曝气。此外，这种方式还可以通过管道阀门对浸种箱实施分区域曝气控制。

每米曝气管可满足2～8 m^2 面积水体的增氧要求，前文已确定种垛长宽尺寸为1.3 m×1.1 m(长×宽)。由此可知，单个种垛下布置1根曝气管即可满足该区域增氧要求。依据第4章仿真分析结果，将曝气管布置于种垛下部中心处，如图5.1所示。输气支管将空气送至种垛底部中心处，曝气管与输气支管垂直相连，沿种垛长度方向对称布设。曝气管末端超出种垛25 cm，使纵向种垛间曝气管末端相邻，此时曝气管长度为0.9 m。

对表5.1中数值进行计算可知，曝气管长0.5 m和1.0 m时的平均曝气均匀度分别为96.9%和73.4%，线性差值可知曝气管长0.9 m时的平均曝气均匀度为78.1%，均匀度较高。

曝气管正常工作压力为0.1 MPa时，长期工作压力不宜超过0.2 MPa。曝气增氧浸种催芽装置仅用于浸种催芽，使用期较短。实际运行中，管内空气流动和管壁曝气也会降低管内气压。由此选择输气支管末端工作压力为0.2 MPa。根据试验压力与输气量对应关系，0.2 MPa气压对应气泵输气量为2.4 L/min，曝气管长0.9 m时的管壁曝气流量为0.16 $m^3/(h·m)$，在曝气管工作流量范围内(0.1～0.4 $m^3/(h·m)$)。

管道系统是曝气增氧系统的重要组成，通过干、支管将空气发生器与空气发生器相连，以期实现空气的输送和调配。浸种箱内曝气管布置平面图(单位：mm)如图5.14所示。浸种箱宽度方向3个种垛下布设的6根曝气管与1根输气支管串接，浸种箱长度方向6根输气支管延伸至浸种箱外输气干管处与之相连。

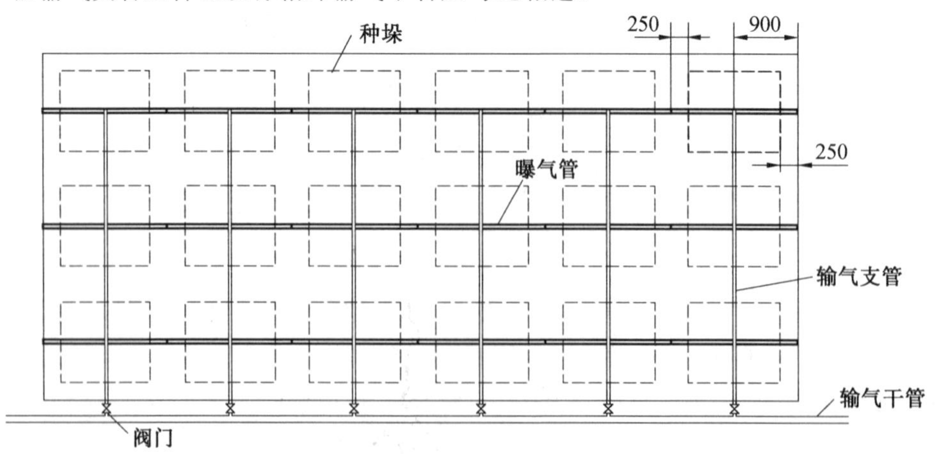

图5.14 浸种箱内曝气管布置平面图(单位：mm)

为避免管道穿过浸种箱侧墙造成浸种箱渗漏，各输气支管在浸种箱侧墙处沿侧墙向上引出至墙顶，然后沿水平方向与输气干管相连。浸种箱内曝气管布置剖面图(单位：mm)如图 5.15 所示。

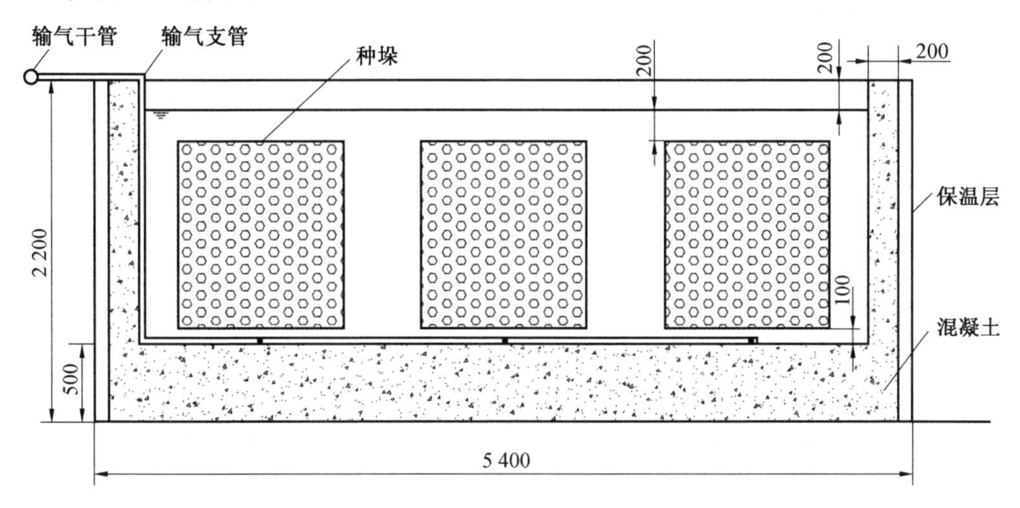

图 5.15　浸种箱内曝气管布置剖面图(单位：mm)

2. 支管管径及管道工作压力

为便于输气干、支管道的连接安装，浸种箱顶与输气干管间预留 1 m 水平间距。已知种垛宽度为 1.1 m、种垛间距为 0.5 m、种垛与侧壁间距为 0.25 m，浸种箱侧壁高为 1.7 m，则每根支管长度 $L_{支}$ 为 6.7 m。

支管管径可由管道通风量的计算公式计算获得：

$$Q=\frac{1}{4}\pi d^2 \upsilon \tag{5.21}$$

式中　Q——管道通风量，m^3/h；

d——管道内径，m；

υ——管内风速，m/s。

每根支管连接 3 个种垛共计 6 根曝气管，单根曝气管输气流量为 2.4 L/min，支管最大输气量 $Q_{支}$ 为 14.4 L/min，即 0.864 m^3/h。浸种催芽用气量远低于工业生产要求，支管管内风速可按较低推荐风速，取值为 2 m/s。

将输气量和管内风速代入式(5.21)，可得支管计算内径为 12.3 mm。在 PVC 管规格表中选定 20 mm×2 mm 的 DN20 管材作为支管。该管外径为 20 mm，内径为 16 mm，壁厚为 2 mm，压力承载力为 1.6 MPa。

已知支管末端压力 $p_{支末}$ 为 0.2 MPa，则支管管首压力 $p_{支首}$ 应为

$$p_{支首}=p_{支末}+H_{l支}+H_{j支} \tag{5.22}$$

式中　$H_{l支}$——支管沿程水头损失，Pa；

$H_{j支}$——支管局部水头损失，Pa。

支管沿程水头损失 $H_{l支}$ 可按式(5.23)计算：

$$H_l=\lambda\frac{l}{d}\cdot\frac{\rho v^2}{2} \tag{5.23}$$

式中 λ——沿程阻力系数，可通过计算获得；

l——管道长度，m；

d——管道内径，m；

ρ——空气密度，此处按 0 ℃标准大气压下的不利条件取值为 1.29 kg/m³；

v——空气流速，m/s。

支管局部水头损失 $H_{j支}$ 可按式(5.24)计算：

$$H_j=\xi\frac{\rho v^2}{2} \tag{5.24}$$

式中 ξ——局部阻力系数，可查表获得；

ρ——空气密度，此处按 0 ℃标准大气压下的不利条件取值为 1.29 kg/m³；

v——空气流速，m/s。

支管各段空气流速不同，支管沿程水头损失需分段计算。支管沿程水头损失计算分段情况如图 5.16 所示。

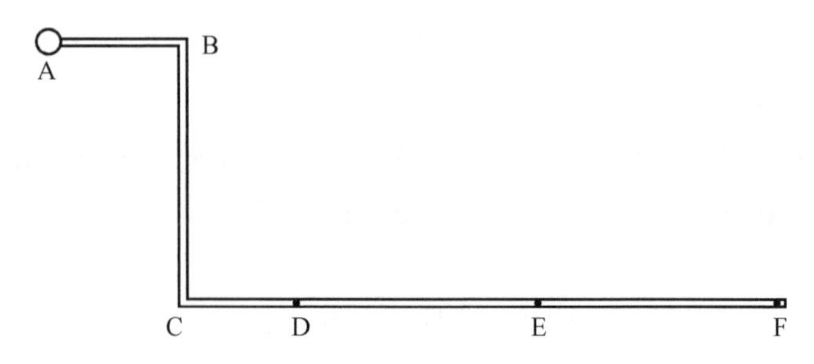

图 5.16 支管沿程水头损失计算分段情况

各支管段沿程阻力系数 λ 需根据雷诺数 Re 判定流态后方可确定，雷诺数 Re 由式(5.17)计算。管道内径 d 取支管内径 0.016 m，空气运动黏性系数 ν 按不利温度取为 1.519×10^{-5} m²/s，各支管段空气流速 v 分别根据各支管段空气流量由式(5.21)计算获得，各支管段雷诺数 Re 计算结果见表 5.2。

表 5.2 各支管段雷诺数 Re 计算结果

管段	AB	BC	CD	DE	EF
管长/m	1.0	1.7	0.8	1.6	1.6
空气流量/($m^3\cdot h^{-1}$)	0.864	0.864	0.864	0.576	0.288
空气流速/($m\cdot s^{-1}$)	1.2	1.2	1.2	0.8	0.4
雷诺数 Re	1 264.0	1 264.0	1 264.0	842.7	421.3

由表 5.2 可知，各支管段雷诺数 Re 均小于 2 000，管内空气处于层流状态，其沿程阻力系数 λ 可按式(5.25)计算：

$$\lambda=\frac{64}{Re} \tag{5.25}$$

将各支管段沿程阻力系数 λ、管道长度 l、管道内径 d 和空气流速 v 代入式(5.23)，各支管段沿程水头损失计算结果见表 5.3。

表 5.3 各支管段沿程水头损失计算结果

管段	AB	BC	CD	DE	EF
雷诺数 Re	1 264.0	1 264.0	1 264.0	842.7	421.3
沿程阻力系数	0.05	0.05	0.05	0.08	0.15
管道长度/m	1.0	1.7	0.8	1.6	1.6
空气流速/($m \cdot s^{-1}$)	1.2	1.2	1.2	0.8	0.4
沿程水头损失/Pa	2.9	4.9	2.3	3.3	1.5

此时支管沿程水头损失 $H_{l支}$ 可按式(5.26)计算：

$$H_{l支} = H_{lAB} + H_{lBC} + H_{lCD} + H_{lDE} + H_{lEF} \tag{5.26}$$

式中 H_{lAB}——AB 管段沿程水头损失，Pa；

其余与 H_{lAB} 类似。

将表 5.3 中各支管段沿程水头损失代入式(5.26)可得支管沿程水头损失 $H_{l支}$ 为14.9 Pa。

由图 5.16 可知，支管有 1 个三通管和 2 个弯管，由《通风道设计手册》可查得分流三通旁支局部阻力系数为 1.5，弯管的局部阻力系数为 2.0，空气流速均为 1.2 m/s，代入式(5.24)可得支管局部水头损失 $H_{j支}$ 为 5.1 Pa。

沿程水头损失与局部水头损失之和为 20 Pa，远小于输气支管末端压力 0.2 MPa，因此可忽略管道阻力。支管管首工作压力 $p_{支首}$ 仍取为 0.2 MPa，小于支管压力承载力，满足工作压力要求。此时，支管内各点压力相近，各曝气管首压力均为设计工作压力0.2 MPa。

3. 干管管径及管道工作压力

曝气增氧浸种催芽装置共有 4 个浸种箱，每个浸种箱设置 6 根输气支管，支管最大输气量 $Q_支$ 为 14.4 L/min。

输气干管共需连接 24 根支管，最大输气量 $Q_干$ 为 345.6 L/min，即 0.7 m^3/h。

干管管径由式(5.21)计算，干管推荐风速取 2 m/s，代入式(5.21)可得干管计算管径为 60.5 mm，在 PVC 管规格表中选取 75 mm×4 mm(外径×壁厚)DN75 管材作为输气干管，其内径为 67 mm，压力承载力为 1 MPa。此时，最大输气量 $Q_干$ 对应的干管内的最大空气流速为 1.63 m/s。

干管与 24 根支管均采用直角变径三通连接，前文已经确定支管工作压力为 0.2 MPa，干管管首压力 $p_{干首}$ 可按式(5.27)计算：

$$p_{干首} = p_{干末} + H_{l干} + H_{j干} \tag{5.27}$$

式中 $p_{干首}$——干管管首压力，Pa；

$H_{l干}$——干管沿程水头损失，Pa；

$H_{j干}$——干管局部水头损失,Pa;

$p_{干末}$——干管末端压力,Pa。

干管管末压力与末端支管工作压力相等,即 $p_{干末}$ 为 0.2 MPa。

受支管分流作用的影响,干管内不同位置气流速度各不相同,需分段计算沿程水头损失和局部水头损失。干管上共有 24 根支管,支管间共计 23 个干管段,从首部开始向后依次编号 0,1,2,…,23,除 12 号管段长度为 2.8 m(计入 AB 组浸种箱间距),其余干管段长度均为 1.8 m。首端支管前预留长度为 20 m 的干管,用于与空气发生器相连,编号为 0#。干管沿程水头损失计算分段情况如图 5.17 所示。

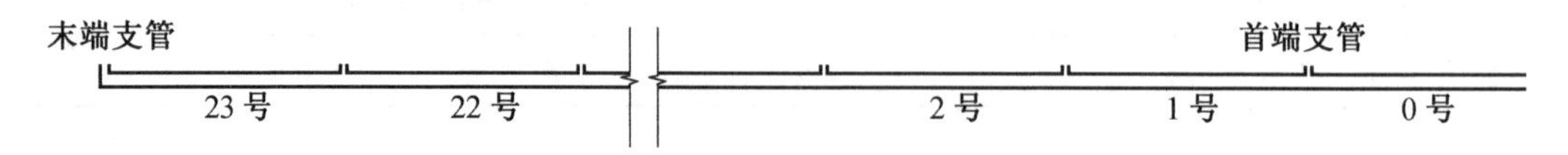

图 5.17　干管沿程水头损失计算分段情况

干管沿程水头损失按式(5.23)计算。各干管段沿程阻力系数 λ 需根据管道雷诺数 Re 判断水流流态后方可确定,雷诺数 Re 由式(5.17)计算。管道直径 d 取干管内径 0.067 m,空气运动黏性系数 ν 按不利温度取为 $1.519\times10^{-5}\ m^2/s$,各干管段空气流速 v 分别根据各干管段空气流量按式(5.21)计算获得。

各干管段流速及雷诺数 Re 计算结果见表 5.4。

表 5.4　各干管段流速及雷诺数 Re 计算结果

编号	流速/($m\cdot s^{-1}$)	雷诺数 Re	编号	流速/($m\cdot s^{-1}$)	雷诺数 Re
0	1.63	7 189.6	12	0.82	3 616.9
1	1.56	6 880.8	13	0.75	3 308.1
2	1.50	6 616.2	14	0.68	2 999.4
3	1.43	6 307.5	15	0.61	2 690.6
4	1.36	5 998.7	16	0.54	2 381.8
5	1.29	5 689.9	17	0.48	2 117.2
6	1.22	5 381.2	18	0.41	1 808.5
7	1.16	5 116.5	19	0.34	1 499.7
8	1.09	4 807.8	20	0.27	1 190.9
9	1.02	4 499.0	21	0.20	882.2
10	0.95	4 190.3	22	0.14	617.5
11	0.88	3 881.5	23	0.07	308.8

由表 5.4 可知,18~23 号管段雷诺数 Re 均小于 2 000,管内气流属于层流,沿程阻力系数 λ 仍按式(5.25)计算。1~17 号管段雷诺数 Re 均大于 2 000,需根据相对光滑度 $\frac{d}{K}$ 判断水流所属的紊流阻力区。龙天渝等[128]给出的流态判别标准仍适用,按式(5.18)

判别塑料管绝对粗糙度 K 为 0.05 mm。

计算可知：

$$\begin{cases} 0.32\left(\dfrac{d}{K}\right)^{1.28}=3\ 220 \\ 1\ 000\dfrac{d}{K}=1.34\times10^{6} \end{cases}$$

由此可知，14～17 号管段处于紊流光滑区，1～13 号管段处于紊流过渡区。

紊流光滑区的沿程阻力系数 λ 可用布拉修斯公式[128]计算：

$$\lambda=\frac{0.316\ 4}{Re^{0.25}} \tag{5.28}$$

式中　λ——沿程阻力系数，可通过计算获得；

Re——雷诺数，无量纲。

对于通风供气管道，紊流过渡区的沿程阻力系数可用莫迪公式[128]获得近似解：

$$\lambda=0.055\left[1+\left(2\ 0000\ \frac{K}{d}+\frac{10^{6}}{Re}\right)^{\frac{1}{3}}\right] \tag{5.29}$$

分别计算各干管段沿程水头损失，干管沿程水头损失计算结果见表 5.5。

表 5.5　干管沿程水头损失计算结果

编号	管长/m	λ	沿程水头损失/Pa	编号	管长/m	λ	沿程水头损失/Pa
0	20	0.35	179.04	12	2.8	0.42	7.61
1	1.8	0.35	14.76	13	1.8	0.43	4.19
2	1.8	0.36	14.04	14	1.8	0.04	0.32
3	1.8	0.36	12.76	15	1.8	0.04	0.26
4	1.8	0.37	11.86	16	1.8	0.05	0.25
5	1.8	0.37	10.67	17	1.8	0.05	0.20
6	1.8	0.38	9.80	18	1.8	0.03	0.09
7	1.8	0.38	8.86	19	1.8	0.04	0.08
8	1.8	0.39	8.03	20	1.8	0.05	0.06
9	1.8	0.40	7.21	21	1.8	0.07	0.05
10	1.8	0.40	6.26	22	1.8	0.10	0.03
11	1.8	0.41	5.50	23	1.8	0.21	0.02

干管沿程水头损失 $H_{l干}$ 可按式(5.30)计算：

$$H_{l干}=\sum_{i=0}^{23}H_{li} \tag{5.30}$$

式中　H_{li}——各干管段沿程水头损失，Pa。

将表 5.5 中各干管段沿程水头损失代入式(5.30)，得 $H_{l干}$ 为 301.95 Pa。

干管局部水头损失按式(5.24)计算，分流三通直流局部阻力系数为 0.1。从首端支管向末端支管依次编号 1，2，…，24，干管局部水头损失计算结果见表 5.6。

表 5.6　干管局部水头损失计算结果

编号	流速 /(m·s^{-1})	局部水头损失 /Pa	编号	流速 /(m·s^{-1})	局部水头损失 /Pa	编号	流速 /(m·s^{-1})	局部水头损失 /Pa
1	1.63	0.17	9	1.09	0.08	17	0.54	0.02
2	1.56	0.16	10	1.02	0.07	18	0.48	0.01
3	1.50	0.15	11	0.95	0.06	19	0.41	0.01
4	1.43	0.13	12	0.88	0.05	20	0.34	0.01
5	1.36	0.12	13	0.82	0.04	21	0.27	0.00
6	1.29	0.11	14	0.75	0.04	22	0.20	0.00
7	1.22	0.10	15	0.68	0.03	23	0.14	0.00
8	1.16	0.09	16	0.61	0.02	24	0.07	0.00

干管局部水头损失 $H_{j干}$ 可按式(5.31)计算：

$$H_{j干} = \sum_{i=1}^{24} H_{ji} \tag{5.31}$$

式中　H_{ji}——各干管段沿程水头损失，Pa。

将表 5.6 中的三通管处局部水头损失代入式(5.31)，得 $H_{j干}$ 为 3.87 Pa。

将 $H_{l干}$ 和 $H_{j干}$ 代入式(5.27)，干管首部压力 $p_{干首}$ 约为 0.2 MPa。由此可得，输气干管管首工作压力为 0.2 MPa。

4. 空气发生器

空气发生器承担为输气干管提供有压气体的任务。常用的空气发生器有罗茨风机、漩涡气泵及空气压缩机。

漩涡气泵(图 5.18)为小型叶片式风机，输气量及工作压力均远不能满足曝气增氧浸种催芽装置需要。

图 5.18　漩涡气泵

罗茨风机(图 5.19)和空气压缩机(图 5.20(a))均为容积式风机，二者结构原理与工作参数方面存在差异。罗茨风机依靠 2 个三叶叶轮旋转吸入空气后从出口排出，输气量较大，但工作压力一般不超过 0.1 MPa，不满足本装置工作压力要求。

图 5.19　罗茨风机

空气压缩机是靠弹簧舌吸入空气到气罐，再由气罐排出空气。空气压缩机的工作压力可达 1 MPa 以上。

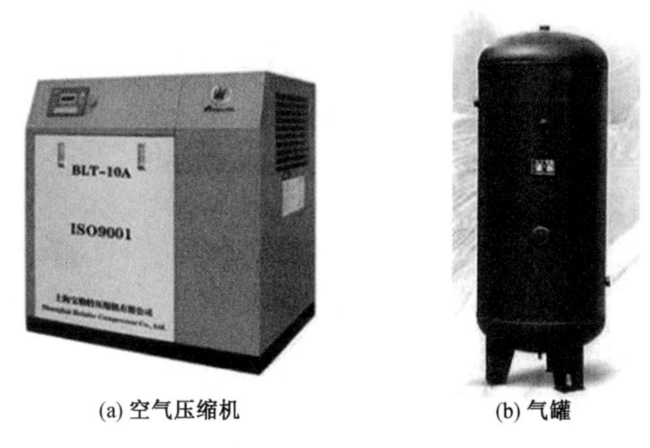

(a) 空气压缩机　　(b) 气罐

图 5.20　空气压缩机和气罐

曝气增氧浸种催芽装置输气干管压力承载力为 1 MPa，工作压力为 0.2 MPa，工作输气量为 20.7 m^3/h。因此，可根据空气压缩机的规格表选择压力为 0.8 MPa、排气量为 0.5 L/min、额定功率为 7.5 kW 的变频空气压缩机作为曝气增氧浸种催芽装置的空气发生器。该空气压缩机配套气罐容积为 0.6 m^3，气罐外形尺寸(长×宽×高)为 800 mm×550 mm×730 mm，气罐的直径为 650 mm，高为 2 093 mm。

空气发生器位于加热水箱外端，曝气增氧系统布置图如图 5.21 所示。

5.2.5　冷水加热系统设计

黑龙江垦区水稻种植规模大，浸种催芽用水量和用水强度都很大，单批次用水超百吨。生产实践中，一般抽取井水(水温最低为 5 ℃)加热至适宜温度(30 ℃)后使用。上百吨井水温度提升 25 ℃，循环须通过冷水加热系统予以实现。

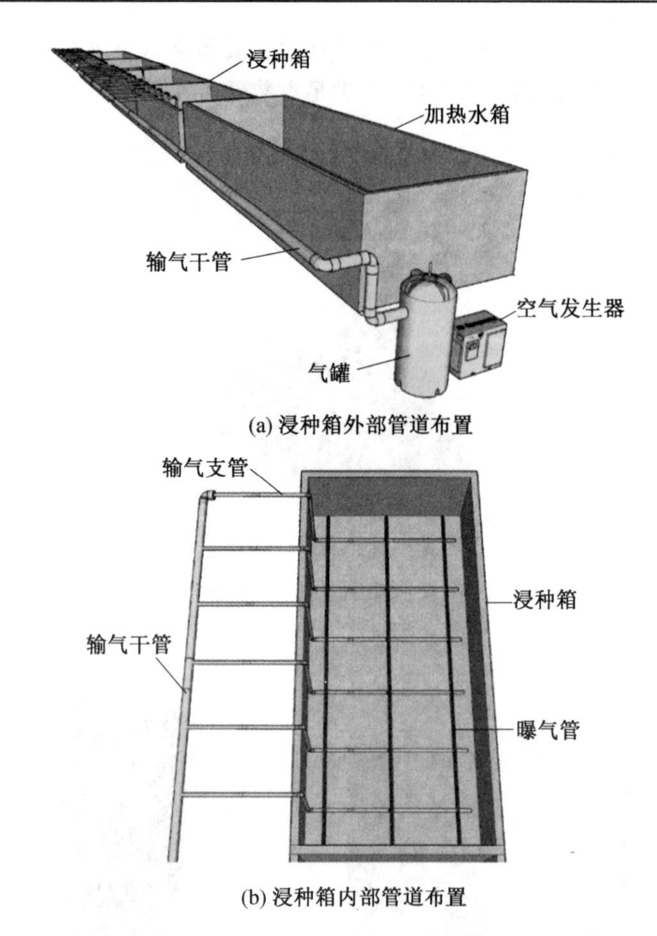

(a) 浸种箱外部管道布置

(b) 浸种箱内部管道布置

图 5.21　曝气增氧系统布置图

冷水加热系统由锅炉、循环水泵及加热管道组成。

1. 锅炉选型

加热水箱一次加热水量为 136.8 m^3。加热所需的热量可由式(5.13)计算。井水初始水温取 5 ℃,需将水温提升 25 ℃,由式(5.13)算得所需热量 Q 为 1.44×10^{10} J。

选择 CLHS－85/60 型立式常压型柴油热水锅炉为曝气增氧浸种催芽装置工作锅炉,额定热功率为 0.7 MW,进出水口直径均为 80 mm,进水口位于锅炉下部,出水口位于锅炉上方。锅炉高为 2 200 mm,直径为 1 300 mm。

锅炉将加热水箱内井水烧至预计水温所需时间 t 由式(5.14)计算。将所需热量 Q 与锅炉功率代入式(5.14),可算得锅炉完成浸种水加热所需时间为 5.7 h,可满足两组浸种箱按 8 h 工作制实施依次流水浸种。

2. 循环水泵及管道系统

锅炉加热过程中需要循环水泵及管道系统实现锅炉与加热水箱间的水循环。锅炉可临近加热水箱布置,但需预留必要的操作检修通道,由此设定锅炉与浸种箱间净距离为 2 m。锅炉底座与加热水箱底板均直接安放于地面上。循环水泵将水从加热水箱抽出，经锅炉加热后返回至加热水箱，循环水泵静扬程为加热水箱内水面至出水管口竖向距离，该值不超过加热水箱深度的 2.1 m，此处按不利情况取循环水泵静扬程为 2.1 m。管道系统简单，管线较短，水头损失可按静扬程 20%估算取值。循环水泵设计扬程为静扬程与管路系统水头损失之和。由此可知，循环水泵设计扬程为 2.5 m。

根据锅炉进出水管直径及设计扬程，由循环水泵规格表选定 80－100A 型立式离心泵作为加热循环水泵，该泵其他参数如下：额定流量为 44.7 m^3/h，额定扬程为 10 m，额定功率为 2.2 kW。该循环水泵可在 5.7 h 内使加热水箱内储水在锅炉内循环加热 1.9次。

选择 DN80 镀锌钢管作为加热水箱外输水管道，加热水箱内预埋水管考虑内部弯曲及防渗要求选择公称直径为 90 mm 的 PE 管，镀锌钢管与 PE 管间采用变径直通连接。

加热水箱、锅炉、循环水泵及管道布置示意图如图 5.22 所示。管道长度由加热水箱尺寸及预设间距决定。

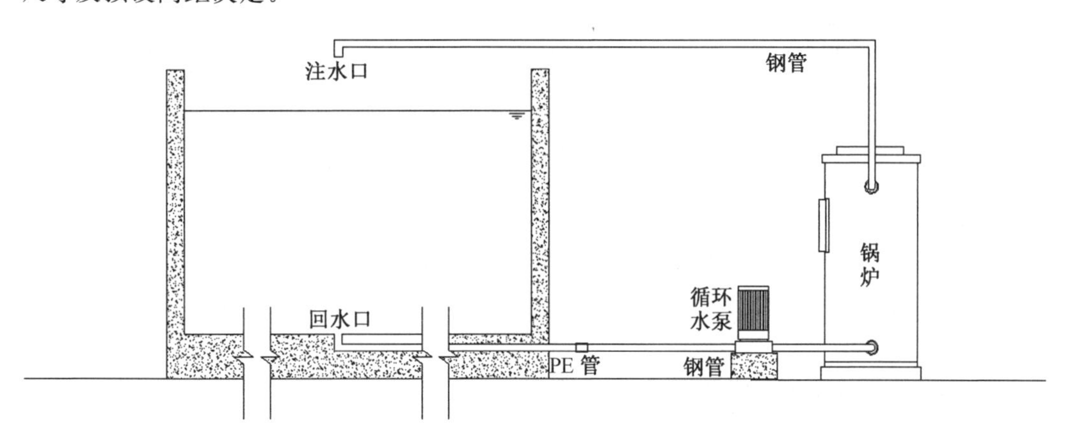

图 5.22　加热水箱、锅炉、循环水泵及管道布置示意图

各管道规格及预估长度见表 5.7。

表 5.7　各管道规格及预估长度

序号	管道名称	管径/mm	管长/m
1	回水 PE 管	90	8.0
2	回水镀锌管	80	2.0
3	出水镀锌管	80	11.0

循环水泵沿程水头损失由式(5.16)计算。沿程阻力系数 λ 需根据雷诺数 Re 判断水流流态后方可确定，雷诺数 Re 按式(5.17)计算，紊流阻力区判别标准如式(5.18)所示。

管内水流速度 v 可根据水泵额定流量按(5.15)计算。经计算，PE 管内水流速度为 1.95 m/s，镀锌钢管内水流流速为 2.47 m/s。将上述流速值代入式(5.17)，可得镀锌钢管雷诺数 Re 为 245 771.1，PE 管雷诺数 Re 为 218 283.6，二者均大于 2 300，所以管内水流均为紊流状态。镀锌钢管绝对粗糙度 K 为 0.15 mm，相对光滑度$\frac{d}{K}$为 533.3；PE 管绝

对粗糙度 K 为 0.05 mm,相对光滑度 $\frac{d}{K}$ 为 1 800。按式(5.18)判别后可得

$$\begin{cases}\text{镀锌钢管}:0.32\left(\frac{d}{K}\right)^{1.28}=3\ 094.02<Re<1\ 000\frac{d}{K}=533\ 300\\ \text{PE 管}:0.32\left(\frac{d}{K}\right)^{1.28}=4\ 697.8<Re<1\ 000\frac{d}{K}=1\ 800\ 000\end{cases}\tag{5.32}$$

由此可知,镀锌管和 PE 管内水流处于紊流过渡区。对于紊流过渡区水流,由穆迪(Moody)图[129]查得:镀锌管沿程阻力系数为 0.016 5,PE 管沿程阻力系数为 0.022 0。

将表 5.7 中管长和管径代入式(5.16),可算出镀锌管的沿程水头损失为 0.8 m,PE 管沿程水头损失为 0.4 m,锅炉加热管道沿程水头损失合计为 1.2 m。

局部水头损失按式(5.19)计算。

锅炉加热管道中引起局部水头损失的配件、数量及局部阻力系数见表 5.8。

表 5.8 锅炉加热管道中引起局部水头损失的配件、数量及局部阻力系数

局部水头损失	阀门	弯头	滤网
数量/个	1	5	1
局部阻力系数	0.5	1	2

由此算得锅炉加热管道局部水头损失为 2.3 m。

锅炉加热管道水头损失为沿程水头损失和局部水头损失之和,总计为 3.5 m。

循环水泵静扬程与水头损失之和为 5.6 m,小于循环水泵额定扬程 10 m,循环水泵扬程校核满足要求。

冷水加热系统总体布置图如图 5.23 所示。

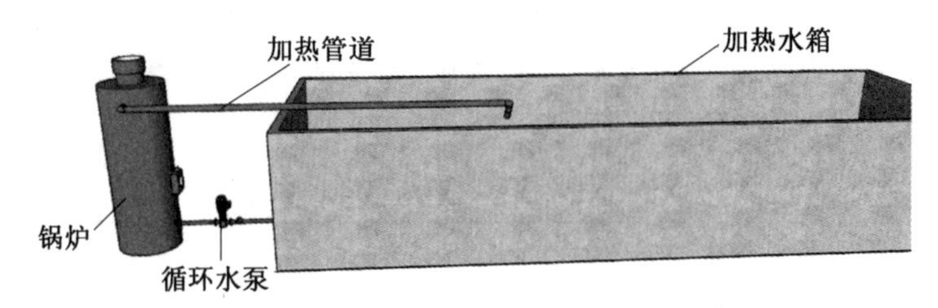

图 5.23 冷水加热系统总体布置图

5.2.6 输送管道系统设计

1. 工况分析与循环水泵选型

加热水箱与浸种箱间需用输送管道系统连接,以便实现加热水箱向浸种箱输送温水及应急状态下浸种箱向加热水箱回水。此外还需考虑,浸种完成后浸种箱水的排放。为减少管道及循环水泵数量,曝气增氧浸种催芽装置采用“转盘式”管道路线设计,热水输送管路连接图如图 5.24 所示。

对阀门实施开闭控制,可实现浸种箱供水、回水及排水操作。具体运行方式如下:

①浸种箱供水。关闭 1#、3#、5# 阀门,打开 2#、4# 阀门,打开拟供水浸种箱

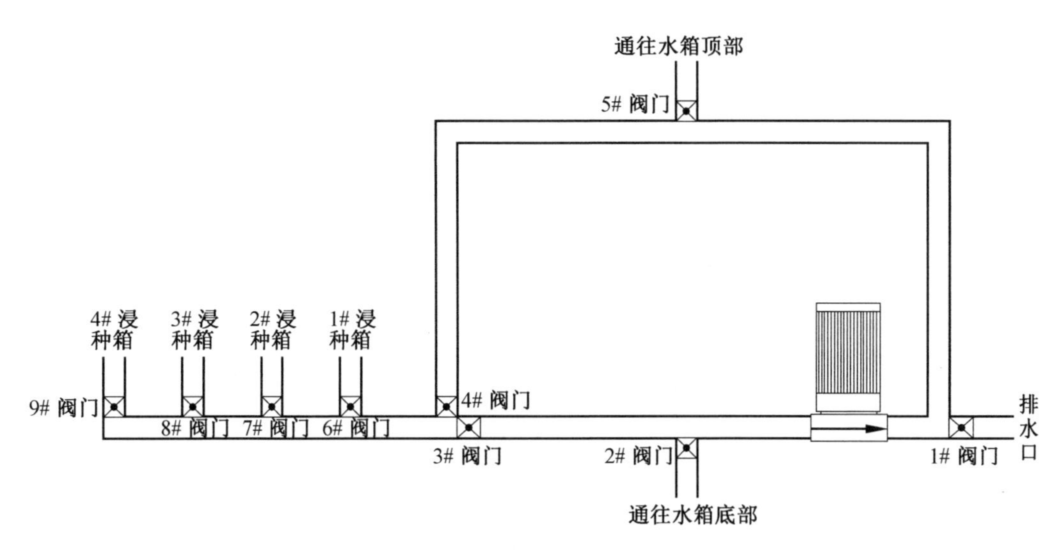

图 5.24 热水输送管路连接图

阀门。

②浸种箱回水。关闭 1＃、2＃、4＃阀门，打开 3＃、5＃阀门，打开拟回水浸种箱阀门。

③浸种箱排水。关闭 2＃、4＃、5＃阀门，打开 1＃、3＃阀门，打开拟排水浸种箱阀门。

加热水箱加热时间为 5.7 h，每组浸种箱按 8 h 工作制实施流水浸种，可知输水时间为 2.3 h，由此算得输水管内水流量 $Q_{水}$ 为 59.5 m^3/h。

加热水箱与浸种箱修建于室内地坪上，二者高度齐平，最大水位差为 1.5 m（加热水箱水位处于箱底 0 m 处，浸种箱水位在最高工作水位 1.5 m 处）。由此，取循环水泵静扬程为 1.5 m。按静扬程 20％估算水头损失，输送管道系统水头损失为 0.3 m。循环水泵设计扬程为 1.8 m。

根据流量和设计扬程选择 150－125A 型立式离心泵作为输水循环水泵，该循环水泵额定流量为 150 m^3/h，额定扬程为 16 m，功率为 11 kW。循环水泵实际流量可由循环水泵出水口阀门开度调节为设计流量。

2. 管长与管径

整个管道系统布置在曝气增氧浸种催芽装置箱体一侧。该“转盘式”管道可通过预埋件悬挂于加热水箱纵向侧壁外，为了便于安装，管道与墙壁净距离可取 20 cm。管道布置及各管段名称示意图如图 5.25 所示。

加热水箱底管位于加热水箱长轴中心处，右侧立管与加热水箱底管间预留 2 m，用于布设循环水泵及过滤装置。输送管道长度取决于加热水箱、浸种箱及检查通道尺寸，此处需根据前文拟定各项尺寸数据，并以最远端 4＃浸种箱输排水的最不利情况为基准，验算输送管道系统的水头损失。

各段管道长度见表 5.9。

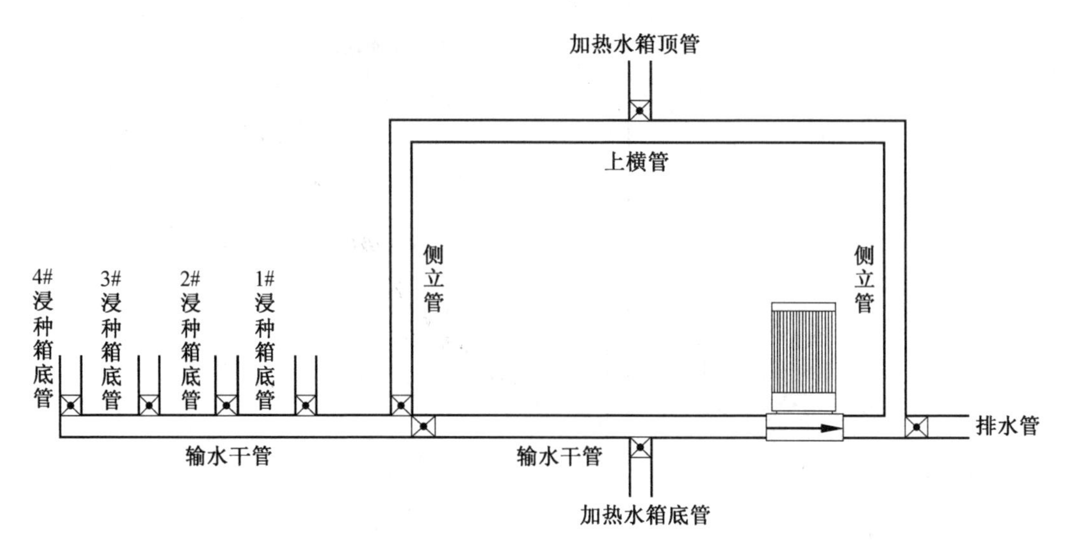

图 5.25 管道布置及各管段名称示意图

表 5.9 各段管道长度

m

序号	管道名称	长度
1	侧立管	2
2	输水干管	50
3	上横管	4
4	加热水箱顶管	3
5	加热水箱底管	3
6	浸种箱底管	3
7	排水管	8

管道选择镀锌钢管，管道内径按式(5.21)计算。根据建筑给排水管内流速规定[132]：生活或生产用水管内流速不宜大于 2 m/s。取流速为 2 m/s，管内流量为 59.5 m^3/h，代入式(5.21)，计算可得输水管直径为 0.102 m。

在钢管规格表选取 DN100 镀锌管作为输水管道，管道外径为 114 mm，壁厚为 4.0 mm，内径为 106 mm，略大于计算管径，满足输水要求。管内流量 59.5 m^3/h 对应的管道内水流速度为 1.9 m/s。

循环水泵及输水管道有 3 种工况：供水工况、回水工况及排水工况。需分别计算各工况下输水管道水头损失，用于校核循环水泵扬程。

3. 沿程水头损失

各工况下的沿程水头损失按式(5.16)计算，沿程水头损失计算结果见表 5.10。沿程阻力系数根据雷诺数 Re 判断水流流态后确定。按式(5.17)计算可知，各工况下雷诺数 Re 均为 250 497.5(大于 2 300)，水流为紊流状态。镀锌钢管绝对粗糙度 K 为 0.15 mm，相对光滑度$\frac{d}{K}$为 706.7。

表 5.10　沿程水头损失计算结果

序号	工况	沿程阻力系数	管长/m	管径/m	流速/(m·s^{-1})	沿程水头损失/m
1	供水工况	0.022 3	58.3	0.106	1.9	2.3
2	回水工况	0.022 3	57.3	0.106	1.9	2.2
3	排水工况	0.022 3	57.3	0.106	1.9	2.2

由式(5.18)判别可知，输送管道内水流处于紊流过渡区，沿程阻力系数 λ 由穆迪(Moody)图[129]查得为 0.022 3。

4. 局部水头损失

各工况下的局部水头损失按式(5.19)计算。阀门局部阻力系数取 0.5，弯头局部阻力系数取 1.0。各工况局部阻力计算结果见表 5.11。

表 5.11　各工况局部水头损失计算结果

序号	工况	阀门数量/个	弯头数量/个	局部阻力系数	局部水头损失/m
1	供水工况	3	6	7.5	1.4
2	回水工况	3	3	4.5	0.8
3	排水工况	3	2	3.5	0.6

5. 总水头损失

各工况下的总水头损失计算结果见表 5.12。

表 5.12　各工况下的总水头损失计算结果　m

序号	工况	沿程水头损失	局部水头损失	总水头损失
1	供水工况	2.3	1.4	3.7
2	回水工况	2.2	0.8	3.0
3	排水工况	2.2	0.6	2.8

由表 5.12 可知，供水工况总水头损失最大，为 3.7 m。设计扬程与总水头损失之和为 5.2 m，远小于循环水泵额定扬程 16 m。循环水泵性能满足装置要求。输水管道系统总体布置图如图 5.26，转盘式管道示意图如图 5.27 所示。

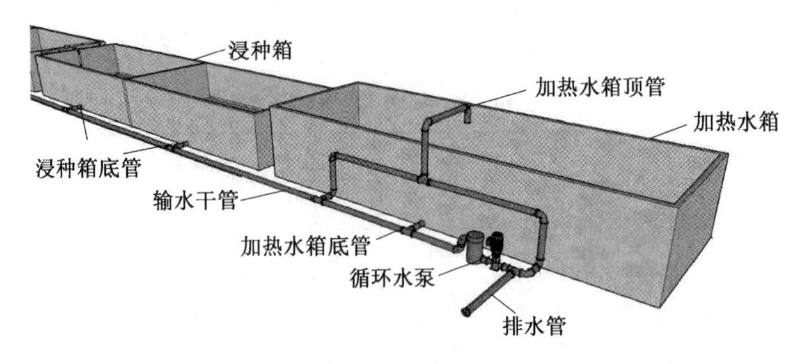

图 5.26　输水管道系统总体布置图

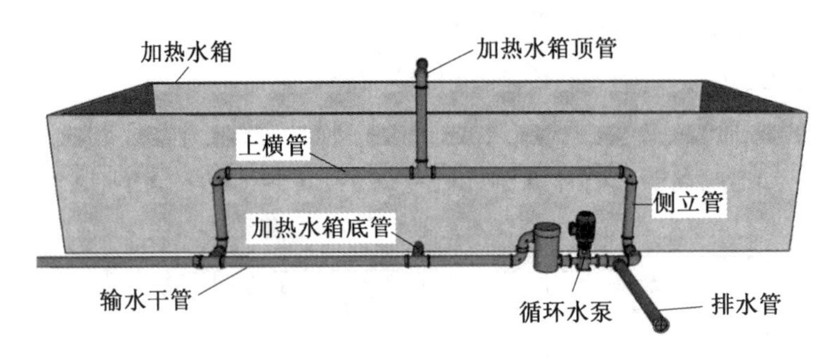

图 5.27　转盘式管道示意图

5.3　本章小结

基于曝气增氧浸种催芽性能试验结果，形成了曝气增氧浸种催芽装置设计方案，结果如下：

①以农场一个作业区芽种需求量为产量目标，确定浸种箱容积为 10.8 m×4.8 m×1.7 m，加热水箱尺寸为 15 m×4.8 m×2.1 m。箱体均采用现浇钢筋混凝土结构，箱体侧壁厚为 0.2 m，底座厚为 0.5 m。

②水温维持系统由维温水箱、循环水泵和配套管道系统组成。确定维温水箱尺寸为 600 mm×1 200 mm×400 mm，内部配置 5 个 6 kW 电加热器。配套循环水泵额定流量为 22.3 m^3/h，额定扬程为 16 m。输水管道选择 DN50 的 PVC 管，注水管采用人工钻孔 PVC 管。

③曝气增氧系统由曝气管、输气支管、输气干管、气罐和空气发生器组成。确定多点分布式布管方式，曝气管长度为 0.9 m。选配 DN20 的 PVC 管为输气支管，输气量为 0.864 m^3/h；选配 DN75 的 PVC 管为输气干管，输气量为 20.7 m^3/h；管内工作压力均为 0.2 MPa。空气发生器选配工作压力为 0.8 MPa、排气量为 0.5 L/min 的空气压缩机，配套 0.6 m^3 气罐。

④冷水加热系统由锅炉、循环水泵和配套加热管道组成。选配额定热功率为 0.7 MW的 CLHS－85/60 型锅炉，选配额定流量 44.7 m^3/h、额定扬程 10 m 的立式离心

泵为配套循环水泵。加热管道由 PE(DN90)管和镀锌管(DN80)组成。

⑤输送管道系统由管道系统和配套循环水泵组成。管道系统采用“转盘式”设计，选用外径为 114 mm、壁厚为 4.0 mm 的 DN100 镀锌管为输水管道。选配额定流量为 150 m^3/h，额定扬程为 16 m 的立式离心泵为配套循环水泵。

第6章　稻种曝气增氧浸种催芽装置性能试验

6.1　试验装置与试验条件

曝气增氧浸种催芽装置为黑龙江八一农垦大学工程学院、黑龙江省水稻生态育秧装置全程机械化工程技术研究中心、黑龙江省前哨农场及黑龙江垦丰种业公司合作研究开发。黑龙江省前哨农场临近抚远市，隶属于黑龙江农垦建三江管理局，该农场现有土地面积 6.6 万 hm^2，耕地面积 3.8 万 hm^2，其中水稻种植面积为 3.7 万 hm^2，占全部耕地面积的 97.4%。黑龙江省前哨农场下辖 9 个作业区，考虑作业区与芽种生产车间距离不宜过远，故兴建可满足周边至少 4 个作业区芽种用量芽种生产车间，内设曝气增氧浸种催芽装置 4 套。

芽种生产车间采用单层厂房结构，长为 60 m，跨度为 30 m，厂房及厂房内曝气增氧浸种催芽装置布置图如图 6.1 所示。

(a) 浸种催芽车间厂房

(b) 厂房内曝气增氧浸种催芽装置布置

图 6.1　厂房及厂房内曝气增氧浸种催芽装置布置图

车间内 4 套装置附属设施完全相同，两两并列布置于厂房两侧，中间留 3 m 宽通道用于运输车辆通行停放。装置输气管道与输水管道均靠两侧边墙布置，避免日常车辆通行造成损坏。为了保持工作环境洁净，空气压缩机(图 6.2)及气罐集中布置于厂房后方单独房间内。

厂房内设桥式吊车一台，用于浸种箱内种垛放取。桥式吊车示意图如图 6.3 所示。

试验于 2021 年 5 月 3 日进行，选择过道左侧装置开展曝气浸种催芽性能试验，该装置包括 4 个浸种箱，以各浸种箱与热水箱距离由近及远，依次编号为 1＃、2＃、3＃和 4＃，分别对绥粳 18 和龙粳 31 实施曝气增氧浸种催芽试验。绥粳 18、绥粳 27、龙粳 31 和龙粳 46 的稻种初始含水率分别为 10.7%、11.8%、12.2% 和 10.5%。厂房内平均气温为12.6 ℃。

图 6.2　空气压缩机

图 6.3　桥式吊车示意图

用潜水泵抽取机井水装满加热水箱作为浸种水，浸种水初始溶氧量为 8.9 mg/L，初始水温为 6.4 ℃，在加热水箱内加热至 32 ℃耗时 7.3 h。加热后的浸种水输送到 1♯～4♯浸种箱并装满，耗时均为 2.1 h。相关系统运行顺畅，工作用时均在设计范围内。

试验过程如图 6.4～6.11 所示。

图 6.4　抽水至加热水箱

图 6.5　种袋装入浸种箱

图 6.6 浸种箱曝气过程

图 6.7 浸种箱加盖保温布

图 6.8 排水后浸种箱内种垛

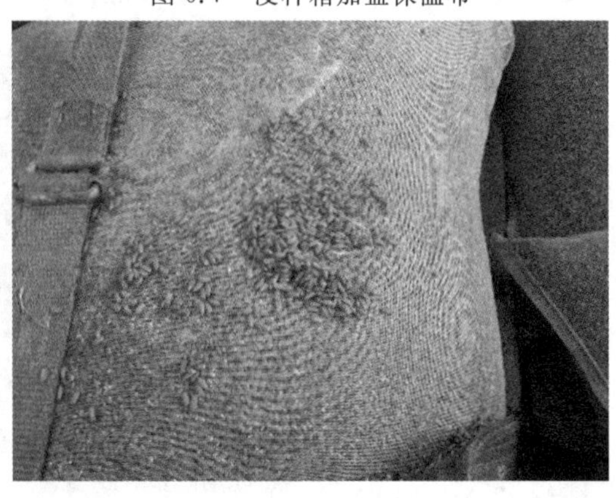

图 6.9 浸种效果查验

图 6.10 取出种子

图 6.11 芽种装车

6.2 浸种箱内水温分布规律

6.2.1 仪器与方法

试验仪器:温度传感器。

试验方法：沿浸种箱平面对角线按等间距原则选取 4 个测温位点，每个测温位点布设 3 个温度传感器，分别用于测量该测温位点 0.4 m、0.8 m 和 1.2 m 水深处水温。浸种箱共设置 12 个温度传感器。温度传感器与液晶显示器连接，可实时显示浸种箱内相应位置浸种水温度。

水温均匀度可按式(6.1)计算：

$$U_T=\left(1-\frac{T_{max}-T_{min}}{A_T}\right)\times 100\% \tag{6.1}$$

式中　U_T——水温均匀度，%；

T_{max}——最高水温，℃；

T_{min}——最高水温，℃；

A_T——平均水温，℃。

温度传感器及加热水箱水温显示器如图 6.12 所示。

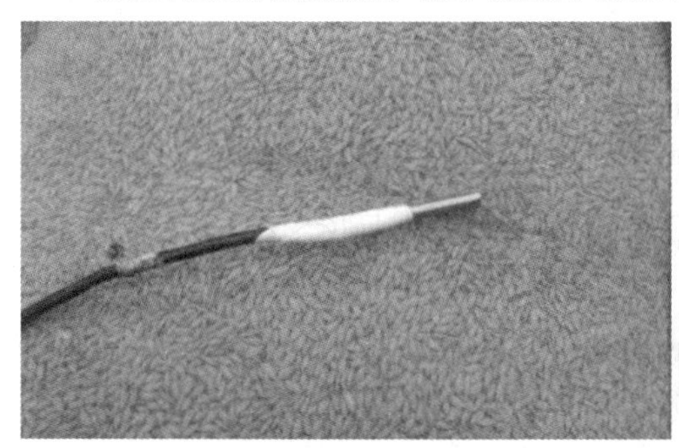

(a) 湿度传感器

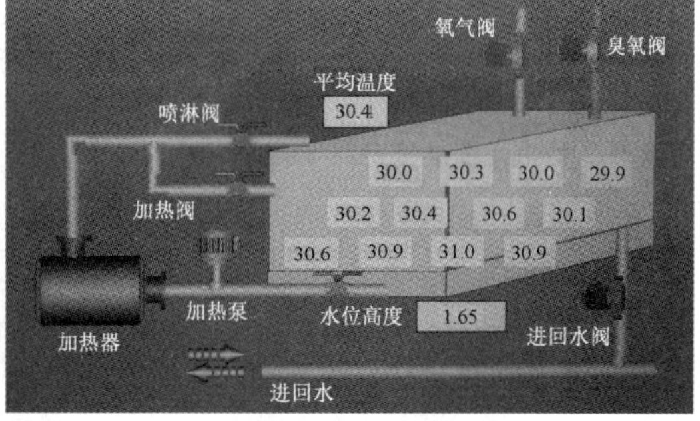

(b) 加热水箱水温显示器

图 6.12　温度传感器及加热水箱水温显示器

6.2.2　试验结果及分析

1. 1#浸种箱(绥粳 18)水温分布规律

1#浸种箱浸种 12 h、24 h 和 36 h 的各测温位点水温见表 6.1～6.3。

表 6.1　1#浸种箱各测温位点浸种 12 h 的水温

测温位点	测点 1	测点 2	测点 3	测点 4
0.4 m 水深处/℃	30.0	30.3	30.0	29.9
0.8 m 水深处/℃	30.2	30.4	30.6	30.1
1.2 m 水深处/℃	30.6	30.9	31.0	30.9
水温平均值及标准差/℃	30.4±0.4			
水温均匀度/%	96.4			

表 6.2　1#浸种箱各测温位点浸种 24 h 的水温

测温位点	测点 1	测点 2	测点 3	测点 4
0.4 m 水深处/℃	30.1	30.3	30.4	30.6
0.8 m 水深处/℃	30.3	30.0	30.5	30.1
1.2 m 水深处/℃	30.4	30.1	31.0	30.2
水温平均值及标准差/℃	30.2±0.3			
水温均匀度/%	96.7			

表 6.3　1#浸种箱各测温位点浸种 36 h 的水温

测温位点	测点 1	测点 2	测点 3	测点 4
0.4 m 水深处/℃	31.1	31.5	31.1	31.0
0.8 m 水深处/℃	31.0	31.2	31.1	31.3
1.2 m 水深处/℃	30.8	31.0	31.2	31.0
水温平均值及标准差/℃	31.1±0.2			
水温均匀度/%	97.7			

由表 6.1～6.3 可知：1#浸种箱浸种 12 h 水温均匀度最低，为 96.4%；36 h 水温均匀度最高，为 97.7%。浸种期内，水温均匀度始终保持高水平。

浸种期内，12 h、24 h 及 36 h 水温平均值分别为 30.4 ℃、30.2 ℃和 31.1 ℃，最大水温差为 0.9 ℃，浸种水温较为恒定。

2. 2#浸种箱(绥粳 27)水温分布规律

2#浸种箱浸种 12 h、24 h 和 36 h 的各测温位点水温见表 6.4～6.6。

表 6.4　2#浸种箱各测温位点浸种 12 h 的水温

测温位点	测点 1	测点 2	测点 3	测点 4
0.4 m 水深处/℃	30.3	30.5	30.3	30.0
0.8 m 水深处/℃	30.4	30.6	30.7	30.0
1.2 m 水深处/℃	30.5	30.8	31.0	30.8
水温平均值及标准差/℃	30.5±0.3			
水温均匀度/%	96.7			

表 6.5　2#浸种箱各测温位点浸种 24 h 的水温

测温位点	测点 1	测点 2	测点 3	测点 4
0.4 m 水深处/℃	30.3	30.5	30.5	30.7
0.8 m 水深处/℃	30.5	30.4	30.7	30.3

续表6.5

测温位点	测点 1	测点 2	测点 3	测点 4
1.2 m 水深处/℃	30.6	30.2	30.9	30.2
水温平均值及标准差/℃	30.5±0.2			
水温均匀度/%	97.7			

表 6.6　2＃浸种箱各测温位点浸种 36 h 的水温

测温位点	测点 1	测点 2	测点 3	测点 4
0.4 m 水深处/℃	31.2	31.5	31.3	31.0
0.8 m 水深处/℃	31.0	31.1	31.1	31.4
1.2 m 水深处/℃	30.9	31.0	31.3	31.1
水温平均值及标准差/℃	31.2±0.2			
水温均匀度/%	98.1			

由表 6.4～6.6 可知：2＃浸种箱浸种 12 h 水温均匀度最低，为 96.7%；36 h 水温均匀度最高，为 98.1%。浸种期内，水温均匀度始终保持高水平。

浸种期内，12 h、24 h 及 36 h 水温平均值分别为 30.5 ℃、30.5 ℃和 31.2 ℃，最大水温差为 1.0 ℃，浸种水温较为恒定。

3. 3＃浸种箱（龙粳 31）水温分布规律

3＃浸种箱浸种 12 h、24 h 和 36 h 的各测温位点水温见表 6.7～6.9。

表 6.7　3＃浸种箱各测温位点浸种 12 的 h 水温

测温位点	测点 1	测点 2	测点 3	测点 4
0.4 m 水深处/℃	30.6	31.0	30.0	31.0
0.8 m 水深处/℃	30.7	30.6	31.1	30.4
1.2 m 水深处/℃	30.6	30.1	30.0	30.2
水温平均值及标准差/℃	30.5±0.4			
水温均匀度/%	96.4			

表 6.8　3＃浸种箱各测温位点浸种 24 h 的水温

测温位点	测点 1	测点 2	测点 3	测点 4
0.4 m 水深处/℃	31.0	30.7	31.0	31.1
0.8 m 水深处/℃	30.5	30.6	30.5	30.7
1.2 m 水深处/℃	30.2	30.5	30.6	30.4
水温平均值及标准差/℃	30.6±0.3			

续表6.8

测温位点	测点 1	测点 2	测点 3	测点 4
水温均匀度/%	97.1			

表 6.9 3♯浸种箱各测温位点浸种 36 h 的水温

测温位点	测点 1	测点 2	测点 3	测点 4
0.4 m 水深处/℃	30.0	30.2	29.7	29.7
0.8 m 水深处/℃	30.1	30.4	30.6	30.1
1.2 m 水深处/℃	30.7	30.7	30.7	31.0
水温平均值及标准差/℃	30.3±0.4			
水温均匀度/%	95.7			

由表 6.7～6.9 可知:3♯浸种箱浸种 36 h 水温均匀度最低,为 95.7%;24 h 水温均匀度最高,为 97.1%。浸种期内,水温均匀度始终保持高水平。

浸种期内,12 h、24 h 及 36 h 水温平均值分别为 30.5 ℃、30.6 ℃和 30.3 ℃,最大水温差为 0.3 ℃,浸种水温较为恒定。

4. 4♯浸种箱(龙粳 46)水温分布规律

4♯浸种箱浸种 12 h、24 h 和 36 h 的各测温位点水温见表 6.10～6.12。

表 6.10 4♯浸种箱各测温位点浸种 12 h 的水温

测温位点	测点 1	测点 2	测点 3	测点 4
0.4 m 水深处/℃	30.7	30.9	30.4	30.8
0.8 m 水深处/℃	30.9	30.5	31.0	30.4
1.2 m 水深处/℃	30.8	30.3	30.3	30.3
水温平均值及标准差/℃	30.6±0.3			
水温均匀度/%	97.7			

表 6.11 4♯浸种箱各测温位点浸种 24 h 的水温

测温位点	测点 1	测点 2	测点 3	测点 4
0.4 m 水深处/℃	31.2	30.9	31.1	31.3
0.8 m 水深处/℃	30.7	30.6	30.5	30.7
1.2 m 水深处/℃	30.7	30.6	30.7	30.6
水温平均值及标准差/℃	30.8±0.3			
水温均匀度/%	97.4			

表 6.12　4＃浸种箱各测温位点浸种 36 h 的水温

测温位点	测点 1	测点 2	测点 3	测点 4
0.4 m 水深处/℃	30.3	30.4	30.1	30.2
0.8 m 水深处/℃	30.3	30.5	30.8	30.4
1.2 m 水深处/℃	30.9	30.8	30.8	31.0
水温平均值及标准差/℃	30.5±0.3			
水温均匀度/%	97.1			

由表 6.10～6.12 可知：4＃浸种箱浸种 36 h 水温均匀度最低，均匀度为 97.1%；12 h 水温均匀度最高，为 97.7%。浸种期内，水温均匀度始终保持高水平。

浸种期内，12 h、24 h 及 36 h 水温平均值分别为 30.6 ℃、30.8 ℃和 30.5 ℃，最大水温差为 0.9 ℃，浸种水温较为恒定。

6.3　浸种水溶氧量变化规律

6.3.1　仪器与方法

试验仪器：雷磁 JPSJ－605 溶氧量测定仪(图 6.13)、取水器。

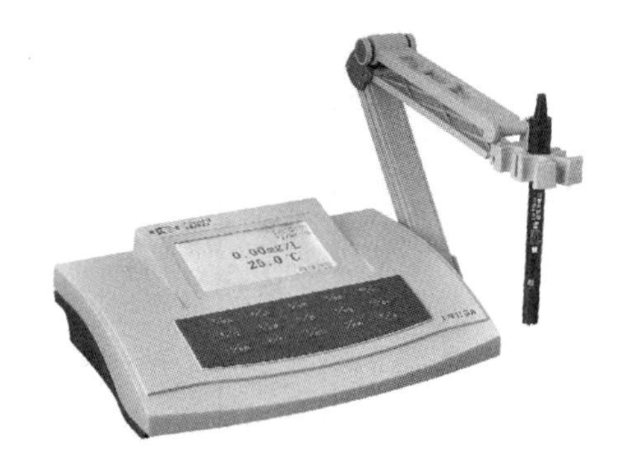

图 6.13　雷磁 JPSJ－605 溶氧量测定仪

试验方法：沿浸种箱长边(约 10 m)方向，选取 0 m、2.5 m、5 m、7.5 m 和 10 m 等位置为测点。各测点处用取水器分别取出 0.4 m、0.8 m 和 1.2 m 水深处的浸种水，放入玻璃杯中测定溶氧量。试验重复 3 次。浸种开始后每 2 h 测溶氧量 1 次。

各测点平均溶氧量可按式(6.2)计算：

$$\overline{C}_i=\frac{1}{3}(C_{0.4\ \mathrm{m}}+C_{0.8\ \mathrm{m}}+C_{1.2\ \mathrm{m}})\tag{6.2}$$

式中　i——测点位置，有 0 m、2.5 m、5.0 m、7.5 m 和 10 m 共 5 个测点；

$\overline{C}_i$——i 测点溶氧量均值，mg/L；

$C_{0.4\ \mathrm{m}}$——i 测点 0.4 m 深度处溶氧量，mg/L；

其余以此类推。

各深度处溶氧量平均值可按式(6.3)计算：

$$\overline{C}_i=\frac{1}{5}(C_{0\ \mathrm{m}}+C_{2.5\ \mathrm{m}}+C_{5\ \mathrm{m}}+C_{7.5\ \mathrm{m}}+C_{10\ \mathrm{m}}) \tag{6.3}$$

式中　i——测点深度，有 0.4 m，0.8 m 及 1.2 m 共 3 个深度；

$\overline{C}_i$——i 深度处溶氧量均值，mg/L；

$C_{0\ \mathrm{m}}$——沿长边方向 0 m 测点 i 深度处溶氧量，mg/L；

其余以此类推。

溶氧量均匀度可按式(6.4)计算：

$$U_{\mathrm{C}}=\left(1-\frac{C_{\max}-C_{\min}}{A_{\mathrm{C}}}\right)\times 100\% \tag{6.4}$$

式中　U_{C}——水温均匀度，%；

C_{max}——最高水温，℃；

$C_{\min}$——最高水温，℃；

A_{C}——平均水温，℃。

6.3.2　试验结果及分析

绥粳 18 在不同测点位置和深度处溶氧量随时间变化规律如图 6.14 所示。

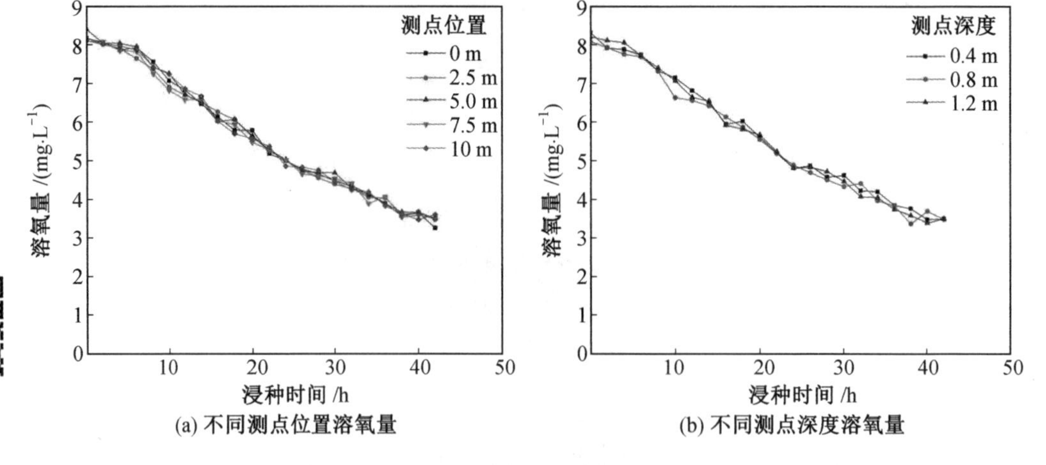

图 6.14　绥粳 18 在不同测点位置和深度处溶氧量随时间变化规律

由图 6.14 可知，绥粳 18 在曝气增氧浸种催芽期间，各测点位置平均溶氧量由 8.18 mg/L左右下降至 3.47 mg/L 左右，各测点深度平均溶氧量由 8.20 mg/L 左右下降至3.50 mg/L左右。各测点位置及深度处溶氧量随浸种时间的变长均呈现平缓下降形态。

计算不同浸种时间的绥粳 18 浸种水溶氧量均匀度见表 6.13。

表 6.13　绥粳 18 浸种水溶氧量均匀度

浸种时间 /h	溶氧量均匀度/%	浸种时间 /h	溶氧量均匀度/%	浸种时间 /h	溶氧量均匀度/%
0	96.8	16	97.5	32	95.5
2	98.3	18	96.2	34	93.5
4	96.9	20	95.2	36	94.1
6	97.8	22	96.2	38	93.6
8	97.2	24	97.7	40	95.7
10	93.1	26	97.4	42	92.8
12	95.9	28	96.3		
14	96.8	30	97.5		

由表 6.13 可知，绥粳 18 在曝气增氧浸种催芽过程中，浸种水溶氧量均匀度随着浸种时间的变长在 92.8%～98.3%范围内波动，不同浸种阶段溶氧量均匀度均较高。

绥粳 27 在不同测点位置和深度处溶氧量随时间变化规律如图 6.15 所示。

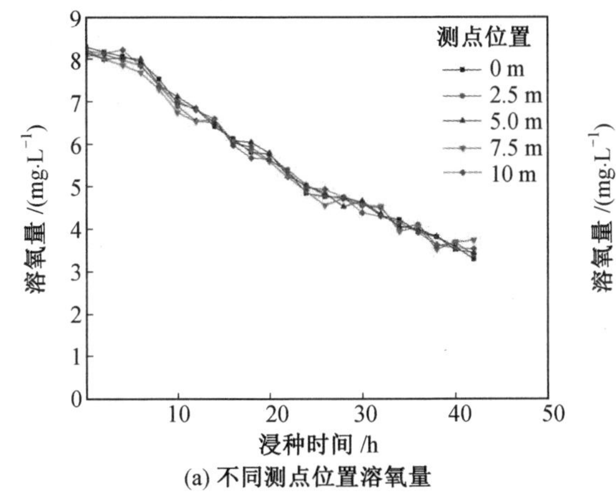

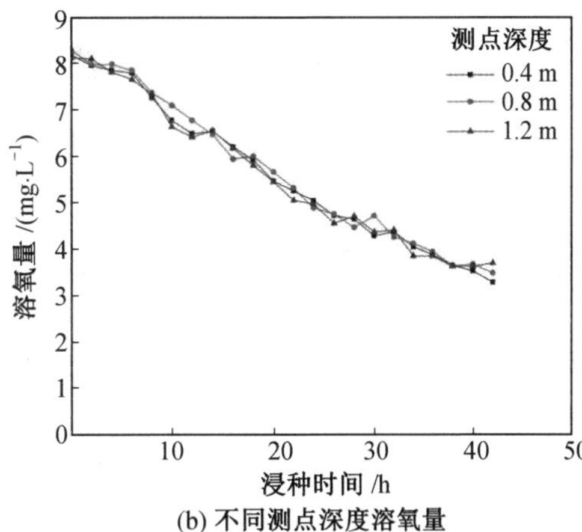

图 6.15　绥粳 27 在不同测点位置和深度处溶氧量随时间变化规律

由图 6.15 可知，绥粳 27 在曝气增氧浸种催芽期间，各测点位置平均溶氧量由 8.20 mg/L左右下降至 3.48 mg/L 左右，各测点深度平均溶氧量由 8.20 mg/L 左右下降至 3.48 mg/L 左右。各测点位置及深度处溶氧量随浸种时间的变长均呈现平缓下降形态。

计算不同浸种时间的绥粳 27 浸种水溶氧量均匀度见表 6.14。

表 6.14　绥粳 27 浸种水溶氧量均匀度

浸种时间 /h	溶氧量 均匀度/%	浸种时间 /h	溶氧量 均匀度/%	浸种时间 /h	溶氧量 均匀度/%
0	97.4	16	97.4	32	94.7
2	97.9	18	93.7	34	93.4
4	95.6	20	96.6	36	95.3
6	96.0	22	96.6	38	91.8
8	96.7	24	96.1	40	94.9
10	94.6	26	92.1	42	87.2
12	95.4	28	95.3		
14	97.2	30	93.9		

由表 6.14 可知，绥粳 27 在曝气增氧浸种催芽过程中，浸种水溶氧量均匀度随浸种时间的变长在 87.2%～97.9%范围内波动，不同浸种阶段溶氧量均匀度均较高。

龙粳 31 在不同测点位置和深度处溶氧量随时间变化规律如图 6.16 所示。

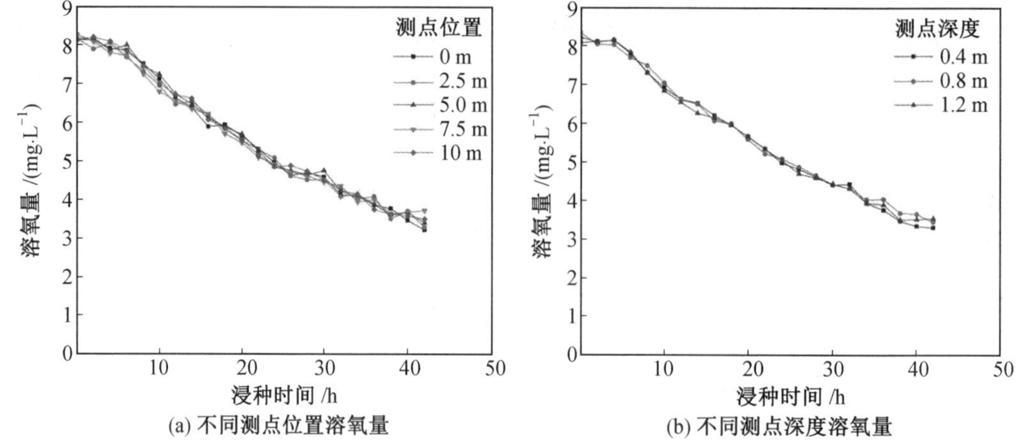

(a) 不同测点位置溶氧量　(b) 不同测点深度溶氧量

图 6.16　龙粳 31 在不同测点位置和深度处溶氧量随时间变化规律

由图 6.16 可知，龙粳 31 在曝气增氧浸种催芽期间，各测点位置平均溶氧量由 8.16 mg/L左右下降至 3.62 mg/L 左右，各测点深度平均溶氧量由 8.31 mg/L 左右下降至 3.54 mg/L 左右。各测点位置及深度处溶氧量随浸种时间的变长均呈现平缓下降形态，溶氧量下降形态及降幅与绥粳 18 接近。

计算不同浸种时间的龙粳 31 浸种水溶氧量均匀度见表 6.15。

表 6.15　龙粳 31 浸种水溶氧量均匀度

浸种时间/h	溶氧量均匀度/%	浸种时间/h	溶氧量均匀度/%	浸种时间/h	溶氧量均匀度/%
0	97.5	16	96.2	32	95.4
2	97.7	18	97.7	34	96.3
4	97.4	20	97.4	36	92.2
6	97.1	22	96.8	38	93.4
8	96.9	24	96.4	40	92.2
10	95.3	26	95.2	42	90.2
12	97.4	28	96.9		
14	95.9	30	96.4		

由表 6.15 可知，龙粳 31 在曝气增氧浸种催芽过程中，浸种水溶氧量均匀度随浸种时间的变长在 90.2%～97.7%范围内波动，不同浸种阶段溶氧量均匀度均较高。

龙粳 46 在不同测点位置和深度处溶氧量随时间变化规律如图 6.17 所示。

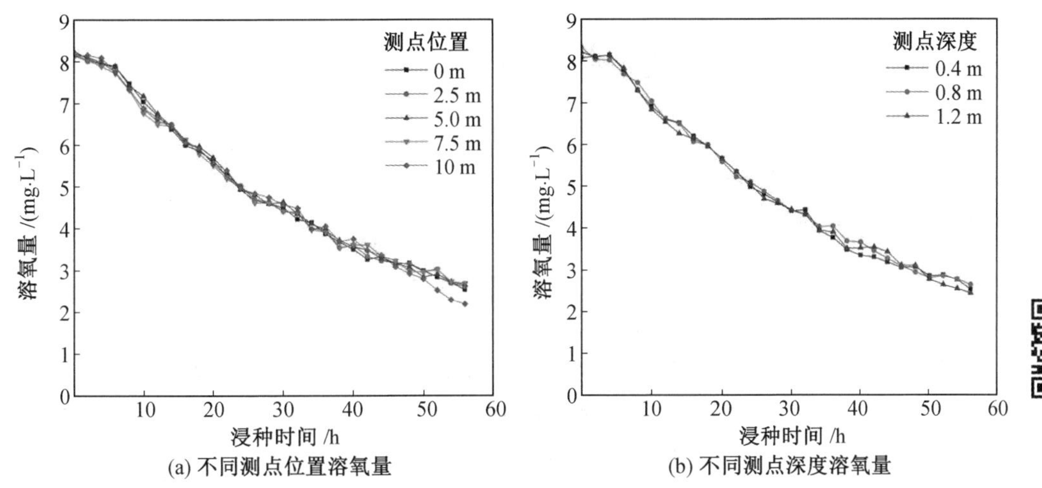

图 6.17　龙粳 46 在不同测点位置和深度处溶氧量随时间变化规律

由图 6.17 可知，龙粳 46 在曝气增氧浸种催芽期间，各测点位置平均溶氧量由 8.17 mg/L左右下降至 2.53 mg/L 左右，各测点深度平均溶氧量由 8.20 mg/L 左右下降至 2.54 mg/L 左右。各测点位置及深度处溶氧量随浸种时间的变长均呈现平缓下降形态。

计算不同浸种时间的龙粳 46 浸种水溶氧量均匀度见表 6.16。

表 6.16 龙粳 46 浸种水溶氧量均匀度

浸种时间/h	溶氧量均匀度/%	浸种时间/h	溶氧量均匀度/%	浸种时间/h	溶氧量均匀度/%
0	98.3	20	96.5	40	93.2
2	98.2	22	96.3	42	89.7
4	97.5	24	98.3	44	95.9
6	97.9	26	95.4	46	95.3
8	97.9	28	96.7	48	91.9
10	94.1	30	95.1	50	93.2
12	96.1	32	93.9	52	82.3
14	98.1	34	95.8	54	83.4
16	97.7	36	95.4	56	80.5

由表 6.16 可知，龙粳 46 在曝气增氧浸种催芽过程中，浸种水溶氧量均匀度随浸种时间的变长在 80.5%～98.3%范围内波动，不同浸种阶段溶氧量均匀度均较高。

6.4 浸种催芽效果对比分析

6.4.1 试验方法

(1)曝气增氧浸种催芽完成后，沿种垛斜对角线方向，分别在下角、中部和上角种袋中取稻种 50 g，测定稻种发芽率、平均芽长和平均根长，并计算千克种子用水量。试验选择不同位置种垛，重复 3 次。

(2)为形成对照，对同品种、同批次稻种按传统方式浸种催芽，具体方法是：

①在 11 ℃水温下浸种 10 d，每 36 h 换水 1 次；

②在 25～28 ℃温度范围内催芽 24 h；

③芽长达 1.8 mm 时取出芽种。测取稻种发芽率、平均芽长和平均根长，并计算千克种子用水量。

浸种催芽效果试验取样过程如图 6.18 所示。

芽种发芽情况如图 6.19 所示。

发芽率可按式(6.5)计算：

$$G=\frac{M_1}{M}\times 100\% \tag{6.5}$$

式中 G——发芽率，%；

M——供试种子数，粒；

M_1——正常发芽种子数，粒。

图 6.18　浸种催芽效果试验取样过程

图 6.19　芽种发芽情况

平均芽长可按式(6.6)计算：

$$\overline{L}_{芽}=\frac{1}{m}\sum_{i=1}^{m}L_i \tag{6.6}$$

式中　$\overline{L}_{芽}$——平均芽长，mm；

L_i——第 i 个稻种芽长，i 取 1,2,…,m，mm；

m——稻种数，粒。

平均根长可按式(6.7)计算：

$$\overline{L}_{根}=\frac{1}{m}\sum_{i=1}^{m}L_i \tag{6.7}$$

式中　$\overline{L}_{根}$——平均根长，mm；

L_i——第 i 个稻种芽长，i 取 1,2,…,m，mm；

m——稻种数，粒。

千克种子用水量可按式(6.8)计算：

$$W=\frac{m_t}{m_s}\times 100\% \tag{6.8}$$

式中　W——千克种子用水量，%；

m_t——浸种水总质量,kg;

m_s——干稻种质量,kg。

6.4.2 试验结果及分析

曝气增氧浸种催芽条件下浸种催芽效果见表 6.17。

表 6.17 曝气增氧浸种催芽条件下浸种催芽效果

序号	品种	浸种水温 /℃	浸种时间 /h	发芽率 /%	平均芽长 /mm	平均根长 /mm	千克种子用水量/kg
1	绥粳 18	30±1	40	89.8	1.9	1.5	2.55
2	绥粳 27	30±1	42	90.3	1.9	1.6	2.50
3	龙粳 31	30±1	44	94.5	1.8	1.7	2.62
4	龙粳 46	30±1	56	95.6	1.8	1.6	2.58

常规浸种催芽条件下浸种催芽效果见表 6.18。

表 6.18 常规浸种催芽条件下浸种催芽效果

序号	品种	浸种时间 /h	发芽率 /%	平均芽长 /mm	平均根长 /mm	千克种子用水量/kg
1	绥粳 18	264	81.5	1.6	1.3	15.93
2	绥粳 27	264	80.2	1.5	1.3	15.30
3	龙粳 31	264	86.1	1.6	1.4	17.44
4	龙粳 46	264	85.7	1.4	1.4	16.85

由表 6.17～6.18 可知,采用曝气增氧浸种催芽方法水稻发芽率较常规浸种催芽方法均有明显提高:经计算绥粳 18 发芽率提高了 8.3%,绥粳 27 发芽率提高了 10.1%,龙粳 31 发芽率提高了 8.4%,龙粳 46 发芽率提高了 9.9%。曝气增氧浸种催芽方法的平均芽长与平均根长也优于常规浸种催芽方法,经计算绥粳 18、绥粳 27、龙粳 31 和龙粳 46 平均芽长分别增加了 0.3 mm、0.4 mm、0.2 mm 和 0.4 mm,平均根长分别增加了 0.2 mm、0.3 mm、0.3 mm 和 0.2 mm。采用曝气增氧浸种催芽方法稻种平均根长和平均芽长更满足播种要求。

从总用时量来看,绥粳 18 采用曝气增氧浸种催芽方法后用时为 40 h,较传统浸种催芽方法节约 84.8%;绥粳 27 采用曝气增氧浸种催芽方法后用时为 42 h,较传统浸种催芽方法节约 84.1%;龙粳 31 采用曝气增氧浸种催芽方法后用时为 44 h,较传统浸种催芽方法节约 83.3%;龙粳采用 46 曝气增氧浸种催芽方法后用时为 44 h,较传统浸种催芽方法节约 78.8%。

从千克种子用水量来看,绥粳 18 采用曝气增氧浸种催芽方法后千克种子用水量为 2.55 kg,较传统浸种催芽方法节约 84.0%;绥粳 27 采用曝气增氧浸种催芽方法后千克种子用水量为 2.50 kg，较传统浸种催芽方法节约 83.7%；龙粳 31 采用曝气增氧浸种催芽方法后千克种子用水量为 2.62 kg，较传统浸种催芽方法节约 84.9%；龙粳 46 采用曝气增氧浸种催芽方法后千克种子用水量为 2.58 kg，较传统浸种催芽方法节约 84.7%。

6.5 本章小结

本章开展了曝气增氧浸种催芽装置性能试验，分析了装置浸种箱水温分布、浸种水溶氧量变化及浸种催芽效果，试验结果表明：

①浸种催芽期内，浸种水平均水温在 30.2～31.1 ℃范围内微幅波动，最大水温差为 0.9 ℃，浸种水温稳定在装置设定工作水温范围内。水温均匀度为 95.7%～98.1%，浸种箱内水温均匀度高。

②浸种催芽期内，各测点及各深度处溶氧量随浸种时间的变长均呈现平缓下降形态。绥粳 18 浸种水溶氧量均匀度随着浸种时间的变长在 92.8%～98.3%范围内波动，绥粳 27 浸种水溶氧量均匀度随着浸种时间的变长在 87.2%～97.9%范围内波动，龙粳 31 浸种水溶氧量均匀度随着浸种时间的变长在 90.2%～97.7%范围内波动，龙粳 46 浸种水溶氧量均匀度随着浸种时间的变长在 80.5%～98.3%范围内波动，浸种水溶氧量均匀度较高。

③曝气增氧浸种催芽装置效果较传统浸种催芽方法明显改善。与传统浸种催芽方法相比，采用曝气增氧浸种催芽装置浸种催芽，绥粳 18、绥粳 27、龙粳 31 和龙粳 46 发芽率分别提高 8.3%、10.1%、8.4%和 9.9%，平均芽长分别增加了 0.3 mm、0.4 mm、0.2 mm和 0.4 mm，平均根长分别增加了 0.2 mm、0.3 mm、0.3 mm、0.2 mm，浸种催芽用时分别节约 84.8%、84.1%、83.3%和 78.8%，千克种子用水量分别节约 84.0%、83.7%、84.9%和 84.7%。综上可知，曝气增氧浸种催芽装置浸种箱内水温均匀恒定，溶氧量分布均匀，采用该装置进行浸种催芽，稻种发芽率高，节水省时效果明显。

第7章　结论与展望

7.1　结　　论

针对黑龙江省寒区水稻浸种催芽过程中，稻种易出现供氧不足、受热不均、芽种生产过程费水耗时等问题，在分析氧传质机理基础上，基于稻种耗氧和吸水规律，建立了曝气增氧条件下浸种水氧气通量方程，形成了稻种曝气增氧浸种催芽方法，并研制了曝气增氧浸种催芽装置，得出主要结论如下：

(1)建立了曝气增氧条件下浸种水氧气通量方程。

基于气液相间氧传质机理和非稳态传质浅渗理论，建立了曝气增氧条件下浸种水氧气通量方程，获得浸种水曝气增氧传氧量主要影响因素。对绥粳18、绥粳27、龙粳31和龙粳46开展了稻种耗氧试验和吸水试验。结果表明：稻种耗氧速度与浸种水温、浸种时间有关，随着浸种水温升高稻种耗氧速度加快，随着浸种时间变长稻种耗氧速度加快；稻种吸水速度受水温和萌发阶段影响，与浸种水氧气状态无关。水温升高会加速稻种吸水，开始萌发前，稻种吸水速度较快；开始萌发后，吸水速度较慢。由耗氧速度变化推测得出：绥粳18开始萌发时含水率为22.5%，在20 ℃、25 ℃、30 ℃、35 ℃和40 ℃水温下的萌发时开始时间分别为11 h、9 h、7 h、6 h和5 h；绥粳27开始萌发时含水率为23.7%，在上述水温下的萌发开始时间分别为11 h、10 h、9 h、7 h和6 h；龙粳31开始萌发时含水率为23.6%，在上述水温下的萌发开始时间分别为10 h、9 h、8 h、6 h和5 h；龙粳46开始萌发时含水率为18.24%，在上述水温下的萌发开始时间分别为20 h、18 h、16 h、11 h和8 h。

(2)获得了曝气增氧条件下稻种萌发的最佳控制参数。

采用二次回归正交旋转组合试验设计方案，以浸种水温、曝气时距和浸种时间为试验参数，测试了曝气增氧条件下绥粳18、绥粳27、龙粳31及龙粳46的发芽率、平均根长和平均芽长。结果表明，稻种发芽率与浸种水温、曝气时距和浸种时间存在显著相关关系；平均芽长与浸种水温和浸种时间存在显著相关关系，与曝气时距无相关关系；平均根长与浸种水温、曝气时距及浸种时间存在显著相关关系。以实际生产要求为目标，对绥粳18、绥粳27、龙粳31及龙粳46的浸种水温、曝气时距和浸种时间进行优化，分别得到上述稻种曝气增氧浸种催芽最佳控制条件，绥粳18：浸种水温31 ℃，浸种时间41 h，连续曝气增氧；绥粳27：浸种水温31 ℃，浸种时间40 h，连续曝气增氧；龙粳31：浸种水温30 ℃，浸种时间44 h，连续曝气增氧；龙粳46：浸种水温29 ℃，浸种时间54 h，连续曝气增氧。

(3)采用计算机仿真分析方法，对浸种箱内温度场和微气泡分布情况进行了仿真分析。

建立浸种箱宽度方向平面模型，分别对温度维持系统关闭工况和温度维持系统开启工况时浸种箱内温度场和微气泡分布进行了仿真分析，确定了浸种箱内曝气口及注水口合理布设位置。结果表明：沿浸种箱宽度方向3个种垛下分别布置曝气管、侧壁下部对称布置注水管时，浸种箱内温度场均匀，微气泡羽流对浸种水扰动作用强烈，种垛周围微气泡分布合理。

(4)设计曝气增氧浸种催芽装置。

基于曝气增氧浸种催芽性能试验结果，形成了曝气增氧浸种催芽装置设计方案，浸种箱容积为10.8 m×4.8 m×1.7 m，加热水箱尺寸为15 m×4.8 m×2.1 m。温度维持水箱尺寸为600 mm×1 200 mm×400 mm，内部配置5个6 kW电加热器。曝气管采用多点分布式布置，长度为0.9 m。输气支管采用DN20的PVC管，输气量为0.864 m^3/h。输气干管采用DN75的PVC管，输气量为20.7 m^3/h，工作压力为0.2 MPa。空气发生器采用工作压力为0.8 MPa、排气量为0.5 L/min的空气压缩机。锅炉额定热功率为0.7 MW。

(5)在黑龙江省前哨农场开展装置性能试验，分析了浸种箱水温分布规律、浸种水溶氧量变化规律及浸种催芽效果。

结果表明：浸种催芽期内，平均浸种水温在30.2～31.1 ℃范围内微幅波动，浸种水温稳定在装置设定工作水温范围内。浸种箱内水温均匀度在95.7%以上，水温分布均匀。浸种水溶氧量随着浸种时间的变长而降低，浸种水溶氧量均匀度较高。与传统浸种催芽方法相比，采用曝气增氧浸种催芽装置浸种催芽，绥粳18、绥粳27、龙粳31和龙粳46发芽率分别提高8.3%、10.1%、8.4%和9.9%，平均芽长分别增加了0.3 mm、0.4 mm、0.2 mm和0.4 mm，平均根长分别增加了0.2 mm、0.3 mm、0.3 mm、0.2 mm，浸种催芽用时分别节约84.8%、84.1%、83.3%和78.8%，千克种子用水量分别节约84.0%、83.7%、84.9%和84.7%。

7.2 创新点

①基于气液相间氧传质机理和非稳态传氧浅渗理论，建立了曝气增氧条件下浸种水氧气通量方程，获得了影响曝气增氧条件下浸种水传氧量主要因素。

②提出了以浸种水温、曝气时距和浸种时间为控制参数的寒地水稻曝气增氧浸种催芽方法，以实现稻种在浸水状态下快速萌发。

③研制了适用于寒区水稻芽种生产的曝气增氧浸种催芽装置，装置性能试验结果表明其浸种时间、发芽率和千克种子用水量均优于传统浸种催芽设备。

7.3 展望

选取了黑龙江垦区具有代表性的4个水稻品种开展相关试验，试验获得稻种萌发适宜浸种水温、曝气时距和浸种时间后，进行了曝气增氧浸种催芽装置设计，装置性能试验显示效果良好。限于水平和篇幅，稻种曝气增氧浸种催芽装置仍有较大发展空间：

①曝气增氧浸种催芽装置智能化水平有待进一步提高。根据浸种箱的控制参数，在水稻浸种过程中实现感知、预警、分析和决策的智能控制系统有待开展研究。

②曝气增氧浸种催芽装置以一个作业区水稻芽种需求量为基准开展设计和参数确定，该装置中各项设施及参数非线性匹配，不能随意进行规模调整和尺寸缩放，无法满足不同生产规模的浸种催芽需求，小规模整机化的曝气增氧浸种催芽装置研究有待进一步开展。

参 考 文 献

[1] 贺小思. 宁夏贺兰县有机水稻产业现状及对策分析[D]. 邯郸：河北工程大学，2021.

[2] 樊一丹. 中国水稻系统稳产－节水－减排管理措施权衡模拟研究[D]. 上海：上海应用技术大学，2021.

[3] 马锐，王晓军，李华芝，等. 黑龙江省主要粮食作物种植面积与产量变化分析[J]. 黑龙江农业科学，2020(8)：96-101.

[4] 颜波，胡文国，周竹君，等. 关于黑龙江省在保障国家粮食安全中的定位和粮食产业发展方向的调查[J]. 黑龙江粮食，2019(04)：28-34.

[5] 黑龙江统计局. 黑龙江统计年鉴(2021)[Z]. 北京：中国统计出版社，2021.

[6] 李纯思. 水稻浸种催芽箱温度场分析及传感器优化配置[D]. 大庆：黑龙江八一农垦大学，2016.

[7] 周福达. 水稻温汤浸种的试验[J]. 农业科学通讯，1955(03)：184.

[8] 中国科学院植物生理研究所发育生理组. 关于水稻等几种作物药剂浸种试验的一些资料[J]. 植物生理学通讯，1958(03)：44-49.

[9] 苗昌泽. 药剂浸种防治水稻恶苗病[J]. 种子科技，1992(05)：39.

[10] 贾记浩，孟春凤. 石灰水浸种预防水稻恶苗病效果显著[J]. 盐碱地利用，1994(01)：11-12.

[11] 曹栋栋，阮晓丽，詹艳，等. 不同药剂浸种处理对水稻幼苗恶苗病的防治效果研究[J]. 种子，2014，33(4)：86-89.

[12] 李云飞，陈雪娇，陈雨，等. 二硫氰基甲烷对水稻干尖线虫的防治效果研究[J]. 植物检疫，2014，28(3)：50-53.

[13] 兰亦全，张学博. 药剂浸种防治水稻苗瘟的研究[J]. 福建农业科技，1998(02)：6-7.

[14] 郑国红，刘鹏，徐根娣，等. 铁钾浸种对水稻种子萌发特性的影响[J]. 贵州农业科学，2009，37(11)：51-53，56.

[15] 张彬，金燕，张自常，等. 解草啶浸种减轻丙草胺对水稻药害的机制[J]. 江苏农业学报，2014，30(6)：1345-1349.

[16] 沙月霞，沈瑞清. 芽孢杆菌浸种对水稻内生细菌群落结构的影响[J]. 生态学报，2019，39(22)：8442-8451.

[17] 孟杰，王人民，万吉丽，等. 硫酸锌浸种对水稻幼苗生长和细胞保护酶活性的影响[J]. 浙江大学学报(农业与生命科学版)，2010，36(4)：411-418.

[18] 王晓琳，苏云，许晓明，等. 黄腐植酸浸种对直播水稻生长及产量的影响(英文)[J]. Agricultural Science & Technology，2013，14(7)：966-972.

[19] 杨安中，许俊芝. 亚精胺浸种对水稻种子萌发及秧苗生长的影响[J]. 安徽技术师范学院学报，2002,16(1)：39-42.

[20] 司宗兴，王纪华，韩德元. CAU9901 浸种对小麦和水稻生理功能的影响[J]. 现代农药，2002，1(5)：12-14.

[21] 徐秋曼，程景胜，高虹. DA-6 浸种对水稻幼苗的生理效应初探[J]. 天津师范大学学报(自然科学版)，2001，21(2)：57-60.

[22] 张敏，孙宇，冯宇佳，等. 硅促进水稻种子萌发及缓解幼苗砷毒性的效应研究[J]. 生态毒理学报，2017，12(1)：243-250.

[23] 李金峰，杨海英，董显生，等. 高效液肥浸种对水稻秧苗素质的影响[J]. 现代化农业，1995(10)：6-7.

[24] 杨玲，袁月星，谢双琴. 次适温下水杨酸浸种对水稻种子萌发的效应[J]. 植物生理学通讯，2001，37(4)：288-290.

[25] 许兴，何军，李树华，等. Ca-GA 合剂浸种对水稻萌发及幼苗期抗旱性的影响[J]. 西北植物学报，2003，23(1)：44-48.

[26] 陈思妍，邹华文. 脱落酸浸种提高萌发期水稻种子对涝渍胁迫的抗性研究[J]. 安徽农业科学，2013，41(2)：593-594.

[27] 匡银近，叶桂萍，覃彩芹. 壳寡糖浸种对水稻幼苗抗冷性的影响[J]. 湖北农业科学，2009，48(7)：1568-1571.

[28] 徐芬芬，叶利民，王海勤，等. $CaCl_2$ 浸种对水稻幼苗抗盐性的影响[J]. 河南农业科学，2009,38(12):44-45,47.

[29] 熊远福，邹应斌，文祝友，等. 水稻种衣剂对秧苗生长、酶活性及内源激素的影响[J]. 中国农业科学，2004,37(11):1611-1615.

[30] 杨立帆，熊昭娣，许泽华，等. 不同种衣剂对水稻种子发芽率及其产量构成因素的影响试验初报[J]. 上海农业科技，2019(3)：129-130.

[31] 卞红正. 可浸种型水稻种衣剂配方研制及其作用机理研究[D]. 合肥：安徽农业大学，2002.

[32] 冉景盛，陈今朝，方平，等. 硝酸镧浸种对水稻种子萌发及生理生化特性的影响[J]. 湖北农业科学，2009,48(2):283-285.

[33] 詹重慈，张立庆，冯常知，等. 矿质元素和尿素浸种对水稻种子萌发期氮代谢的影响[J]. 华中师院学报(自然科学版)，1982(02):112-120.

[34] 刘玲，谢影，陈昌剑. 萘乙酸浸种对杂交水稻"开优 8 号"幼苗生理特性的影响[J]. 淮南师范学院学报，2011，13(5)：5-6.

[35] 孔小卫，李坤，江洪波. 二甲亚砜对水稻浸种及苗期的后续效应研究[J]. 安徽大学学报(自然科学版)，2002，26(3)：98-102.

[36] 辽宁省农业科学院稻作研究所. 水稻浸种催芽[J]. 新农业，1974(04):15-17.

[37] 林正平，李颖. 对水稻浸种发芽率影响因素的室内试验初报[J]. 中国农学通报，2003，19(5)：41-42.

[38] 王凤珍. 水稻浸种适期的探讨[J]. 种子科技,1992(02):19-20.

[39] 郑寨生,陈邦群. 浸种时间对水稻陈种子发芽的影响[J]. 种子世界,1994(9):21.

[40] 叶杰林,陶开战,南存枢. 杂交水稻冷库种子浸种时间的研究[J]. 种子世界,1998(12):25.

[41] 陈久兰,陈明波,徐君,等. 不同浸种药剂及浸种时间对水稻种子发芽率的影响[J]. 种子世界,2009(1):28-29.

[42] 马瑞敏,张宁宁,张晓伟,等. 不同浸种剂及浸种时间对常规水稻种子发芽率的影响[J]. 种子世界,2013(3):26-27.

[43] 刘维宝,沈进松. 不同浸种时间对优质食味水稻种子发芽的影响[J]. 现代农业科技,2013(13):15,17.

[44] 钱春荣,王俊河,冯延江,等. 不同浸种时间对水稻种子发芽势和发芽率的影响[J]. 中国农学通报,2008,24(9):183-185.

[45] 张玉屏,朱德峰. 浸种时间和温度对不同类型水稻品种种子吸水与萌发的影响[J]. 中国农学通报,2002,18(5):25-26.

[46] 李文雄. 水稻浸种过程中种子的吸水状况[J]. 东北农学院学报,1960(01):29-35.

[47] 陈忠良. 水稻种子吸水、发芽及温度之间的关系[J]. 山西农业科学,1964(3):47.

[48] 李学. 不同温度条件对三个水稻品种种子催芽效果的影响[J]. 宁夏农学院学报,1988(1):84-88.

[49] 封星万. 不同浸种温度和不同浸种时间的水稻种子的发芽试验[J]. 种子世界,1994(6):24.

[50] 李静. 寒地水稻药剂浸种中浸种温度与时间的确定[J]. 黑龙江农业科学,1997(4):35-36.

[51] 王玉龙,刘荣宝,夏斯飞,等. 浸种温度和时间对水稻种子发芽的影响[J]. 中国稻米,2007,13(6):31-33.

[52] 朱晓燕,张丽林,戴莉. 浅析水稻不同品种对浸种温度和时间的要求[J]. 上海农业科技,2009(2):46-47.

[53] 郑安俭,王州飞,张红生. 作物种子萌发生理与遗传研究进展[J]. 江苏农业学报,2017,33(1):218-223.

[54] 陈丽,贺奇. 不同浸种温度和浸种时间对水稻种子发芽的影响[J]. 宁夏农林科技,2017,58(02):1-2,11.

[55] 赖天斌,陆士伟. H_2O_2 浸种对水稻种子萌发生长及其过氧化物酶同工酶、酯酶同工酶的影响[J]. 遗传,1989(05):12-16.

[56] 陶用力. 杂交水稻种子浸种催芽方法与发芽率研究[J]. 作物研究,1989(4):29.

[57] 贺晓春. 水稻温水快速催芽新技术[J]. 新农业,1993(03):8.

[58] 欧立军,邓力喜,陈良碧. 不同浸种方法对水稻种子发芽率的影响[J]. 种子,2007,26(12):8-10.

[59] 孙小淋,龚才根,周燕. 不同浸种时间及浸种方式对水稻'秀水 134'发芽率的影响

[J]. 农学学报，2015，5(8)：1-4.
[60] 刘少东，汪春，衣淑娟. 增氧浸种条件下寒地稻种萌发耗氧规律试验研究[J]. 东北农业科学，2020，45(4)：27-32.
[61] 韩霞，李佐同，于立河，等. 水稻浸种催芽技术的研究现状及发展趋势[J]. 农机化研究，2012，34(5)：245-248.
[62] 徐小荣. 水稻种子浸种催芽技术[J]. 种子科技，2009，27(08)：33-35.
[63] 肖俭银，曾祥锌，杨炳炎，等. 浅谈早稻种子温室催芽技术的应用与推广[J]. 现代农业科学，2009，16(1)：59-60.
[64] 徐娜. 水稻智能化催芽监控系统的设计[D]. 哈尔滨：东北农业大学，2015.
[65] 关义保，王永庆. 水浸入式控温水稻种子浸种催芽设备[J]. 现代化农业，2009(7)：50.
[66] 余忠平，苏娟. 水浸式控温水稻种子浸种催芽设备使用规程[J]. 北方水稻，2009，39(3)：89-90.
[67] 陶桂香，衣淑娟，李佐同，等. 水浸控温式水稻种子浸种催芽设备温度场分析[J]. 农业机械学报，2011，42(10)：90-94.
[68] 陈涛. LM 在农业浸种催芽设备中的应用[J]. 可编程控制器与工厂自动化，2011(9)：87-90.
[69] 毛欣，衣淑娟，于立河，等. 大型智能控温水稻集中浸种催芽设备的研制[J]. 黑龙江八一农垦大学学报，2011，23(1)：28-30.
[70] 闫景凤. 水稻芽种生产关键技术研究[D]. 长春：吉林大学，2014.
[71] 李含锋. 水稻工厂化催芽育秧主要装备设计[D]. 长春：吉林大学，2014.
[72] 席桂清，谭峰，黄操军，等. 基于云平台的智能化寒地水稻浸种催芽系统的研究[J]. 科技创新与应用，2017(3)：41-42.
[73] 罗斌，潘大宇，高权，等. 基于物联网技术的寒地水稻程控催芽系统设计与试验[J]. 农业工程学报，2018，34(12)：180-185.
[74] 周正，梁春英. 基于专家 PID 的水稻浸种催芽控制方法研究[J]. 黑龙江八一农垦大学学报，2019，31(5)：103-107.
[75] 王永生，李存军，陈静，等. 黑龙江省水稻智能化浸种催芽技术的应用评价研究[J]. 中国农机化学报，2016，37(10)：195-199.
[76] WEBSTER R K，HALL D H，BOLSTAD J，et al. Chemical seed treatment for the control of seedling disease of water-sown rice[J]. Hilgardia，1973，41(21)：689-698.
[77] AMIN A W，AL-SHALABY M E M . Effect of soaking seed in hot water and nematicide on survival of aphelenchoides besseyi，white tip nematode in rice[J]. Pakistan Journal of Nematology，2005，23(1)：163-172.
[78] JEYABAL A，KUPPUSWAMY G. Effect of seed soaking on seedling vigour，growth and yield of rice[J]. Journal of Agronomy and Crop Science，1998，180

(3)：181-190.

[79] ROSA C，BELL R W，WHITE P F. Phosphorus seed coating and soaking for improving seedling growth of *Oryza sativa* (rice) cvIR66[J]. Seed Science and Technology，2000，28(2)：391-401.

[80] 姫田正美. 水稲種子の発芽最低温度に関する一知見[J]. 日作紀，1970，39：244-245.

[81] ASHRAF M，FOOLAD M R. Pre-sowing seed treatment—a shotgun approach to improve germination，plant growth，and crop yield under saline and non-saline conditions[M]//Advances in Agronomy. Amsterdam：Elsevier，2005：223-271.

[82] 橋本良一. 水稲における水温および浸種日数と発芽率との関係[J]. 北陸作報，1985，20：11-12.

[83] 沢恩，月花喜一，八橋米太郎. 水稲種子の低温下での発芽力の保持における温水浸処理の効果について[J]. 日作東北支報，1978，20：137-139.

[84] 佐藤徹，浅井善広，中嶋健一，など. 水稲貯蔵種子の発芽に及ぼす浸種温度および浸種日数の影響[J]. 北陸作報，2003，38：21-24.

[85] 北野順一，中山幸則，松井未来生，など. Effects of soaking in low temperature water on germination of rice seed in raising rice seedlings in the cold season[J]. 日本作物学会紀事，2010，79(3)：275-283.

[86] KITANO J，NAKAYAMA Y，MATSUI M，et al. Effects of soaking in low temperature water on germination of rice seed in raising rice seedlings in the cold season[J]. Japanese Journal of Crop Science，2010，79(3)：275-283.

[87] FUKUSHIMA A，OHTA H，KAJI R，et al. Effects of hot water disinfection and cold water seed soaking on germination in feed rice varieties of tohoku region[J]. Japanese Journal of Crop Science，2015，84(4)：439-444.

[88] HORIGANE A K，TAKAHASHI H，MARUYAMA S，et al. Water penetration into rice grains during soaking observed by gradient echo magnetic resonance imaging[J]. Journal of Cereal Science，2006，44(3)：307-316.

[89] FAROOQ M，BASRA S M A，CHEEMA M A，et al. Integration of pre-sowing soaking，chilling and heating treatments for vigour enhancement in rice (*Oryza sativa* L.)[J]. Seed Science and Technology，2006，34(2)：499-506.

[90] CHANDRA S，KUMAR S. Optimization of soaking time and effect of sprouting duration on yield in direct seeded rice cultivation using drum seeder[J]. Agricultural Engineering Today，2015，39(1)：57-61.

[91] ITAYAGOSHI S，MIZUSAWA S，KAWAKAMI O，et al. Suppressive effects of low seed-soaking temperatures on germination of long-term-stored rice seeds[J]. Plant Production Science，2015，18(4)：455-463.

[92] 葛文杰. 寒地水稻浸种催芽温度均匀性分析与PID控制研究[D]. 大庆：黑龙江八一

农垦大学，2014.
[93] CORBINEAU F，COME D. Priming：A technique for improving seed quality[J]. Seed Testing Int，2006，132：38-40.
[94] FAROOQ M，BASRA S M A，WAHID A，et al. Rice seed invigoration：a review [M]// Organic Farming，Pest Control and Remediation of Soil Pollutants. Dordrecht：Springer，2009：137-175.
[95] 陈年伟，张体刚，徐昌能，等. 解除水稻种子休眠的几种方法比较[J]. 杂交水稻，2010，25(03)：30，95.
[96] 陈云风，张金才. 解除水稻种子休眠效应的研究[J]. 种子，2014，33(1)：87-89.
[97] 周建伟，韩相明，黄艳琴，等. 几种传质膜模型的比较[J]. 平原大学学报，1999，20(02)：31-32.
[98] LEWIS W K，WHITMAN W C. Principles of gas absorption[J]. Industrial Engineering Chemistry，1924，16：1215.
[99] 刘星. 曝气技术中氧传质影响因素的试验研究[D]. 大连：大连理工大学，2008.
[100] 郭瑾珑. 曝气两相流中氧传质的研究[D]. 西安：西安理工大学，2000.
[101] DELGADO P C，AVNIMELECH Y，MCNEIL R，et al. Physical，chemical and biological characteristics of distinctive regions in paddlewheel aerated shrimp ponds[J]. Aquaculture，2003，217(1/2/3/4)：235-248.
[102] 陈伟，叶舜涛，张明旭. 苏州河河道曝气复氧探讨[J]. 给水排水，2001，27(4)：7-9.
[103] GRIFFIHT I M，LLOYD P J. Mobileoxygenation the thmaes estuary[J]. Effluent and treatment journal，1985，5：11-15.
[104] 曾映雪. 水产养殖池塘底部微孔曝气增氧的机理试验[D]. 广州：华南理工大学，2015.
[105] 王蒙. 圆柱型曝气容器中气泡羽流运动与氧转移规律研究[D]. 西安：西安理工大学，2012.
[106] 程文，王敏，孟婷. 流场可视化技术及其在水环境中的应用[M]. 北京：科学出版社，2019.
[107] 曾映雪. 水产养殖池塘底部微孔曝气增氧的机理试验[D]. 广州：华南理工大学，2015.
[108] DANCKWERTS P V. Significance of liquid-film coefficients in gas absorption [J]. Industrial & Engineering Chemistry，1951，43(6)：1460-1467.
[109] 刘烨，陈秒，尹超，等. 杂交水稻种子特性及稻谷籽粒物质变化研究进展[J]. 作物研究，2012，26(6)：707-712.
[110] 程昕昕. 水稻种子萌发期物质利用相关性状 QTL 定位[D]. 南京：南京农业大学，2014.
[111] 李合生. 水稻种子的萌发生理[J]. 湖北农业科学，1974(03)：35-39.

[112] 赵霞，杜朝云，徐春梅，等. 水稻对低氧环境的适应及其机制研究进展[J]. 作物杂志，2015(3)：5-12.

[113] 侯名语. 水稻低温、低氧发芽力的 QTL 定位[D]. 南京：南京农业大学，2003.

[114] 郑安俭，王州飞，张红生. 作物种子萌发生理与遗传研究进展[J]. 江苏农业学报，2017,33(1):218-223.

[115] 全瑞兰，扶定，马汉云，等. 水稻种子低温萌发的研究进展[J]. 中国农学通报，2020，36(29)：7-14.

[116] 徐小荣. 水稻种子浸种催芽技术[J]. 种子科技，2009,27(08):33-35.

[117] 叶世青. 浸种水温和时间对杂交籼稻种子吸水的影响[J]. 杂交水稻，2018，33(1)：31-33.

[118] 李衣菲，刘少东，衣淑娟. 水气热耦合作用下寒区稻种吸水规律试验研究[J]. 农机使用与维修，2023(10)：1-5.

[119] 陈忠良. 水稻种子吸水、发芽及温度之间的关系[J]. 山西农业科学，1964(03):47.

[120] 杜开开. 水体中过饱和溶解气体释放因素探究[D]. 上海：上海海洋大学，2017.

[121] 骆宏亮，宋光辉，李花，等. 浸种时间和温度对南粳 9108 发芽率的影响[J]. 中国种业，2017(6)：62-63.

[122] 刘丹. 油气田系统除氧规律及除氧机理研究[D]. 大连：辽宁师范大学，2016.

[123] 韩占忠，王敬，兰小平. FLUENT 流体工程仿真计算实例与应用[M]. 北京:北京理工大学出版社,2004.

[124] 张莹光. 再沸器壳程沸腾传热的数值模拟与理论研究[D]. 大庆：东北石油大学，2017.

[125] 王乐. 污水处理构筑物内多相流数值模拟及机理研究[D]. 成都：西南交通大学，2018.

[126] 秦慧敏. 关于通风管三通的局部阻力系数问题[J]. 建筑技术通讯(暖通空调),1980(03):10-13.

[127] 杨世铭，陶文铨. 传热学[M]. 4 版. 北京：高等教育出版社，2006.

[128] 龙天渝，蔡增基. 流体力学[M]. 3 版. 北京：中国建筑工业出版社，2019.

[129] 四川大学水力学与山区河流开发保护国家重点试验室. 水力学-下册[M]. 5 版. 北京：高等教育出版社，2016.

[130] 程香菊，曾映雪，谢骏，等. 微孔曝气流量与曝气管长度对水体增氧性能的影响[J]. 农业工程学报，2014，30(22)：209-217.

[131] 刘少东，汪春，衣淑娟. 坡地滴灌顺逆坡双向布置毛管出水规律研究[J]. 节水灌溉，2019(11)：33-40.

[132] 王增长. 建筑给水排水工程[M]. 7 版. 北京：中国建筑工业出版社，2016.